四川省示范性高职院校建设项目成果

# 农业机械结构与维修

### 主　编　谢生伟

西南交通大学出版社
·成　都·

## 内容简介

本书是省示范性高职院校建设项目规划校本教材,是一本遵循农业机械使用与维修生产实际工作过程和学生认知规律的理实一体教材,适合高等职业教育推行"工学结合"人才培养模式发展的需要。

本书共设八个项目,内容主要包括农业机械的认识、耕地机械、整地机械、种植机械、田间管理机械、谷物收获机械、清选与干燥机械、灌溉机械等的结构与维修。

本书可作为高职高专院校农业机械相关专业的教材,也可作为农业机械维修服务人员的自学用书和农业维修企业员工的培训教学用书。

### 图书在版编目(CIP)数据

农业机械结构与维修 / 谢生伟主编. —成都:西南交通大学出版社,2013.8(2017.11 重印)

四川省示范性高职院校建设项目成果

ISBN 978-7-5643-2523-7

Ⅰ. ①农… Ⅱ. ①谢… Ⅲ. ①农业机械－结构－高等职业教育－教材②农业机械－维修－高等职业教育－教材

Ⅳ. ①S220

中国版本图书馆 CIP 数据核字(2013)第 182545 号

**农业机械结构与维修**

主编 谢生伟

| | |
|---|---|
| 责 任 编 辑 | 李芳芳 |
| 特 邀 编 辑 | 李 丹 |
| 封 面 设 计 | 墨创文化 |
| 出 版 发 行 | 西南交通大学出版社<br>(四川省成都市金牛区交大路 146 号) |
| 发 行 部 电 话 | 028-87600564　87600533 |
| 邮 政 编 码 | 610031 |
| 网　　　址 | http://www.xnjdcbs.com |
| 印　　　刷 | 四川森林印务有限责任公司 |
| 成 品 尺 寸 | 185 mm×260 mm |
| 印　　　张 | 16 |
| 字　　　数 | 398 千字 |
| 版　　　次 | 2013 年 8 月第 1 版 |
| 印　　　次 | 2017 年 11 月第 4 次 |
| 书　　　号 | ISBN 978-7-5643-2523-7 |
| 定　　　价 | 38.00 元 |

# 序

在大力发展职业教育、创新人才培养模式的新形势下，加强高职院校教材建设，是深化教育教学改革、推进教学质量工程、全面培养高素质技能型专门人才的前提和基础。

近年来，四川职业技术学院在省级示范性高等职业院校建设过程中，立足于"以人为本，创新发展"的教育思想，组织编写了涉及汽车制造与装配技术、物流管理、应用电子技术、数控技术等四个省级示范性专业，以及体制机制改革、学生综合素质训育体系、质量监测体系、社会服务能力建设等四个综合项目相关内容的系列教材。在编撰过程中，编著者立足于"理实一体"、"校企结合"的现实要求，秉承实用性和操作性原则，注重编写模式创新、格式体例创新、手段方式创新，在重视传授知识、增长技艺的同时，更多地关注对学习者专业素质、职业操守的培养。本套教材有别于以往重专业、轻素质，重理论、轻实践，重体例、轻实用的编写方式，更多地关注教学方式、教学手段、教学质量、教学效果，以及学校和用人单位"校企双方"的需求，具有较强的指导作用和较高的现实价值。其特点主要表现在：

一是突出了校企融合性。全套教材的编写素材大多取自行业企业，不仅引进了行业企业的生产加工工序、技术参数，还渗透了企业文化和管理模式，并结合高职院校教育教学实际，有针对性地加以调整优化，使之更适合高职学生的学习与实践，具有较强的融合性和操作性。

二是体现了目标导向性。教材以国家行业标准为指南，融入了"双证书"制和专业技术指标体系，使教学内容要求与职业标准、行业核心标准相一致，学生通过学习和实践，在一定程度上，可以通过考级达到相关行业或专业的标准，使学生成为合格人才，具有明确的目标导向性。

三是突显了体例示范性。教材以实用为基准，以能力培养为目标，着力在结构体例、内容形式、质量效果等方面进行了有益的探索，实现了创新突破，形成了系统体系，为同级同类教材的编写，提供了可借鉴的范样和蓝本，具有很强的示范性。

与此同时，这是一套实用性教材，是四川职业技术学院在示范院校建设过程中的理论研究和实践探索中的成果。教材编写者既有高职院校长期从事课程建设和实践实训指导的一线教师和教学管理者，也聘请了一批企业界的行家里手、技术骨干和中高层管理人员参与到教材的编写过程中，他们既熟悉形势与政策，又了解社会和行业需求；既懂得教育教学规律，又深谙学生心理。因此，全套系列教材切合实际，对接需要，目标明确，指导性强。

尽管本套教材在探索创新中存在有待进一步锤炼提升之处，但仍不失为一套针对高职学生的好教材，值得推广使用。

此为序。

四川省高职高专院校<br>
人才培养工作委员会主任

二〇一三年一月二十三日

# 前　言

　　本书是四川职业技术学院省级示范性高职院校重点建设规划教材，是为适应高等职业教育发展的需要，强化职业能力的培养，推行"工学结合"人才培养模式发展和理实一体化教学而编写的教材。

　　本教材编写的总体设计思路是，针对高职教育特点，按照工学结合原则，学习和借鉴国内外先进高职院校的教学理念，与行业、企业合作，共同编写；教材编写以就业为导向，能力为本位，以培养学生的职业技能和就业能力为宗旨；教材基于工作过程开发理念，根据现代农业机械使用和维修技术领域和职业岗位的任职要求，设置本教材的内容结构，确定编写内容，简化烦琐的理论分析，突出结构、总成装配关系、维修、检测、故障诊断和排除等内容的讲述，力求与职业资格标准相衔接，有较强的岗位针对性和实用性。

　　本书中讲述的农业机械机型具有较广泛的代表性，力争做到所介绍的农业机械先进结构与国内农业机械发展保持同步。书中配有丰富清晰的插图，尽量减少复杂的装配图，更多地采用了结构示意图，使得农业机械的构造、检测和维修操作工艺一目了然。教材每个项目之前都有学习目标，各项目之后都配有内容丰富的项目测试，便于学生学习、复习和巩固所学知识与技能。

　　本书系统地介绍了耕地机械、整地机械、种植机械、田间管理机械、谷物收获机械、清选与干燥机械、排灌机械等的结构与维修等内容。

　　本书主要用于高等工科和高等职业院校农业机械应用技术专业的师生作教材使用，也可供农业机械维修技术人员使用和参考，还可以作为各类农业机械维修技术培训班的培训教材。

　　本书由四川职业技术学院谢生伟担任主编，周翼翔担任主审。四川职业技术学院周翼翔编写项目五和项目八，四川职业技术学院何效先编写项目一和项目四，四川职业技术学院谢生伟编写项目二、项目三、项目六和项目七。参与本教材编写的还有四川省农业机械鉴定站邓晓明、遂宁市农机监理所吴书明、遂宁吉峰农机汽车贸易有限公司高诗良、蒋国琴等企事业专家。

　　在编写过程中得到了同行和同事们的大力支持，在此表示衷心的感谢。

　　由于编者水平所限，教材难免存在不足，承望读者给予批评指正。

编　者

2013 年 4 月

# 目　录

# 项目一　农业机械认识

## 【项目描述】

农业机械是现代农业生产工具，农业的发展促进了生产工具的变革，农业机械是为了适应农业生产发展的需要，为减轻劳动者的劳动强度，提高劳动生产效率，进行农业作业的生产工具和对农业产品进行深加工的机器设备。由于农业所包括的范围广，作业项目多，作业条件复杂，故机器的种类繁多。

## 【项目目标】

- ◆ 了解农业机械在农业生产中的作用；
- ◆ 掌握农业机械的分类；
- ◆ 明确农业机械的特点；
- ◆ 了解农业机械的发展概况。

## 【项目任务】

明确农业机械的概念；认识农业机械的类型、名称及型号。

## 【项目实施】

### 【任务分析】

农业机械作为现代农业的生产工具，伴随着生产力和生产关系以及农业生产的发展而不断进步，因此，有必要明确农业机械的概念，掌握农业机械的分类及名称、型号、规格；并了解农业机械的发展过程，推动农业机械不断向前发展。

### 【相关知识】

#### 一、农业机械与设备的基本概念

农业机械是现代农业生产工具，是应用在农业生产过程中的各类机械设备的总称。即在作物种植业和畜牧业生产过程中，以及农、畜产品初加工和处理过程中所使用的各种机械。广义而言，还包括林业、渔业和副业全部生产过程中各项作业所需的各类机具，农业机械是农业工程实施的必要装备。

农业机械从农业生产简单手工工具发展到复杂作业机械，并利用机电动力替代人、畜动力牵引和驱动作业机械的基础上发展起来的机器设备。农业生产工具的机械化同生产技术的科学化以及生产组织的社会化的有机结合，构成了现代与近代农业区别于传统（古代）农业的主要标志。由于种植业在农业生产中起着举足轻重的作用，以种植业为主的机械化——称为狭义的农业机械化，无论在我国还是在世界上，都占据着农业机械化的重要地位。广义的农业包括从种植业扩展到林、牧、渔、副各业，从农业生产过程中，纵向扩展到产前和产后的多种作业。现代的农业机械化将包括以上所有内容的机械化作业。

农业机械化学科体系涉及自然科学和社会科学，工学和农学，硬科学和软科学等不同类型、不同层次的基础学科领域，可归纳为以下三个方面：① 农业生物科学的基础知识，提供农业生物生长繁育的基本原理、生产技术和各项作业的技术要求；② 研究开发、运用管理和使用维修各种农业机械化所需的工程技术方面基础知识和技术；③ 农业经济、经营管理和系统分析的基本原理和方法。由此可见，农业机械化是一门综合性很强的学科，需要学习和掌握多学科坚实基础知识，才能做好。

农业生产系统由生物、环境、技术和经济四大要素构成，生物是农业系统的投入和产出物；农业环境（气候、土壤、水）为生物提供营养与生存条件，生物与环境的结合是农业生产的核心；农业技术是使环境更适合生物生长发育要求，如灌溉、土壤耕作，施肥、病虫草害防治或使生物更适应环境条件，如作物轮作、密植，播种方法和播种机械等；经济是让农业产品更符合人们需要进行加工、储藏、保鲜等。

机械化农业生产系统，简单说即以机器为劳动工具的农业生产系统。但相对传统手工劳动的农业生产系统来说，现代机械技术的导入，是与生产经营规模扩大、高新农业技术采用或专业化程度提高相联系的，其生产组成形式与管理方式也必将随之变化，而形成更高的劳动生产率、土地产出率和资源利用率。因此，农业机械化是代表更先进生产力的农业生产系统。

农业机械作为农业工程中的一门学科，农业工程作为一门工程技术则有着较长的历史，但它发展成为一门学科，则是在20世纪70年代，它主要体现在以下7方面：

（1）农业机械化。一方面研究农业生产和农民生活所需的各种机械实体，另一方面研究用农业机械装备的途径、步骤和方法，以及组织管理、推广应用、维修配套等。

（2）农田水利和水土保持。利用水利工程和生物措施相结合的手段保持良好的土壤物理、化学性状，调节土壤水、肥、气、热状况，防治水土流失。

（3）农村建筑和农业生物环境工程。利用各种建筑物和其他工程设施，为农业生物的生长繁育，以及农产品储藏保鲜创造良好的环境条件。如利用地膜覆盖、塑料棚、玻璃温室和人工气候室等为作物生长创造良好环境的工程技术，以及大田生产的防冻、防霜、防雹等工程技术的植物性生产环境工程；利用禽畜舍饲养所需的各种建筑物及设备的动物性生产环境工程；利用常温库、低温库、气调库等建筑物及配套设备的农产品保鲜储藏工程。

（4）土地利用工程。根据农业生态平衡的原理和国民经济发展的需要，对不同地区、不同类型和不同利用目的的土地进行开发、利用和治理的工程技术和理论。

（5）农副产品加工工程。加工动植物产品所使用的各种工程技术、加工方法、利用途径及防腐变质的工程及理论。

（6）农村能源工程。合理开发利用农村能源资源，如役畜、生物质能、水能、风能、太阳能、矿物质能、地热能，潮汐能等，以提高用能效率的工程技术。

（7）农村电气化工程。指农业生产和农村生活中广泛使用电力的各种工程技术，包括电能在农业生产和农村生活中的应用、农村输配电工程、电器控制和安全用电等。

农业工程技术及理论的发展，极大地推动了农业生产的发展和生产力水平的提高。主要表现在：提高了农业劳动生产率、减轻了农业劳动强度，增强了抗御自然灾害的能力；推动了农业生产的集约化、机械化进程，提高了农畜产品的产量和质量；促进了农业自然资源的综合开发、利用和保护，发展了农业生产，保护了生态环境，提高了经济效益。

## 二、农业机械在农业生产中的地位和作用

农业机械是现代农业科学的三大分支之一，是实现农业现代化，改变传统农业和农村经济增长方式，发展现代农业的重要科技支撑，农业机械是农业工程实施的必要装备。

在农业生产中，劳动生产有三个要素，即：劳动对象——农业生物有机体（栽培植物、饲养动物、农业微生物等）及其外界环境（土地、饲舍、空气、阳光和水等）；劳动工具——机器设备和各种技术手段；劳动者——人们从事农业的生产实践活动。在农业生产过程中，这三个要素之间的相互作用，构成总的农业生产的有机整体。农业机械作为农业劳动工具，是劳动者作用于劳动对象的手段，是联系劳动者和劳动对象的桥梁。劳动工具的技术水平直接反映了生产力水平的高低。

农业机械作为先进农业生产工具，在农业生产力中是最具有活力的要素，同时它也历来是衡量农业发展水平、反映农业现代化进程的重要标志，是农业现代化的基础，这一点已经被发达国家和我国经济发达地区的发展实践所证实。20世纪末，美国工程学家在评价20世纪什么工程技术对人类社会进步起巨大推动作用时，把"农业机械化"列为20项最伟大的工程技术成就之一（名列第7位）。这一评价是基于100年来，农业机械作为先进农业生产力的代表，所引发的农业生产方式的根本变革，既大幅度提高了农业劳动生产率，促进了社会生产的大分工，推动了工业和其他社会经济产业的产生和发展，又有力地保障了世界农业发展和食物安全。因此，它客观地反映了农业机械化在人类社会发展中的巨大作用，以及在农业发展中和农业现代化进程中的重要地位。具体体现在以下几个方面。

（1）提高劳动生产率，改善劳动条件。我国农业取得突破性的进展，在这巨大的成效中，除了采用良种、合理施用化肥及应用科学灌溉技术外，使用农业机械替代人、畜力进行农业生产，大幅度提高农业劳动生产率是又一最重要的原因。

采用机械化作业，可大大提高作业效率。例如：耕地作业，用一个壮劳力和一头役畜，即使每天工作10 h，其作业量也不足0.5 hm²；若采用1台40 kW拖拉机与铧式犁配套作业，每天可作业5 hm²，生产效率提高10倍，目前比较先进的大型耕地作业机组，每天的作业量将超过60 hm²，效率是人工的100倍以上。插秧作业，对比较熟练的农民，每

天作业量仅有 0.06 hm² 左右，采用插秧机作业每天可插秧 4～5 hm²，作业效率提高 60～70 倍。对收获机械而言，人工用镰刀收割，充其量每天不过 0.1 hm²，其中还不包括脱粒、清选等作业项目，大型联合收割机每天可收获小麦 100 hm² 以上，同时可完成全部收获作业工序，效率可提高上千倍。由此可见，农业机械在提高劳动生产率方面具有非常巨大的作用。而且，可大幅度减轻劳动强度，改善劳动条件，彻底改变农民"面朝黄土，背朝天"的生存状况。

农业机械的使用从新中国成立初期单纯的耕作和运输机械，发展到今天的种（播）、收、加工等各个环节的机械，农机化服务也从原来的农业产中，扩展到产前和产后，农业机械化作业贯穿于农业、农村、农民的生产生活的各个方面，为解决"三农"问题，促进农业现代化进程，提供强有力的技术支撑。

（2）提高土地产出率和资源利用率。农业机械化是保护和恢复农业生态环境的重要手段。应用机械深耕能打破旧犁浅耕形成的犁底层，疏松土壤，加深耕作层，把地表的杂草、作物的残体埋到底层，腐烂后，增加土壤有机质含量，耕后可以把农家肥均匀地混合到耕层中，扩大土壤中有益微生物的活动范围，从而改善耕作层的水、肥、气、热条件。同时，还有保土保肥作用，可消灭部分在浅层土壤中越冬的害虫，减少虫害，促进农作物增产。先进国家农业机械化对农业生产的贡献率达到了 70%，机械化作业与人工作业比较，增产幅度在 5%～10%。

由于生产效率的提高，可以保证农时，减少土地的空闲时间，提高土地的复种指数。先进的农业装备为保护性耕作技术、化肥深施技术、节水灌溉技术、高效施药技术等提供技术保障，可大大提高资源的利用率。

（3）增加农民收入，提高农民生活水平。农业机械是实施农业科技的载体，机械作业通过各个农机作业环节对各种劳动对象施加作用，就能实现精耕细作，为农民节本增效。如采用水稻旱床盘育秧技术，可节省稻种 30% 以上，采用小麦精量播种技术，每公顷可节约种子 45 kg 以上，比常规播量减少 1/3～1/2；使用农业机械还可以减少粮食损失，如谷物收获，采用传统的人工收获，割、堆、捆、运、脱、扬场等工序复杂，损失量大，总损失高达 6.8%～10%，而应用联合收割机一次可完成割、脱、扬清选等工序，免去推、捆、运等环节，总损失只有 1.5%～2.5%；利用机械化灌溉技术和节水设施，实施喷灌、滴灌、渗灌等，可节约农业用水 50%，对缓解水资源紧张有着积极的意义，机械化的农产品加工、干燥、储存等，可以减少谷物和果实腐烂变质损失，提高农产品品质。

（4）推动农业产业化发展。现在，在农业生产的产前、产中、产后各个环节，都能看到农机在发挥着作用。从生产资料的准备，到农业生产出产品的全过程，产品的加工增值、储藏、运输、销售等，都离不开农业机械。农机改变了一家一户分散种植的小农经营模式。农业规模在扩大，生产在集中，作业在统一，统一供种，统一施肥，统一作业，统一质量标准，统一订单，统一销售，增强了农业抵御市场风浪的能力。农业机械化是农业产业化的助推器和先决条件。

（5）保障粮食生产安全。我国是一个农业大国，农业是国民经济的基础；我国又是一个自然灾害频发的国家，洪灾、旱灾、台风等屡屡侵袭，每年有 35%～50% 的农田遭遇旱涝等灾害。

## 三、农业机械与设备的分类和特点

### （一）农业机械与设备的分类

农业机械是应用在农业生产过程中的各类机械，即是在作物种植业和畜牧业生产过程中，以及农、畜产品初加工和处理过程中所使用的各种机械。广义而言，还包括林业、渔业和副业全部生产过程中各项作业所需的各类机具。由此可见，农业机械与设备包括的内容也比较广泛，其分类方法也多种多样。一般按生产性质可分为：种植机械、畜牧机械、果树园林机械、农田排灌机械、农产品加工机械、渔业机械、农业运输机械等。此外，还有用于农田基本建设机械的施工机械，以及养殖某些经济动物的专用机械。随着农业生产的发展，农业机械的种类越来越多，越分越细，而且各自形成了专业门类或独立学科，如林业机械、渔业机械、副业加工机械等。为此，本课程内容将不涉及以上内容。

农业机械概括地分为动力机械和农业工作机具两大类。

#### 1. 动力机械

动力机械包括电动机、内燃机、拖拉机、风力机械和水力机械等。

（1）电动机：主要与排灌机械、脱粒和场上作业机械、农产品加工机械等配套进行固定作业。电动机结构简单、操作方便、价格便宜，在农业生产中应用比较广泛。

（2）内燃机：主要作为农业生产中多方面用途的配套动力源使用，移动方便，不受其他设施（如电动机需要铺设输电线路）影响，可作为拖拉机、联合收割机、插秧机、植保机械、水陆运输机械的动力，也可与脱粒机、农副产品加工机械、排灌机械、畜牧机械等配套进行固定作业。

（3）拖拉机：农业生产中具有多方面作业功能的主要行走动力。与牵引式或悬挂式农具配套完成田间作业，也可利于其动力输出轴与多种固定机械配套使用，是最重要的农用动力机械。

（4）风力机械和水力机械：风力机械是我国新疆、内蒙古等西北边远地区和东南沿海地区农用和生活动力的来源之一，多为小型，主要利用风力发电、提水或其他固定作业。水轮机是中小型水力发电站的主要动力，也可作为水泵、水磨、铡草等农业机械的动力。

#### 2. 农业工作机具

农业工作机具（简称农机具）一般按以下几种方法分类：

（1）按作业性质分：农田耕作机械、播种和栽植机械、收获机械、场上作业机械，农副产品加工机械、排灌机械、植保机械、畜牧机械、装载运输机械、林业机械等。

（2）按配套动力分：人力机械、畜力机械，机力机械、风力机械和水力机械等。

（3）按使用地区分：旱作机械、水田机械，山地机械和垄作机械等。

（4）按部颁标准（NJ89—74）的分类方法，可分为：1—耕耘和整地机械，2—种植和施肥机械，3—田间管理和植物保护机械，4—收获机械，5—谷物脱粒、清选和烘干机械，6—农副产品加工机械，7—装卸运输机械，8—排灌机械，9—畜牧机械，10—其他机械。

## （二）农机具产品的名称和型号

农机具产品名称和型号的编制，主要依据1974年的部颁标准NJ 89—74《农机具产品编号规则》进行。

### 1. 农机具产品名称

在编制农业机械与设备的名称时，其名称应满足以下要求：

（1）产品名称能表示出产品的功用或特点，一般应由基本名称和附加名称两部分组成，基本名称表示产品的类别。如犁、耙、播种机、收割机等。附加名称是为区别同类别的不同产品，列于基本名称之前。附加名称应以产品的主要特征（用途、结构、动力型式等）表示，如重型五铧犁、棉花播种机、玉米脱粒机等。

（2）对于一种机具能同时进行两项以上作业的，可在产品的基本名称前加"联合"二字，如联合播种机（即同时完成播种、施肥作业）。某一机具具有多种用途，能分别完成几种不同作业者，可称为"通用"，或以主要作业命名，如播种中耕通用机械（可分别完成播种、中耕、挖掘等作业）、开沟筑埂机（可分别完成开沟、筑埂、平地、碎土等作业）。

### 2. 农机具产品型号

产品型号依次由类别代号、特征代号和主参数三部分组成，类别代号和特征代号与主参数之间用短横线隔开。

（1）类别代号：由阿拉伯数字表示的分类号和产品基本名称的汉语拼音第一个字母表示的组别号组成，如图1.1所示。

① 分类号：按表1.1的规定。

② 组别号：以产品基本名称的汉语拼音文字的第一个字母表示。例如犁用（L）、播种机的播用（B）、收割机的割用（G）等。

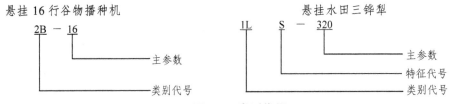

**图 1.1　类别代号**

**表 1.1　农机具的分类号**

| 机具类别名称 | 分类号 | 机具类别名称 | 分类号 |
|---|---|---|---|
| 耕耘和整地机械 | 1 | 农副产品加工机械 | 6 |
| 种植和施肥机械 | 2 | 装卸运输机械 | 7 |
| 田间管理和植物保护机械 | 3 | 排灌机械 | 8 |
| 收获机械 | 4 | 畜牧机械 | 9 |
| 谷物脱粒清选和烘干机械 | 5 | 其他机械 | 10 |

（2）特征代号：由产品主要特征（用途、结构、动力型式等）文字的汉语拼音第一个字母表示。如棉花播种机的棉用（M）、圆盘耙的圆用（Y）等。

组别号和特征代号的字母总数，不得超过三个，字母一律用大写。

为了避免重复，组别号和特征代号的字母，必要时可以选取拼音字母的第二个或其后的字母。

与主参数邻接的字母不得用 I、O 两个，以免在零部件代号中与数字混淆。

凡"谷物"、"悬挂"等附加名称在特征代号中均不表示出，如悬挂十六行谷物播种机，型号为"2B-16"，割幅为 2 m 的悬挂谷物收割机型号为"4G-2"。

注：为简化产品型号，在型号不重复的情况下，特征代号应尽量少，个别产品可以不加特征代号。

（3）主参数：以反映农机具主要技术特性或主要结构的参数表示。

带有小数点的主参数，取小数点后一位。产品型号中的主参数不标出计量单位。

（4）联合作业机具编号：编制联合作业机具或多种用途作业机具的型号时，应将其中主要作业机具的类别代号列于首位，其他作业机具的组别号作为特征代号列于其后。

例如：播种施肥机型号为 2BF-XX（B—播，F—肥，XX—行数）。

（5）改进产品编号：为了提高机器性能或改善其结构，对某些机构进行了较大的改变称为改进产品。改进产品的型号在原型号后加注字母"A"表示，称为改进代号。如进行了数次改进，则在字母后从 2 开始依次加注顺序号。如悬挂十六行谷物播种机型号为"2B—16"，其第一次改进后的型号为"2B-16A"，第二次改进后为"2B-16A2"。

（6）变型产品编号：对基本型进行某些部分结构形式的改变，"扩大产品的使用范围称为变型产品。变型产品的型号以变型的主要特征的第一个字母表示加在主参数之后，称为变型代号。例如，东风自走谷物联合收割机（轮式）原型号为"4LZ-3"，变型后的半履带式型号为"4LZ-3B"。

## （三）农业机械与设备的特点

农业机械与设备的服务范围、作业对象等因素，决定了农业机械与设备和其他机械设备所不同的特点和使用要求。

### 1. 种类繁多

农业机械与设备作为在农业生产应用的机械设备，其服务范围十分广泛，包括种植业、畜牧业、渔业、林业和农副产品加工业等各个方面。而且农业机械的作业对象主要是土壤和在农业应用动物、植物、微生物等有机体，这些物料的品种、类别甚多，性状差异很大，受外界因素影响严重。即使同一种土壤或同一种作物，在其含水量不同或生长期不同时，它们的物理力学特性相差悬殊。再加上地区性的差异和栽培耕作制度的不同，水田、旱地、垄作、套种等因素，情况就更为复杂。为了适应广泛的服务范围和作业对象，各式各样的农业机械也就越来越多。据不完全统计，目前世界上已有不同种类和形式的农业机械与设备 2 万多种，并且新型的农业机械还在不断涌现。

### 2. 作业复杂

大多数农业机械的作业时都不是只完成某个单一任务，而是要完成一系列的作业项目。例如：播种机械作业时除了完成种子箱排种外，还要进行开沟、覆土、镇压，对联合播种机还有施肥、灌水、铺膜等工作，联合收割机作业要一次完成收割、脱粒分离、清选、秸秆粉碎等项目。另外农业机械要完成的任务也十分复杂，运动轨迹不规则，如插秧机作业，要模拟人工插秧方式，完成输秧、分秧、插秧、回位等路径，结构复杂。对于各种田间作业机械，作业过程是在机器行走中完成的。因此，增加了农业机械设计上的难度和加工上的复杂性。

### 3. 作业环境条件恶劣

许多农业机械和设备都是在田野或露天场地作业，经常遭受烈日暴晒、风沙侵袭，雨水淋漓，甚至有些工作部件还要在泥土、砂石、污水中工作，作业环境条件十分恶劣。因此，机器容易被腐蚀和磨损。机器行走过程受地面不平或负荷不均的影响，机器作业时振动大，容易造成机器的变形和疲劳破坏。这些问题我们在农业机械与设备的设计和使用中必须加以重视，否则后果严重。

### 4. 作业季节性强、时间短

农业生产有很强的季节性，绝大部分的作物的播种期和收获期都很短；有些农产品（如水果、蔬菜等）收获后的加工期也比较短。农业机械的使用受到农业作业季节的影响，其作业时间受到一定的限制，造成农业机械的作业时间短，利用率低，增加了机器成本。例如：收获机械如果不进行跨区作业，年作业时间为 150～200 h，播种机、中耕、植保机械一般每年不超过 400 h；耕地机械作业时间较长，充其量不过 600 h 左右。在病虫害少的年份，许多植保机械大都备而不用。即使现在推广跨区专业，联合收割机的使用时间也就两个月，与其他机械相比也相差许多。

### 5. 形体较大，外观造型差，制造要求特殊

农业机械受作业条件的限制和满足完成作业任务的要求，一般农业机械的体形比较大，外观造型比较差。农业机械在机械制造业，算低端产品，看起来粗糙、不精密，但对制造工艺的要求很高。许多铸、锻和冲压件，成形后无需加工即可装配使用，甚至车轮都采用冲压、铸造件直接使用，而且工作正常，这表明了农业机械制造的独特之处。

## （四）农业机械与设备的使用要求

对农业机械与设备的使用要求是多方面的，除了希望工作可靠、坚固耐用、体积小、重量轻、效率高、成本低、使用维修方便等常规要求外，根据农业机械的特点，还应注意以下几个方面：

（1）应有完备的安全防护装置。如超载安全器，运动部件的防护罩，车辆倾翻时人员保护装置等；与农药相关的机器应有防毒设施，以保障作业人员的人身安全。同时还应不断改善操作人员的工作条件。

（2）工作部件的适用和调节范围大。农业机械的适应范围和工作部件的调节范围要大，以满足作业的需要。例如，播种机应能适合不同的作物品种，对同一品种其播种量可根据作业时间和区域的不同进行调节；中耕机械的行距应能适合播种行距等，以便扩大农业机械的用途和延长作业时间，降低作业成本。

（3）扩大作业项目，实现一机多用。一般农业生产作业的项目是连续的，为减少机器在田间的行走次数，提高作业效率，农业机械最好能够一机多用，进行联合作业。如耕整地联合作业机，一次可完成耕地、整地达到种床准备的目的；整地播种施肥联合作业机，一次可完成整地、播种施肥等多项作业；联合收割机可一次完成收获环节的全部作业项目，大大提高了机器作业效率和使用价值。

## 四、我国农业机械化的发展概况

### （一）中国农业机械化的发展历程

新中国成立之前中国处在一个半封建半殖民地的社会，农业生产十分落后，农业生产工具的技术水平处于古代农业与近代农业的边缘，基本上是手工作业，根本谈不上农业机械化，其农业机械化的发展水平落后发达国家 100 年左右。新中国成立后，党和国家十分重视农业生产，一直把实现农业机械化作为建设社会主义现代化农业的一个重要战略目标，投入了大量的人力、财力、物力，发展我的农业机械化事业。从兴办国有机械化农场和拖拉机站开始，不断探索，不断发展，走出了一条具有中国特色的农业机械化道路，取得了巨大的成就。回顾新中国农业机械化的发展历程，大体上可以分为三个阶段，即行政推动阶段、机制转换阶段和市场导向阶段。

#### 1. 行政推动阶段（1949—1980 年）

这一阶段的主要特征是：在高度集中的计划经济体制下，农业机械作为重要农业生产资料，实行国家、集体投资，国家、集体所有，国家、集体经营，不允许个人所有的政策。农业机械的生产计划由国家下达，产品由国家统一调拨，农机产品价格和农机化服务价格由国家统一制定。国家通过行政命令和各种优惠政策，推动农业机械化事业的发展。这一阶段可以分为三个时期。

（1）开创时期（1949—1957 年）。

这一时期主要完成以下工作，为农业机械化发展奠定了必要的基础。

① 增补旧式农具，推广新式农具。中华人民共和国建国之初,全国农村缺少农具 30%~40%。

② 创办国有机械化农场。到 1956 年，全国建立了国有机械化农场 730 处，耕地面积 1 974 万 hm$^2$，拥有拖拉机 4 500 台，拖拉机动力 10.8 万 kW，联合收割机 1 400 台，农用汽车 1 300 辆，机引农具 1.1 万台。

③ 试办国有拖拉机站。1950 年 2 月，我国的第一个拖拉机站在沈阳市西郊成立。1952 年秋，全国农业工作会议决定试办国有拖拉机站。当年投资 930 亿元建站 11 个，拥有拖拉机 68 台，联合收割机 4 台，卡车 3 辆及各种犁、圆盘耙、钉齿耙和播种机等配套农具，到 1957 年年底，全国

国有拖拉机站达到 352 个，拥有拖拉机 12 万标准台，当年完成机耕面积 174.6 万 hm²。

④ 创办农机工业。1949—1957 年，国家对农机工业投资 394 亿元，建立了一批农机制造企业从生产旧式农具、仿制国外新式农具开始，发展很快。到 1957 年，全国农机制造企业发展到 276 家，有职工 12.3 万人，固定资产总值 2.8 亿元，已经能够生产五铧犁、圆盘耙、播种机，谷物联合收割机等 15 种农机具，并开始生产拖拉机。"一五"期间，农机工业总产值平均每年增长 44.5%。

（2）扩大规模时期（1957—1966）。

1957 年冬季开始，全国开展了轰轰烈烈的农具改革运动，一直延续到 1961 年，参加的人数以亿计。截至 1959 年 8 月，全国刨制与改制的各种农具超过 2.1 亿件。农具改革运动促进了县、社工业，特别是农机具修造业的发展。当时全国公社农机具制造修理厂共有 8.6 万多个，县级厂 2 000 多个。

到 1963 年底，全国县属农机修配厂发展到 846 个，职工 7.6 万人，金属切削机床 1.23 万台，分别比 1958 年增长了 4 倍、3.5 倍和 12.8 倍。1960—1966 年，国家对农机修理网共投资 3.6 亿元，投放设备近 8 000 台，农机修配网基本形成。

（3）高速发展时期（1966—1980 年）。

1966 年，国家提出"1980 年基本上实现农业机械化"的奋斗目标，并对实现这一目标做了规划和部署。1966 年 4 月、1971 年 8 月、1978 年 1 月先后召开 3 次全国农业机械化工作会议，采取一系列行政手段，动员全党全国人民为 1980 年基本上实现农业机械化而奋斗，形成了全国性的农机化运动。

### 2. 机制转换阶段（1981—1994 年）

这一阶段的主要特征是随着经济体制改革的不断深入。农村实行了联产承包责任制，农业生产形成了一家一户的经营形式，大型农业机械的应用受到了限制，市场在农业机械化发展中的作用逐渐增强，国家用于农业机械化的直接投入逐步减少，对农机工业的计划管制日益放松，允许农民自主购买和使用农业机械，农业机械多种经营形式并存。

形成"计划+市场"的运作机制。1980 年以后，国家对农机化的政策进行了逐步地调整，形成了农业机械化"计划+市场"的运作机制。一方面，国家继续实行计划经济体制下一些支持农机化发展的行政、财政、金融政策。一是继续对农机产品实行价格管制，保证农机产品以较低的价格供应农村。1987 年农机工业平均利税率仅为 9.8%，比机械行业低 3.1 个百分点，比全国工业各部门的平均水平低 12.1 个百分点。二是继续采取价外补贴、产销倒挂补贴、减免税收、调拨平价物资等手段，弥补农机企业的政策性亏损。三是继续实行鼓励使用农业机械的优惠政策，每年安排数百万吨平价柴油供应农村，以降低农民使用农业机械的成本。另一方面，随着经济体制改革的深化，国家对农机工业的指令性计划管理逐步弱化，优惠政策逐步取消，市场机制的作用日益加大。农机产品作为商品进入市场，销售商根据市场需求采购农机产品，农民根据生产需要和收益预期自主选择、自主投资、自主经营。

拓宽农机服务范围，农机管理工作改革后的农业机械化的服务领域，从主要为种植业服务发展为面向农林牧副渔各业，以及农副产品加工、农村运输等各个方面。农机经营者可以在政策法令许可的范围内，行使自己的经营自主权，从事各项正当的经营活动。农机服务范围的拓宽，提高了农机人员的收入，增强了农机化的活力。

### 3. 市场导向阶段（1995 年以后）

1994 年，中国共产党第十五次代表大会召开，提出了我国经济体制改革的目标是建立社会主义市场经济体制。1994 年 7 月 1 日，国家取消了农用平价柴油。至此，国家在计划经济体制下出台的农机化优惠政策全部取消，农业机械化进入了以市场为导向的发展阶段。这一阶段的主要特征是：在国家相应法规和政策措施的保护和引导下，农业机械化的市场化进程加速，农业机械化事业发展加快。

1995 年以来，轰轰烈烈的联合收割机跨区收获就是农机服务社会化、市场化的典型事例。跨区收获按照市场规律，以追求收益最大化为目标，不但满足了广大农民对机收服务的需求，而且对减轻劳动强度、快播、快收，夺取农业大丰收发挥了重要作用，同时大幅度提高了联合收割机的利用率，使联合收割机从平均每年使用 7～10 天提高到近一个月，使经营联合收割机成为一个收益较高的项目，提高了农机化的经济效益，启动了联合收割机市场。

近几年，联合收割机跨区收获小麦的规模不断扩大。1997 年，实行跨区作业的有 11 个省、5 万台联合收割机，1998 年扩大到 19 个省、7 万台联合收割机。联合收割机跨区收获小麦的成功实践，产生了良好的示范效应，带动机耕、机播以及水稻收获等其他作物和生产环节的跨区作业也在部分地区开始起步。1997 年，山东、陕西、山西等省出现了较大规模的跨区机耕、机播活动，而江苏、安徽、海南等省的农民则开着自己的联合收割机，开始跨区收获水稻。在全国范围内，市场化、社会化的农机服务新模式正在迅速发展。

中华人民共和国第十届全国人民代表大会常委会第十次会议于 2004 年 6 月 25 日审议通过了《中华人民共和国农业机械化促进法》，并于 2004 年 11 月 1 日实施。该法进一步明确了各级政府对农业机械化的促进职责，明确了对农机科研开发和生产、农民购置农业机械、农机作业服务和保障产品质量等方面的扶持措施。该法的颁布实施，进一步改善了农业机械化发展环境，将极大地调动农民、农业生产经营组织购置和使用农业机械的积极性，促进农机化新技术、新机具的普及应用，对农业机械化事业的发展将产生积极而又深远的影响。

## （二）现代农业机械装备技术的发展趋势

20 世纪是人类广泛应用工程科学技术改造传统农业生产方式，推动农业产业技术革命取得伟大成就的世纪。农业生物科学的知识与技术创新成果，促进了优良品种、化肥、农药的工业化生产与规模化应用；农业机械装备技术的发明与技术创新成果，推动了现代农业装备制造业的快速发展和大规模农业机械化的实践。农业水土资源开发、改良、利用和管理技术的不断进步，为建立高产、稳产农田提供了保障。收获后加工工艺与技术的完善，为保障消费者对高品质农业产品需求与不断开拓生物产品利用新领域，促进农产品增值产业的快速发展做了贡献。农业建筑与生物环境控制技术的进步，推动了现代设施菜蔬、园艺与工厂化养殖的规模化生产。电子技术在农业中应用的迅速普及，使得自动化、信息化技术快速应用于农业装备与过程管理，成为 21 世纪推动农业和农业机械装备技术科技创新最为活跃的领域。

21 世纪，农业机械装备技术的发展，将紧密围绕人类面对的农业资源制约，食品安全和消费者对绿色健康食品日益增长的需求，改善生态环境质量，提高农产品的市场竞争力等可持续发展目标，进一步突出多学科联合和交叉的特色。

（1）技术创新仍将是传统的农业机械装备技术的主要发展趋势。20世纪，传统的农业机械包括拖拉机、犁、耙、播种机、插秧机、移栽机、铺膜机、植保机械、施肥机、收获机械、谷物干燥机和割草机、搂草机、摊草机、打捆机、割草调制机、饲草料加工机械等为世界农业机械化做出了巨大贡献。这一贡献不仅仅在于量大面广，更是由于100年来这些农业机械在技术上的不断创新，最大限度上适应了农艺制度不断发展的需要。

（2）农业机械装备技术，将融合现代微电子技术、仪器与控制技术和信息技术，向智能化、机电一体化方向快速发展。随着发达国家加快了农业装备电子信息应用技术研究及产业化开发的进程，各种机电一体化技术产品将被装备到农业机械上，以实现农业机械化作业的高效率、高质量、低成本和改善操作者的舒适性和安全性。其中，拖拉机和复杂的农业机械这一技术发展趋势将最具代表性。拖拉机和自走式农业机械传统驾驶室中的仪表盘正迅速由电子监视仪表取代，并逐步由单一参数显示方式向智能化信息显示终端过度，从而大大改善人机交互界面，信息时代的农业机械将更多地依赖传感器来监视作业工况，通过各种复杂模型、决策支持软件和高精度的执行器，来按时、定位完成相应的任务和过程优化。以智能机器代替重型复杂、高投入、高能耗机械，优化生产过程、节约物质、改善质量、降低成本是本世纪农业机械发展的主要内容。

（3）工厂化农业生产与装备的技术创新。工厂化农业生产技术的创新将更多地呈现农业机械科学、现代农业生物科学技术、工程科学技术和系统管理科学技术的综合集成支持，工厂化农业将成为21世纪资源高效利用、技术和知识密集、增值效益显著、工业化程度高的农业新兴产业。

（4）世界各国农业机械领域和涉农行业的技术发展将更多的面对农业水土资源科学管理和水土环境保护。进入21世纪，技术创新的重点将是如何高效利用水、土与肥力资源，控制水土环境污染，满足消费者对食物与生态环境安全日益增长的要求。20世纪取得突破性进展的节水灌溉装备技术，在21世纪的技术发展趋势将是如何提高植物生长对水、肥的有效利用，最大限度地减少农田水分的无效蒸发与流失消耗，开发基于新原理和新技术的农口土壤含水量与肥力参数快速获取的传感技术、智能化农田水灌溉技术装备和管理控制技术，从而推动和发展定位精细的水灌溉技术的应用。

（5）产中的机械化技术向产后农产品加工和农业废弃物加工利用延伸是农机领域技术发展的必然趋势。农产品深加工已真正成为21世纪农业生产中最具增值效益的产业。农产品的深加工除机械、电子、热力控制外，其加工工艺的技术创新已与现代生物技术、生物化学、微生物科学、食品科学等密不可分。在加工过程中，将围绕由生产、产后处理、产品分选与分级、储藏、运输、保鲜、最终产品加工、包装、市场开拓的整个食物链过程及产品品质的全过程监控；在加工对象方面，已由传统的主要限于利用籽粒、果实、花卉、肉品等老观念，扩展到利用新技术研究完整的生物资源的开发利用，包括生物废弃物的再利用。在产品质量控制方面，加工的全程质量控制已成为确保产品质量的发展趋势，其实质已突破仅对加工成本进行控制，而是从育种、种植、储运、加工、包装和销售全过程进行质量控制，制定各种原料标准，规定各种指标要求。建立不同生产规范，确定影响产品质量的不同环节、各种因素、危害，制定相应的必要措施，通过完成和实现一系列的基本要求，确保产品的质量。

（6）建立基于信息知识管理作物生产系统的"精细农业"技术体系。首先在发达国家被推广应用，综合应用现代信息高新科技和农业装备技术、作物生产和农业资源环境管理决策等先进科技成果的"精细农业"技术是 21 世纪实现农业可持续发展的先导性技术之一。该技术的发展趋势是：提供可靠的信息来源与数据实时获取、处理技术，研发快速采集农田作物、土壤数据的传感器和智能化仪器相适宜的定位系统；作业过程庞大数据量的管理集成技术，集成信息能有效地支持生产过程的管理决策；开发基于模型、数据和专家知识的计算机辅助决策支持系统；研究适应不同条件的变量作业的农业机械，根据获取的信息和管理决策实现定位处方的农业机械作业。

（7）适应经济全球化的需要，世界各国越来越重视农业机械标准化。技术标准是指重复性的技术事项在一定范围内的统一规定。近年来，技术标准作为人类社会的一种特定活动，从过去主要解决产品零部件的通用和互换问题已经更多地成为一个国家实行贸易保护的重要壁垒，成为非关税壁垒的主要形式。许多国家都把目光从重视专利工作更多地转向重视标准。因为专利影响的是单个企业或若干个企业，标准影响的却是一个产业，甚至是一个国家的竞争力。从国家的层面上，各国都认识到通过技术标准中技术要素的确立和技术指标的设立，可以建立自己的贸易技术壁垒体系。越进入知识经济时代，这个问题越突出。因为在传统的农机产业中，技术更迭较为缓慢，经济效益主要取决于生产规模和产品质量，而今天，现代农业装备中高新技术含量越来越高，经济效益更多地取决于技术创新和知识产权，技术标准逐渐成为专利技术追求的最高体现形式。前几年，国外已流行一种新的理念"三流企业卖苦力，二流企业卖产品，一流企业卖专利，超一流企业卖标准"，由此看出标准在市场竞争中举足轻重的地位。美国每年投入标准化研究的经费高达 7 亿美元便是最好的证明。

21 世纪人类已进入知识经济的时代。信息与网络技术革命使世界各地区的人们都易于共享世界技术革命的成果，这为发展中国家提供了发挥后发优势、实现生产力跨越式发展的良好机遇。体现多学科综合和交叉特色的现代农业装备技术是支持 21 世纪农业可持续发展的最重要也是最具活力的发展趋势。我们的任务任重而道远。

## 【任务拓展】

### 一、中国古代农业机械的发展历程

农业机械的起源可以追溯到原始社会使用简单农具的时代。在中国，新石器时代的仰韶文化时期（公元前 5000—公元前 3000 年）出现了原始的耕地工具耒耜；公元前 13 世纪有了铜犁头；春秋战国（公元前 770—公元前 221 年）时已拥有耕地、播种、收获、加工和灌溉等一系列铁、木制农具。

公元前 90 年前后，赵过发明三行耧（三行条播机），其基本结构至今仍在使用，9 世纪形成结构完备的畜力铧式犁，之后相继出现了农业生产中使用的各种机械和工具。

在西方，原始的木犁起源于美索不达米亚和埃及，约公元前 1000 年开始使用铁犁铧。1831 年，美国的 C. H. 麦考密克创制了马拉收割机。1836 年出现了马拉的谷物联合收割机。1850—1855 年，先后制造并推广使用了谷物播种机、割草机和玉米播种机等。随后，各种现代农业机械相继问世。20 世纪 70 年代以来，随着电子技术、计算机技术等各种先进科学技术的发展，农业机械逐步向作业过程的自动化方向迈进。

纵览世界农业机械的技术发展过程，了解国内外农业机械化的发展概况，对学习和掌握现代农业机械化技术，认识农业工程对农业生产和社会发展的贡献，把握农业机械化技术未来的发展方向，具有重要意义。

## 二、世界农业机械技术发展概况

从古至今，人类为了生存和发展，都在不断改造和创新各种生产工具，以提高劳动效率、减轻劳动强度和改善劳动质量。农业是人类最早从事的产业，农业生产的发展，也依赖于农业生产工具的变革，农业机械技术发展促进了农业生产能力的飞速提高。因此，农业机械技术的发展阶段与世界农业发展历史相适应，其发展过程已经历了原始农器、古代农器、近代农器和现代农业机械装备几个发展阶段。

### 1. 原始农器（公元前 8000—公元前 2100 年）

在距今约 1 万年前，人类发展进入了新石器时期，开始从事简单的农业生产活动，形成了原始农业，出现了原始农器。

原始农业可分为四个阶段，初始阶段主要是居民在住所附近或在植物采集地点，种植一些农作物，但规模小，农具简单，主要是砍砸器、尖木棒和鹤嘴锄等工具，第二阶段为火耕，又称斧耕，它以"砍倒烧光"为特点，后称"刀耕火种"。生产过程主要是砍伐树木、放火烧荒、掘土播种、收割作物、加工脱粒几个环节。其相应的农具有砍伐用的石斧、石锛、挖掘用的尖术棒、收割用的石刀、加工用的石磨盘和石磨棒等；第三阶段是耜（si）耕（锄耕），基本上形成了以翻（掘）地为特征的耕作方式，主要农具有掘土用的耒（lěi）、耜、石锄、石铲，收割用的石刀、石镰，加工谷物用的石磨盘、石磨棒、杵（chǔ）臼等；第四阶段为犁耕，犁开始应用于生产，翻地效率空前提高，其代表农具有破土器、石犁、镢（jué）、铲、锄、镰等。

原始农器使用的材料与旧石器时代大体相同，主要是就地取材，应用天然的木、石、骨（蚌、角）等，其中以木石质为主，所不同的是，原始农器是通过磨制加工而成，有些石器还有钻孔。

### 2. 古代农器（公元前 2100—1840 年）

到公元前 2100 年左右，随着农业生产的发展，社会分工不断细化，以及铜铁冶炼技术的发明等，为农业生产工具的发展提供了社会、物质和技术条件，古代农器就此诞生了。

古代农器将以木、石材料为主的原始农器发展到以木、石、金属材料并用；从使用人力发展到使用人、畜、水、风力；从只有垦、种、收、加工等类农器发展到耕地、播种、中耕、灌溉、收割、加工、储藏、运输等多种农器。

用青铜制造农具是农具发展史上的突破，铁制农具的应用更具重要意义，为大量制造较复杂的农具奠定了物质基础，生产出了大量的新式农具，主要有耒、耜、锸、犁、铧、镢、铲、锄多齿锄、耰（yōu）镰、耋、连枷、桔槔（jiegao）、石圆磨等。到了汉代，我国发明创造的农具有播种工具耧车，灌溉工具辘轳、翻车，脱粒工具砻，清选工具飏扇，粉碎工具碓和碾等。特别是耕犁结构的改进，形成了具有犁壁、犁铧、辕、底，箭、衡等构件齐全的耕犁，可完成翻土、碎土、起垄等作业，是现代犁的基础。

在牵引动力方面，由人力逐渐被畜力、风力、水力等取代是古代农器的又一大进步。

古代农器几经重大变革，经过几千年的发展和完善，逐渐形成了适合古代农业生产需要的农器体系，具有种类繁多、结构简单、小巧灵活、使用方便等特点，对提高农业生产水平做出了重要贡献，为近代农具的发展奠定了基础。

### 3. 近代农具（1840—1940年）

19世纪初，古代农器在牵引动力方面的变革，极大地促进了农具的变革，西欧和北美各国是在19世纪20年代开始使用近代畜力农机具的，至19世纪50年代形成了从耕地、播种到收获一系列结构比较完善的马拉农机具。自1840年以后，随着这些国家工业化、城市化进程的加快，商业性农业迅速发展，扩大生产的愿望与劳力不足的矛盾愈加突出，人们不得不设法寻找一切有助于扩大生产又能节约劳力的技术，从而马、骡逐渐取代牛作为农业的主要动力的进程加快了，至1870年基本结束。1873年和1892年，美国先后制成了以蒸汽为动力的履带式拖拉机和以汽油机为动力的拖拉机。20世纪初，美国蒸汽拖拉机生产达到高峰期，年产已超过万台，此后逐渐为内燃拖拉机所取代，装备内燃机的拖拉机开始得到推广应用。到1930年美国内燃拖拉机的数量已超过100万台，到40年代初期美国农场中的大多数已使用上了拖拉机，40年代末到50年代初，在美洲、欧洲、大洋洲的许多国家和地区。拖拉机及其他机电动力已成为农业生产中的主要动力。这就形成了农业生产方式的第二次根本性变革，也是100年来农业生产方式最重要的根本性变革。

### 4. 现代农业机械（1940年至今）

1940年以后，美国率先实现了农业机械化，其他工业发达国家在20世纪50、60年代相继基本实现了农业机械化。基本上解决了传统农业生产作业环节的机械化问题，随着工业水平的不断提高，农业机械的技术水平在进一步完善提高，其发展特点如下：

（1）发展适合本国农业生产特点的农业技术装备。世界各国在各自的农业机械化的进程中，都是从自己的农业生产实际需要出发，根据农业生产规模、经济实力、农艺制度、农业资源等现状，发展适合自身农业生产特点的农业技术装备。

（2）高度重视开发农业资源，高效利用和农业可持续发展的农业机械装备。面对人口增加、需求增长、资源减少、环境恶化等诸多问题，全人类对如何保障农业可持续发展与建立健康的生态环境的严重关切，并成为国际社会关注的热点，根据联合国粮农组织提出的"持续满足目前和世世代代的需要，能较好保护现有资源和环境，技术上适当，经济上有活力，而且社会能够接受的农业"这一可持续农业的基本概念，作为先进农业技术载体的农业装备，世界各国在近半个世纪，特别是近30年来，越来越重视开发农业资源高效利用和农业可持续发展的农业机械装备。如发展高效、低量、低毒农药和防扩散污染技术和施药机械，化肥有效施用可控缓释肥效技术与装备，精少量播种技术及机械，节水灌溉技术所需的喷、微灌设备，低污染动力机械，节省能源、减少对土壤破坏的联合作业机械，发展保护性耕作技术所需的少、免耕作业机械以及延长农产品深加工产业链的技术及成套设备等。一些国家随着农业生态环境得到有效保护，已开始出现高度机械化的生态农业农场，以确保农业实现优质、高产、高效益的持续发展。

（3）高度重视高新技术在农业机械装备中的应用。20世纪世界农业机械化的发展进程，实际上是农业机械等装备技术融合现代液压技术、仪器与控制技术、现代微电子技术和信息技术并向智能化、机电一体化方向迅速发展的过程。当液压技术移植到拖拉机之后，传统的牵引式配套农机具被悬挂或半悬挂农机具所代替，机械调节被液压控制调节所取代，从而大幅度提高了农业机械的作业效率；当先进传感技术与控制技术应用到农业装备之后，实现了联合收割机、植保机械、种植机械的作业工况自动监视与控制。如：联合收割机主要工作部件故障显示报警系统、自动对行系统、播种机排种、排肥的工况监视和农机作业量的自动记录等；激光技术的应用使平地作业的地块高度正负差控制在25 cm以内；电子学与信息技术在农业机械装备中的应用，使管理调度中心与田间作业机械、农作物生长环境之间进行数据交换成为可能，来自田间的作业数据，通过中心计算机的信息存储、处理功能、专家知识库和管理决策支持系统后，制订出详细的农艺作业方案和导航作业计划，并最终指挥田间作业的农业机械完成相应的操作。20世纪末这一发展趋势，代表了世界农业装备技术发展新的里程碑。

（4）高度重视农业机械装备的产品质量。由于农业机械作业的特点，工作季节性强、作业对象复杂多变、作业环境条件恶劣以及用户的不同需求，对农业机械产品的质量要求更加严格，工作必须可靠。因此，国外发达国家的农业装备生产厂商都把提高产品质量和工作可靠性作为企业技术进步和技术改造的重要内容。为了确保产品质量，企业都建有完善的质量管理和质量保证体系。在新产品开发设计中普遍采用CAD及可靠性设计技术，在制造过程中，除积极采用先进适用的工艺和装备，尽可能减少人为因素对产品质量的影响外，将质量检验贯穿到每一道工序，力求制造质量稳定。在原材料和外购件的采购中，已从单纯审核验收产品实物质量扩展到同时认证制造方的质量保证体系，要求提供第三方出具的认证证书，作为选购的前提条件。在装配调试过程中，对重要部件则在装机前进行磨合试验或性能试运转，整机装配后再进行规定时间的运行试验，经最终检验无问题后，方可出厂。

为了满足农机产品的市场竞争力，各国农机业十分注重提高农业机械的使用安全性、舒适性和操作方便性。例如：拖拉机的安全防护架，农业机械运动件的护罩、植保机械的清水清洗设备，完善的驾驶室和舒适的驾驶座，作业工况的监测、报警、自动记录等。农业机械中各种高新技术的应用，大大改善了使用者的工作条件，缩小了农业与工业工作条件的差距。也进一步提高了产品的市场竞争力。

这一根本变革大幅度提高了农业生产率和保障了世界农业发展和食物安全。世界上已实现农业机械化的几个农业生产大国，在基本实现农业机械化后到上世纪末的农业机械化发展进程中，以拖拉机为代表的农业机械投入越多，从事农业生产的劳动力越少，农业机械化水平越高；农业机械化程度的提高，一方面可使农业生产用工量减少，使一个劳力可负担更多的耕地，一个劳动者所生产的农产品也更多；另一方面农业从业人员的减少意味着更多的原来从事农业生产的人员转到第二产业、第三产业，促进了生产的大分工，推动了其他社会经济的产业发展。

**【任务实施】**

在生产或实训现场，指出农业机械所属种类，认识各种农业机械的品牌和型号，并能解释各型号的含义。

**【项目自测与训练】**

1. 联系生产实际，举例说明农业机械在农业生产中的地位和作用。

2. 针对目前我国农业生产情况，探讨我国农业机械化的发展方向或急需解决的问题。

# 项目二　耕地机械结构与维修

## 【项目描述】

　　耕地机械是用于土壤的耕翻和松土的重要农机作业机械。通过本项目的学习，学生应了解各种耕地机械的类型，掌握各种耕地机械的结构，学会安装和调试各种耕地机械，并能排除各种耕地机械的常见故障，以提升解决农机机械维修作业中实际问题的能力。

## 【项目目标】

- ◆ 了解各种耕地机械的类型；
- ◆ 掌握各种耕地机械的结构；
- ◆ 能正确安装调试各种耕地机械；
- ◆ 会排除各种耕地机械的常见故障。

## 【项目任务】

- • 认识耕地机械的结构；
- • 安装调试耕地机械；
- • 排除耕地机械的故障。

## 【项目实施】

# 任务一　悬挂犁的结构与维修

### 【任务分析】

　　悬挂犁是一种用来耕地的工具。在熟悉悬挂犁结构的基础上，学会悬挂犁的安装调试，并能对悬挂犁进行维修。

## 【相关知识】

悬挂犁由犁架、主犁体、悬挂架和悬挂轴等组成，如图 2.1 所示。根据耕作要求和土壤情况，犁体前还可安装圆犁刀和小前犁，以保证耕地质量，有的悬挂犁设有限深轮，在拖拉机液压悬挂机构采用高度调节时，限深轮还可用于控制耕深，并用来保持停放稳定。

悬挂犁通过悬挂架和悬挂轴上的三个悬挂点与拖拉机液压悬挂机构上、下拉杆末端球铰接接。工作时，由液压悬挂机构控制犁的升降。运输时，整个犁升起离开地面，悬挂在拖拉机上。

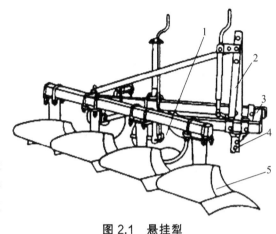

**图 2.1　悬挂犁**
1—限深轮；2—悬挂架；3—犁架；4—悬挂轴；5—主犁体

## 一、悬挂犁主要工作部件

### （一）主犁体

犁体是悬挂犁的主要工作部件，在工作中起翻土和碎土的作用。

主犁体由犁铧、犁壁、犁侧板、犁柱和犁托等组成，如图 2.2 所示。有的犁体上装有延长板，以增强翻土效果。南方水田犁上装有滑草板，防止杂草、绿肥等缠在犁柱上，如图 2.3 所示。

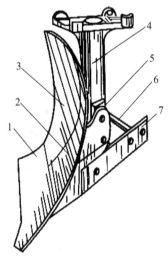

**图 2.2　北方铧式犁系列犁体**
1—犁铧；2—前犁壁；3—后犁壁；4—犁柱；
5—犁托；6—撑杆；7—犁侧板

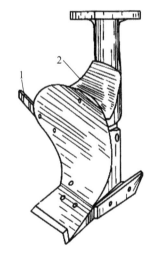

**图 2.3　南方铧式犁系列犁体**
1—延长板；2—滑草板

### 1. 犁　铧

犁铧和犁壁构成犁体曲面，是犁体中最重要的零件之一。它的主要作用是入土、切土和抬土。它承受的阻力约占犁体总阻力的 1/2，是犁体上磨损最快的零件。

犁铧的形状有梯形、凿形和三角形 3 种形式，如图 2.4 所示。机力犁常用凿形。梯形铧结构简单，可用型钢制造，但铧尖容易磨钝，入土性能差；凿形铧的铧尖呈凿形，可向沟底伸入 10～15 mm，并向未耕地（沟壁）伸入约 5 mm，因而有较强的入土能力和较好的工作稳定性；三角犁铧一般呈等腰三角形，铧尖有尖头和圆头两种。

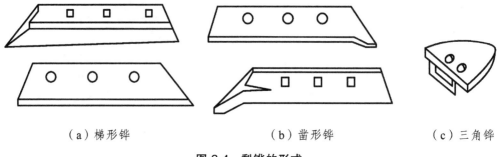

　　　　（a）梯形铧　　　　　　　　　　（b）凿形铧　　　　　　　　　（c）三角铧

**图 2.4　犁铧的形式**

犁铧一般采用 65 号锰钢或稀土硅锰钢制造，刃口磨锐并淬硬。磨刃的方法有上磨刃和下磨刃两种，一般采用上磨刃，刃角为 25°～30°，刃口厚度为 0.5～1 mm。由于犁铧工作阻力大，磨损严重，使用中应及时磨锐。

### 2. 犁　壁

犁壁是犁体工作面的主要部分，是一个复杂的犁体曲面，其前部为犁胸，起碎土作用；后部为犁翼，主要起翻土的作用。犁壁曲面的主要作用就是把犁铧扛起的土垡加以破碎和翻转。

犁壁主要有整体式、组合式和栅条式 3 种，如图 2.5 所示。

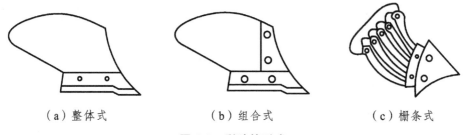

　　（a）整体式　　　　　　　　　（b）组合式　　　　　　　　（c）栅条式

**图 2.5　犁壁的形式**

犁壁的材料应坚韧耐磨，能抗冲击，因此常用 3 层复合钢板制成，中间软层为低碳钢，表面和背面为 45 号钢或低合金钢。犁壁也有用 4～6 mm 的低碳钢板掺碳处理而成。

### 3. 犁侧板和犁踵

犁侧板是犁体的侧向支撑面，用来平衡犁体工作时产生的侧压力，保证犁体工作中的横向稳定性，支撑犁体稳定地工作。

常用的犁侧板为平板式，断面为矩形，也有倒"T"形和"L"形等形式。

犁侧板多用扁钢制成。犁踵用白口铁或灰铁冷铸，以提高耐磨性能，下端磨损可向下作补偿调节，磨损严重可单独更换犁踵。

犁侧板和犁踵如图 2.6 所示。

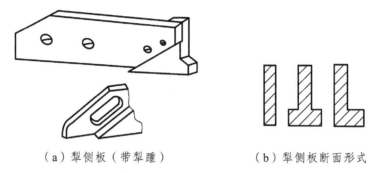

（a）犁侧板（带犁踵）　　　　　（b）犁侧板断面形式

**图 2.6　犁侧板和犁踵**

#### 4. 犁托和犁柱

犁托是犁铧、犁壁和犁侧板的连接支撑件。其曲面部分与犁铧和犁壁的背面贴合，使它们构成一个完整的，具有足够强度和刚度的工作部件。犁托通过犁柱固定在犁架上。犁托和犁柱又可制成一体，成为一个零件，称为组合犁柱或高犁柱。犁托常用钢板冲压，有的也用铸钢或球铁铸成。

犁柱上端用螺栓和犁架相连，下端固定犁托，是重要的连接件和传力件。犁柱有钩形犁柱和直犁柱两种，如图 2.7 所示。钩形犁柱一般采用扁钢或型钢锻压而成；直犁柱多用稀土球铁或铸钢制成，多为空心管状，断面有三角形、圆形或椭圆形等形式。

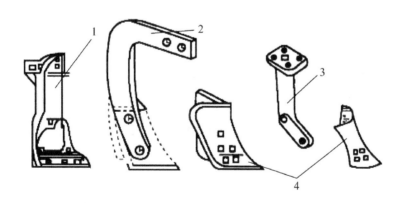

**图 2.7　犁托和犁柱**

1—高犁柱；2—钩形犁柱；3—直犁柱；4—犁托

## （二）小前犁

为了提高犁体的覆盖质量，在主犁体前方安装小前犁，其作用是先将表层土垡翻到沟底，然后用主犁体耕起的土垡覆盖其上，改善覆盖性能。

一般为铧式小前犁，结构与主犁体相似，由犁铧、犁壁和犁柱组成。小前犁安装在主犁体前，耕宽为主犁体耕宽的 2/3，耕深一般为 8～10 cm，但由于铧式小前犁耕宽和耕深较小，故无犁侧板。切角式小前犁和圆盘式小前犁机构复杂，应用较广。

### （三）犁　刀

犁刀安装在主犁体前方，作用是垂直切开土垡，保持沟壁整齐，减少主犁体阻力，减轻胫刃和磨损。此外，它还有切断杂草残根、改善覆盖质量的作用。

犁刀有圆犁刀和直犁刀两种。目前铧式犁犁刀为圆犁刀。圆犁刀滚动切土，阻力较小，工作质量好，不易挂草和堵塞，在机力犁上得到普遍的应用。圆犁刀主要由刀盘、刀轴、刀毂、刀柄等组成。圆犁刀的刀盘有普通刀盘、波纹刀盘和缺口刀盘等形式，如图 2.8 所示。普通刀盘为平面圆盘，容易制造，应用最广。

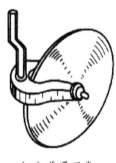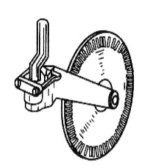

（a）普通刀盘　　　　　　（b）波纹刀盘　　　　　　（c）缺口刀盘

**图 2.8　圆犁刀刀盘**

## 二、悬挂犁辅助部件

### （一）犁　架

犁架是犁的骨架，用来安装工作部件和其他辅助部件，并传递动力，因此，犁架应有足够的强度和刚度。

犁架的结构形式有平面组合犁架、三角形犁架、整体犁架 3 种。平面组合犁架多用在牵引犁上；三角整体犁架用在北方系列悬挂犁上。北方系列悬挂犁犁架结构如图 2.9 所示。它由主梁（斜梁）、纵梁和横梁组成稳定的封闭式三脚架。犁体安装在斜梁上，犁架前上方安装悬挂架，通过支杆和梁架后端相连，形成固定人字架。犁架多用矩形管钢焊接而成，重量轻，抗弯性能好。

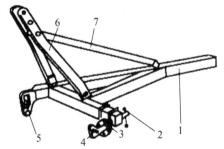

**图 2.9　北方系列悬挂犁犁架**

1—犁架；2—调节手柄；3—耕宽调节器；4—左下悬挂销；
5—右下悬挂销；6—人字架；7—支杆

（二）悬挂装置

悬挂犁通过悬挂装置与拖拉机液压悬挂机构相连，实现犁和拖拉机的挂接，并传递动力，还能起到调整犁的工作状态的作用。

悬挂装置主要由悬挂轴组成，如图 2.10 所示。悬挂架的人字架安装在犁架前上方，并通过支杆与犁架后部相连；人字架上端有 2 个或 3 个悬挂孔，与拖拉机悬挂机构上的上调节杆相连；悬挂轴左右端的销轴则与拖拉机悬挂机构中间的下拉杆相接，从而构成了悬挂犁的三点悬挂状态。

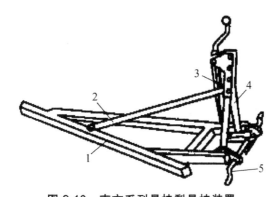

**图 2.10　南方系列悬挂犁悬挂装置**
1—犁架；2—支杆；3—悬挂轴调节丝杠；4—人字架；5—悬挂轴

悬挂轴的结构形式有整轴式和销轴式两种。

整轴式一般为曲拐轴式。曲拐式悬挂轴如图 2.10 中的 5，轴的两端具有方向相反的曲拐，是犁的两个悬挂点。悬挂轴在犁架上安装的高低位置和横向左右位置可根据需要进行调整，从而调整犁的耕宽。

销轴式悬挂轴分为左、右悬挂销，分别安装在犁架前部左右两端，结构简单，调整方便，如图 2.9 中的 5。右悬挂销用螺母安装在犁架右端销座上，有两个安装孔位可供选用。左悬挂销通过耕宽调节器安装在犁架左端。耕宽调节器在犁架上有上、下两个安装位置，左、右位置可根据需要进行调整。耕宽调节器在犁架上的安装如图 2.11 所示。

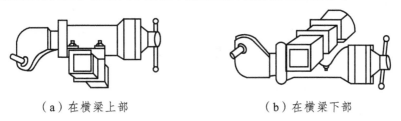

（a）在横梁上部　　　　　　　　　（b）在横梁下部

**图 2.11　耕宽调节器的安装**

（三）限深轮

限深轮安装在犁架左侧纵梁上，主要由犁轮、犁轴、支架、支臂和调节丝杆等组成。工作时可调节犁轮与机架的相对高度，以适应不同耕深的要求。顺时针拧动丝杆，限深轮上移，犁的深度增大。限深轮套装在轮轴上，其轴向间隙可通过轴头的花形挡圈进行调整。限深轮有开式和闭式两种形式，如图 2.12 所示。一般采用幅板式钢轮。

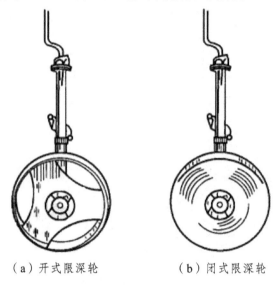

（a）开式限深轮　　　　　　　（b）闭式限深轮

**图 2.12　限深轮**

## 【任务实施】

### 一、犁的安装

#### （一）主犁体的安装

正确安装主犁体，可以减小工作阻力，节省燃油消耗，保证耕地质量。主犁体安装应符合以下技术要求：

（1）犁铧与犁壁的连接处应紧密平齐，缝隙不得大于 1 mm。犁壁不得高出犁铧，犁铧高出犁壁不得超过 2 mm。

（2）所有埋头螺钉应与表面平齐，不得凸出，下凹量也不得大于 1 mm。

（3）犁铧和犁壁的胫刃应位于同平面内。若有偏斜，只准犁铧凸出犁壁之外，但不得超过 5 mm。

（4）犁铧、犁壁、犁侧板在犁托上的安装应当紧贴。螺栓连接处不得有间隙，局部处有间隙也不能大于 3 mm。

（5）犁侧板不得凸出胫刃线之外。

（6）犁体装好后的垂直间隙和水平间隙应符合要求，如图 2.13 所示。犁的垂直间隙是指犁侧板前端下边缘至沟底的垂直距离，如图 2.13（a）所示，其作用是保证犁体容易入土和保持耕深稳定性。犁体的水平间隙指犁侧板前端至沟墙的水平距离，如图 2.13（b）所示，其作用是使犁体在工作时保持耕宽的稳定性。通常梯形犁铧的垂直间隙为 10~12 mm，水平间隙为 5~10 mm；凿形犁铧的垂直间隙为 16~19 mm，水平间隙为 8~15 mm。当铧尖和侧板磨损后，间隙会变小，当垂直间隙小于 3 mm、水平间隙小于 1.5 mm 时，应换修犁铧和犁侧板。

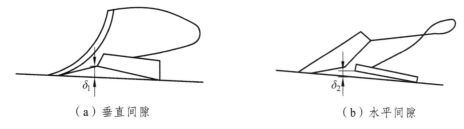

（a）垂直间隙 　　　　　　　　　　（b）水平间隙

**图 2.13　犁体的垂直间隙和水平间隙**

（二）总体安装

犁的总体安装是确定各犁体在犁架上的安装位置，保证不漏耕、不重耕和耕深一致，并使限深轮等部件与犁体有正确的相对位置。以 1LD－435 型悬挂犁为例，其总体安装可按下列步骤进行：

（1）选择一块平坦的地面，在地面上画出横向间距的单犁体耕幅（不含重耕量）的纵向平行直线，以铧尖纵向间距依次在各纵向直线上截取各点，使各犁体分别放在纵向平行线上，使犁铧尖与各截取点重合。

（2）使犁架纵主梁放在已经定位的犁体上。按表 2.1 中的尺寸安装限深轮，转动耕深调节丝杆，使犁架垫平。

（3）前后移动犁架，使第一铧犁柱中心线到犁前梁的尺寸符合表 2.1 中的要求。

**表 2.1　1LD435 型悬挂犁的安装尺寸**

| 安装项目 | 尺寸/mm |
| --- | --- |
| 第一铧犁柱中心线到犁架前梁里侧的距离 | 150 |
| 犁体耕幅 | 350 |
| 犁间的纵向间距 | 800 |
| 限深轮中心线到犁架外侧的距离 | 420 左右 |

（三）犁安装的技术要求

总安装后应符合以下技术要求：

（1）当犁放在平坦的地面上，犁架与地面平行时，各犁铧的铧刀（梯形铧）和后铧的犁侧板尾端与地面接触，处于同一平面内。其他的犁侧板末端可离开地面 5 mm 左右。各铧刃高低差不大于 10 mm，铧刃的前端不得高于后端，但允许后端高于前端不超过 5 mm。凿形犁铧尖低于地面 10 mm。

（2）相邻两犁辟尖的纵向和横向间距应符合表 2.1 规定的尺寸要求。

（3）各犁柱的顶端配合平面应与犁架下平面靠紧，各固定螺栓应紧固可靠。

（4）犁轮和各调整应灵活有效。

## 二、悬挂犁的挂接与调整

### （一）悬挂犁的挂接特点

悬挂犁一般以三点悬挂的方式与拖拉机相连，悬挂犁在拖拉机上挂接的机构简图如图2.14所示，在纵垂直面内，犁可看作悬挂在 $abcd$ 四杆机构上，工作中 $bc$ 杆的运动就代表犁的运动，在某一瞬间，犁可以 $ab$ 与 $cd$ 延长线的交点 $\pi_1$ 为中心作摆动，$\pi_1$ 点称为犁在纵垂直面内的瞬间回转中心；在某一瞬间，犁可绕 $c_1d_1$ 与 $c_2d_2$ 杆延长线的交点 $\pi_2$ 摆动，$\pi_2$ 就是犁在水平面内的瞬时回转中心，也就是犁在该平面内的牵引点。

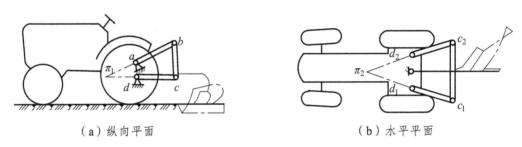

（a）纵向平面　　　　　　　　　　　（b）水平平面

**图2.14　悬挂犁的瞬时中心**

### （二）悬挂犁的调整

悬挂犁的调整要在与拖拉机悬挂机构连接后，结合耕作进行。悬挂犁与拖拉机悬挂机构的连接顺序是先下后上，先左后右。连接前，先检查拖拉机的悬挂机构各杆件及限位链是否齐全，上下连杆的球接头及调节丝杆是否灵活，通过转动深浅调节丝杆调整限位轮高度，将犁架调平。然后，拖拉机缓慢倒车与犁靠近，通过液压操纵手柄调整下拉杆的高度，先将左侧下拉杆与犁左销轴连接，再前后移动拖拉机和调整右侧提升杆长度，使右侧下拉杆与犁右销轴连接。最后通过液压操作手柄或调整上拉杆长度，使上拉杆与犁的上悬挂点挂接。

犁的调整包括耕深调整、前后水平调整、左右水平调整、纵向正位调整和上下悬挂点位置的调整。

**1. 悬挂犁的耕深调节**

悬挂犁的耕深调节，因拖拉机液压系统不同，有以下几种方法：

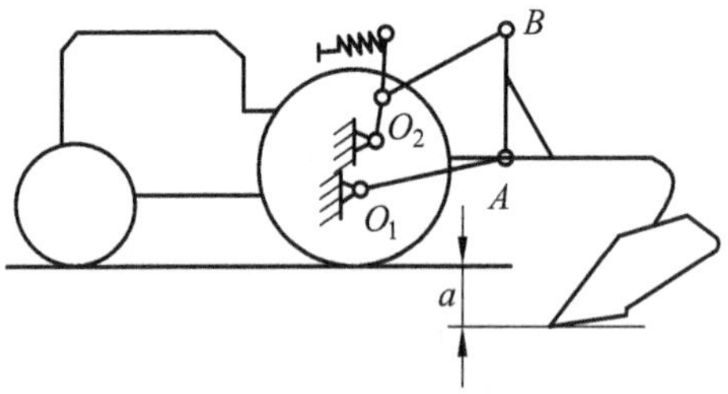

（1）力调节法。如图2.15所示，调节耕深时，

**图2.15　力调节法**

改变拖拉机力调节手柄的位置，若向深的方向扳动，角度越大，则耕深越大。耕地时，其耕深由液压系统自动控制，耕地阻力增加时，上调节杆受到的压力增加，耕深会自动变浅，使阻力降低；反之，则自动下降变深些，使犁耕阻力不变，减轻驾驶员劳动强度，又使拖拉机功率充分发挥。

（2）高度调节法。如图 2.16 所示，调节时，通过丝杆改变限深轮与机架间的相对位置。提高限深轮的高度，则耕深增加；反之耕深减少。犁在预定的耕深时，限深轮对土壤压力应适应。压力过大，滚动阻力增加；过小则遇到坚硬土层，限深轮可能离开地面，使犁的耕深不稳。根据试验，先使犁达预定耕深后，将限深轮升离地面继续工作，测定最后一个犁体耕深比预定耕深大 3～4 mm，则限深轮受到支反力为合适。超过 4 mm，说明限深轮对土壤压力过大；不足 3 mm 说明限深轮压力过小，应适当调节上、下悬挂点的位置，以获得适当的入土力矩。升犁时，先将拖拉机上的液压手柄向上扳，然后在"中立"位置固定；降犁时，把手柄向下压，并固定在"浮动"位置上。采用高度调节法耕地，工作部件对地表的仿行性较好，比较容易保持一致。

（3）位置调节法。如图 2.17 所示，耕地时，犁和拖拉机的相对位置不变，当地表不平时，耕深会随拖拉机的起伏而变化，仅能在平坦的地块上工作，故犁耕时较少采用。

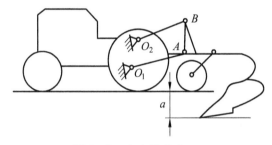

图 2.16　高度调节法

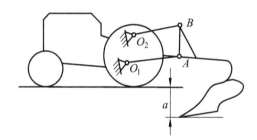

图 2.17　位置调节法

### 2. 水平调整

为了使多犁体的前后犁体耕深一致，保证犁耕质量。要求犁架纵向和横向都与地面平行，因此，水平调整有两个。

（1）纵向水平调整。耕地时，犁架的前后应与地面平行，以保证前后犁体耕深一致，如图 2.18（a）所示。犁在开始入土时，需要一入土角，一般是 5°～15°，达到要求的耕深后犁架前后与地面平行，入土角消失。调整的部位是拖拉机悬挂机构上拉杆，缩短上拉杆，入土角就变大。若上拉杆调整过短，会造成耕地时犁架不平，前低后高，前犁深，后犁浅；上拉杆调整偏长，则犁入土困难，入土行程大，地头留得长，犁架前高后低，前犁浅，后犁深。上拉杆调整过长，如图 2.18（b）所示，犁将不能入土。

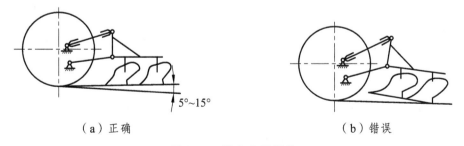

（a）正确　　　　　　　　　　　　　　　（b）错误

图 2.18　纵向水平调整

（2）横向水平调整。耕地时，犁架的左右也应与地面平行，以保证左右犁体耕深一致。

犁架的左右水平是通过伸长或缩短拖拉机悬挂机构和右提升杆进行调整的。当犁架出现右侧低左侧高时，应缩短右提升杆；反之，应伸长右提升杆。拖拉机悬挂机构的左提升杆长度也是可以调整的，但为了保证犁的最大耕深和最小运输间隙，应先将左提升杆调整到一定长度，然后用上拉杆和右提升杆高度调整犁架的水平位置。

### 3. 正位调整

耕地时，要求犁的第一铧右侧及后面各铧之间不产生漏耕或重耕，使犁的实际总耕幅符合设计要求。为此，除各犁体在犁架上有正确的安装位置外，还要进行犁的纵向正位调整，也就是调整犁对拖拉机的左右相对位置，使犁架纵梁与拖拉机的前进方向平行。犁的正位调整应根据造成犁体偏斜的原因来进行。如果牵引线过于偏斜，应在不造成明显偏牵引的情况下，通过转动悬挂轴和改变悬挂销前后伸出量等方法，适当调整牵引线，使犁架纵梁与前进方向保持平行；如果因为土壤过于松软，犁侧板压入沟壁过深而造成偏斜，就应从改善犁体本身平衡着手，如加长犁侧板来增加与沟壁的接触面积，或在犁侧板与犁托间放置垫片，增大犁侧板与前进方向偏角，使犁体走正。

### 4. 耕宽调整

多铧犁耕宽调整，就是改变第一铧的实际耕宽，使之符合规定要求。悬挂犁的耕宽调整是通过改变下悬挂点与犁架的相对位置，使犁翻板与机组前进方向成一倾角来实现的。

当第一铧实际耕宽偏大，与前一趟犁掏出现漏耕时，可通过转动曲拐式悬挂轴或缩短耕宽调节器伸出长度的办法，使犁架及犁侧板相对于拖拉机顺时针摆转一个角度 $\alpha$，如图 2.19 所示。这样，当犁入土耕作时，犁侧板在沟墙反力作用下，将犁向右摆正，消除了漏耕。如果耕作中发生第一铧耕宽偏窄有重耕现象时，应作相反方向的调整，如图 2.20 所示。

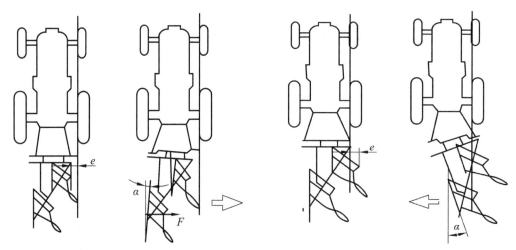

图 2.19　耕宽偏大时的调整　　　　　　图 2.20　耕宽偏小时的调整

通过上述调整后，如仍不能满足要求，可再用横移悬挂轴或左悬挂点（耕宽调节器）的方法来调整。漏耕时左移悬挂轴或左移悬挂点，重耕时右移。

### 5. 偏牵引调整

偏牵引现象可通过调整牵引线来消除。当工作中拖拉机向右偏摆时，说明瞬心 $\pi_2$ 偏右，牵引线位于动力中心右侧，可通过右移悬挂轴或左悬挂点的方法，使瞬心左移，牵引线通过动力中心，偏牵引现象消除，如图 2.21 所示。若牵引线偏左，应作相反方向的调整。

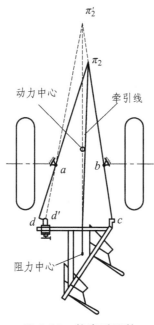

**图 2.21 偏牵引调整**

横移悬挂轴或左悬挂点不仅是调整耕宽的一种方法，也是调整偏牵引的方法。工作中，一般先用转动曲拐轴或改变左悬挂点伸出长度的办法使耕宽合乎要求，若有偏牵引现象，再横移悬挂轴或左悬挂点，两者应配合进行，经反复调整达到耕宽合适又无偏牵引的状态。

## 三、常见故障与排除方法

悬挂犁耕作过程中，往往由于悬挂拐轴的位置调节不当或悬挂拐轴在犁架上的安装位置不对，出现第一铧耕宽不对的情况，所以应根据实际情况做相应的调整，如果悬挂拐轴的位置调节不当，耕宽偏大时应将右端拐轴向前扭转，如果悬挂拐轴在犁架上的安装位置不对，耕宽偏大时则应将悬挂拐轴向左窜移；耕宽偏小，调整过程相反。

如果犁耕作时发现入土困难，分析其原因可能是：① 犁铧过度磨损；② 铅垂间隙过小；③ 限深轮没有升起；④ 上拉杆太长；⑤ 上悬挂点太低；⑥ 犁架、犁柱变形；⑦ 运输状态改为工作状态后，下拉杆限动链条未放松；⑧ 土质太硬，机身太轻。根据实际情况可采取如下相应的解决办法：① 修理或更换犁铧；② 修理或更换犁、犁侧板，重新安装犁侧板；③ 将限深轮调到规定耕深；④ 缩短上拉杆、增加犁的入土角；⑤ 改用悬挂架上孔；⑥ 校正或更换变形犁架和犁柱；⑦ 放松链条；⑧ 在犁架上加配重。

如果发现耕作过程中沟底不平，耕深不一致，达不到农艺的要求，则可能是因为：① 犁架未调水平；② 整犁犁铧严重磨损，只部分犁铧换新；③ 犁柱或犁架变形使犁体高度差太大；④ 铧间漏耕。解决办法为：① 用上拉杆调节犁架前后水平，用右提升杆调节犁架左右水平；② 继续修理或更换严重磨损犁铧；③ 修理或更换变形犁柱、犁梁；④ 重新安装犁体，或扭转悬挂拐轴使犁架走正。

耕作阻力增大，将对犁耕作的稳定性和经济性带来很大的影响，所以实际耕作中应正确分析耕作阻力增大的因素：① 犁铧过度磨损；② 犁壁曲面变形或不光滑；③ 犁柱或犁架变形，使犁体不能正向前进；④ 犁架歪斜，使犁体不能正向前进；⑤ 耕深过大。所以可采取如下的措施来解决：① 修理或更换犁铧；② 修理或更换犁壁，或进行犁体曲面的重新安装；③ 校正或更换变形犁柱、犁梁，或加垫重新安装；④ 对悬挂拐轴进行扭转调节，或重新检查犁和拖拉机配套是否合适；⑤ 调小耕深。

翻垡覆盖性能的好坏，是铧式犁的一个重要性能指标。如果在耕作过程中，发现有"立垡"或"回垡"，其原因可能是：① 耕深超过犁的设计耕深；② 斜梁上各铧之间的距离过小，使犁体的耕宽小于设计值；③ 犁壁未磨光，影响翻垡过程。其相应的解决方案为：① 调整耕深到规定值；② 如耕深较大，应减少犁体，使犁体间距增大，以保证在较大耕深时土垡翻转良好；③ 清除黏土，磨光犁壁。

## 【任务拓展】

### 一、耕地作业的农业技术要求

耕地的目的是为了疏松土层，翻埋杂草和肥料，消灭病、虫、草害，恢复土壤肥力，从而为作物生长发育创造条件。由于各地的自然条件、作物种类和耕作制度不同，对耕地的农业技术要求也不一样。一般要求：

① 适时耕翻，除了按农时季节要求外，还应在土壤适耕的含水量进行。耕深符合农业要求且均匀一致。一般耕作深度北方为 16～20 cm，南方水田地区为 16～18 cm。

② 翻垡良好，投有立垡、回垡现象，对秸秆、残茬、杂草、肥料覆盖应严密，地面杂草、残茬、肥料全部埋在地里。

③ 耕后地表平坦、沟底平整，土壤松碎，以利蓄水、透气、保肥，不重耕、漏耕，地头地边整齐。

④ 耕翻坡地要沿等高线进行，以防雨水冲刷土壤。

### 二、耕地机械的类型

耕地机械的种类和形式很多，按工作部件形式可分为铧式犁、圆盘犁、双向犁、开沟机、暗沟犁、筑垄犁等，其中以铧式犁应用最广。它们的特点是：

① 铧式犁能有效地翻转土垡，但碎土能力差，耕后需经耙地才能达到播种所需要的状态。

② 双向犁是一种能向左和向右翻垡的铧式犁，因而能使机组进行穿梭作业，并能在相邻的往返行程中，使土垡都向一侧翻转，减少机组的空行程，消灭一般耕地产生的开、闭垄，使地表平整，减少耕后整地的工作量，并能提高耕地生产率10%。对坡地、小块地、梯田则更为有利。

③ 圆盘犁是利用球面圆盘的凹面进行翻土和碎土的耕地机具，其翻土和覆盖质量不如铧式犁好，但由于阻力小，不易磨损，对多草地和绿肥田有较好的通过性；沟底压实少，故沟底透水性较好。适于在多草地、盐碱地和绿肥田耕作。

④ 开沟机一般用刀盘旋耕工作部件开出排水沟，降低田间地下水位，以利作物生长。

⑤ 暗沟犁是利用深松铲和塑孔器工作部件来深松土壤和降低地下水位。

⑥ 筑垄犁由一对左右翻犁体相对安装组成。通过改变犁体安装位置来调整垄形的大小。

## 三、耕地方法

### （一）行走方法

最基本的耕地行走方法有内翻法、外翻法和套耕法 3 种，如图 2.22 所示。耕地时应根据地块情况和农业技术要求选择合理的行走方法。

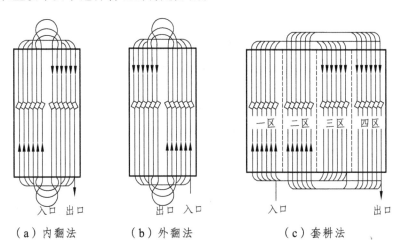

（a）内翻法　　　　（b）外翻法　　　　（c）套耕法

**图 2.22　耕地的行走方法**

### 1. 内翻法

机组从地块中心线的左侧进入，耕到地头升起犁后顺时针环形转弯，由中心线另一侧回犁，依次由里向外耕完整块地。耕后地块中央形成一垄背。两侧留有犁沟。当地块较窄且中间较低时可采用此法。

### 2. 外翻法

机组从地块右侧入犁，耕到地头起犁后向左转。行至地块的另一侧再回犁，依次逆时针由外向内绕行耕完整块地，耕后地块中央形成一条垄沟。地块中间较高时可采用此法。

### 3. 套耕法

对于有垄沟、渠道的水浇地可采用四区无环节套耕法。机组从第一区右侧进入，顺时针转入第三区左侧回犁，用内翻法套耕一、三两区；再以同样耕法套耕二、四两区。套耕法机组不转环形弯，操作方便，地头较短，工效高，并可减少地面上的沟和垄。耕前需先将地头转弯处的垄沟、渠道平掉。同理也可采用三区与一区以及四区与二区的外翻法套耕。此外，还可以采用以外翻法套耕三区与一区，以内翻法套耕二区与四区的内外和套耕法。

## （二）耕地头线

在正式耕地之前，在地块的两头应留出一定的宽度，先用犁耕出地头线，作为犁的起落标志线，使起犁落犁整齐一致、犁铧入土容易，减少重耕和漏耕，以提高耕地质量和工作效率。牵引机组地头宽度为机组长度的 1.5~2 倍；悬挂机组的地头宽度为拖拉机长度的 1.5~2 倍。地头宽度还与机手的操作熟练程度有关。同时，它还应该是耕幅的整数倍，以便耕翻地头时耕到边。

## （三）开墒

在平地上耕第一犁称为开墒。开墒的好坏对作业质量和生产率影响很大，必须开得正、走得直，否则易造成漏耕、重耕，或留下三角形楔子。为减小内翻法开墒时垄背的高度，应将犁调节为前犁浅、后犁深。悬挂犁开墒时，限深轮应调整至全耕深位置，而右提升杆伸长至使前犁下降半个耕深（低于拖拉机驱动轮支持面半个耕深），犁架呈倾斜状态。耕第二犁时再将右提升杆缩回，使犁架调平，进行正常作业。

为了减少开墒时出现的生埂以及使地面尽量平整，常采用如下开墒法。

### 1. 双开墒法

机组从地块中央用外翻法逆时针耕第一来回，地块中间则形成一条沟。然后再用内翻法重耕一遍填平墒沟，此后用内翻法一直耕完整块地。用此法开墒无生埂，地面平整，但开墒处杂草、残茬等覆盖不严且工效低。

### 2. 重半幅开墒法

按正常开墒法耕第一犁，在返回（耕第二犁）时，使前两铧（半个耕幅）重耕，后两铧耕未耕地。此后将前犁调至正常耕深，用内翻法耕完整块地。用此法开墒无生埂，覆盖质量较好，对机组生产率影响不大，中间垄背较正常开墒法的小。

（四）收　墒

犁耕后留下的墒沟对后续作业带来很大困难，因此要注意耕好最后一犁，即收墒，应当尽量减小墒沟。收墒的方法可采用以下几种。

**1. 重半犁的收墒法**

此法要求耕到最后一犁时应留下半个耕幅的未耕地，前犁正常耕生地而后犁调浅，耕已耕地。

**2. 回一犁的收墒法**

如最后一犁正好耕完未耕地，留下较大的墒沟，此时将后犁调浅，来回重耕一犁，使墒沟填平些。收墒时要注意犁走的位置，以达到填平墒沟的效果。

（五）耕地头

（1）单独耕地头。整块地的长边耕完后，用内翻法或外翻法单独耕两端的地头。此法耕后出现垄台或墒沟，且机组转弯困难。

（2）回形耕法。在耕区两侧留出与地头等宽的地边不耕，最后将地头与地边连起来转圈耕完，在四角处起犁转弯。

（六）复式作业

采用复式作业可提高作业质量，充分发挥拖拉机的功率和减少机车进地次数，并降低成本，提高工效。进行复式作业时犁上需要装复式作业拉杆。

耕地机组常用的复式作业有：犁带平地合墒器（起碎土、平整地表和缩小墒沟的作用），犁带钢丝滚动耙（起碎土、耙平和耙实的作用）、犁带钉齿耙和盖（耢）（起平地和碎土作用），犁带镇压器和盖（耢）（起镇实、耢碎表土、保墒的作用）。

四、影响耕地质量的因素

（1）土壤的适耕期。耕地时机选择不当，土壤水分过多或过少，或耕后未及时整地，或未采用复式作业等都会影响碎土质量，或成泥条或成坷垃。

（2）机具的技术状态。犁架、犁柱等变形，犁体安装位置不正确，犁铧、犁侧板的严重磨损以及犁的调整不当等都会引起耕深不一致、地表不平、覆盖质量差及重耕、漏耕等现象。

（3）机手的操作技术。机组走不正、走不直，起落犁不及时等会引起重耕、漏耕、接垡不平、出三角楔子等现象。

（4）地块的形状。机械作业的地块应规划成长方形。若地块不规则，耕到最后必然出现三角地形或其他不规则形状，就难以获得良好的耕作质量，且严重影响工作效率。

（5）机组的配套及作业速度。机组的配套包括动力和耕幅的配套，即犁的工作幅应与拖拉机的功率、轮距相适应。如果不相适应，如拖拉机马力不足，作业速度太低，犁耕时土垡运动很慢，抛不起来，就会影响碎土和翻土覆盖的性能；轮距与工作幅不相适应就会影响犁的正确牵引，引起漏耕或重耕，造成偏牵引，机组走不正，操作困难，使耕作质量下降，工效降低。

## 五、耕地质量的检查

### （一）耕深检查

在耕地过程中沿犁沟测量沟壁的高度，一般在地块的两端和中间各测若干点取其平均值，与规定的耕深误差不应超过 1 cm。如耕后检查耕深时，可用木尺插入沟底，将测出的深度减去 20%的土壤膨松度即可。如采用了复式作业或在雨后测定，则可减去 10%的土壤膨松度。检查时沿地块对角线测定若干点取平均值。在检查耕深时应同时检查各犁体的耕深一致性，可将耕后松土清除后观察沟底是否平整。

### （二）重耕和漏耕的检查

在耕地过程中检查犁的实际耕宽，方法是从犁沟壁向未耕地量出较犁的总耕幅稍大的宽度 $B$，并插上标记，待下一趟犁耕后再量出新的沟壁至标记处的距离 $C$，则实际耕宽为 $B-C$。如此值大于犁的总耕幅，则有漏耕；反之有重耕。

此外，还应目测地表平整度、土壤破碎度、接垡和杂草、残茬覆盖和墒沟、垄背等方面的作业质量；目测检查地头、地边有无漏耕。

# 任务二　牵引犁的结构与维修

## 【任务分析】

牵引犁是机力犁中发展最早的一种用来耕地的工具。在熟悉牵引犁结构的基础上，学会牵引犁的安装调试，并能对牵引犁进行维修。

## 【相关知识】

牵引犁是机力犁中发展最早的一种型式。图 2.23 为带液压升降机构的牵引犁，由工作部件和辅助部件两部分组成，工作部件包括主犁体、小前犁和圆犁刀，辅助部件由牵引装置、犁架、犁轮、液压升降机构和调节机构等部件组成。犁和拖拉机通过牵引装置连接在一起。犁架由三个轮子支撑，沟轮在前一行所开出的犁沟中行走，地轮行走在未耕地上，尾轮行走在最后犁体所开出的犁沟中，耕地时，借助机械或液压升降机构来控制地轮相对犁体的高度，从而达到控制犁的升降、控制耕深及水平的目的，耕深较稳定。这种犁犁耕作业时由拖拉机上固定的挂接点与作业机单点联结进行牵引作业和转向，无论在工作状态或运输状态，作业机的重量均由本身具有的轮子支撑。机组挂接容易，稳定性好，对不平地面的适应性强，但机动性差，结构尺寸较大，金属消耗量大。

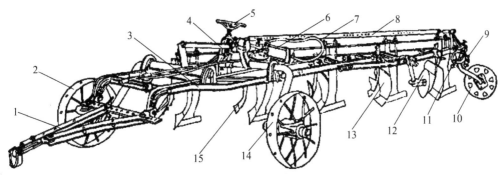

**图 2.23　液压式牵引犁**

1—牵引装置；2—沟轮；3—犁轴；4—水平调节螺杆；5—调节手轮；6—油缸；7—油管；8—柔性拉杆；
9—尾轮水平调节螺栓；10—尾轮；11—尾轮垂直调节螺栓；12—圆犁刀；
13—主犁体；14—地轮；15—小前犁

## 一、牵引犁主要工作部件

牵引犁主要工作部件包括主犁体、小前犁和圆犁刀，其结构与悬挂犁基本相同，此处不再赘述。

## 二、牵引犁的辅助部件

牵引犁的辅助部件由犁架、牵引装置、升降和调节机构等组成，分液压式和机械式两种。下面以液压式五铧犁为例，介绍其辅助部件。

### 1. 犁　架

犁架的作用是连接各零部件并传递牵引力。图2.24 是螺栓组合式牵引犁的犁架，通过螺栓连接，将热轧型钢纵梁、横梁组合在一起。纵梁在工作中应与前盘方向一致，用来固定主犁体、小前犁、犁刀等工作部件。第一、第三纵梁的前端向下弯曲并有连接孔，用以连接牵引装置。为了加强犁架的刚度，在犁架上还装有加强梁，这种犁架拆卸较方便，但比较笨重。

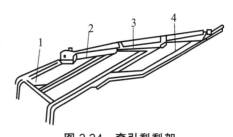

**图 2.24　牵引犁犁架**

1—横梁；2—副梁；3—加强梁；4—纵梁

### 2．犁　轮

犁轮用来支持犁的重量，保证工作和运输。牵引五铧犁上有地轮、沟轮和尾轮。地轮走在未耕地表面，用来调整耕深并和尾轮一起配合犁的升降机构实现犁的升降。沟轮和尾轮分别走在前后犁沟内与犁体在同一支承面上，沟轮用来保持犁架水平，耕深一致。尾轮盘面与地面倾斜 20°角，用以增加其抵抗侧向力的能力，使犁工作稳定。这种犁地轮轴和沟轮轴系彼此平行而不相交，故在转弯时需有侧向滑移的存在，所以犁轮采用凸面轮辋的结构以利于犁的转向。

### 3．牵引装置

牵引装置是连接犁和拖拉机的部件，由纵拉杆、横拉杆、斜拉杆、安全装置和牵引环等组成，如图 2.25 所示。

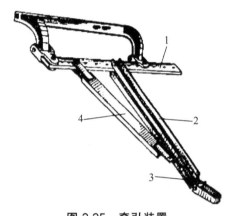

**图 2.25　牵引装置**
1—横拉杆；2—纵拉杆；3—安全装置；4—斜拉杆

### 4．升降和耕深调节机构

牵引犁在工作时，经常从运输状态变为工作状态，或从工作状态变为运输状态，需要进行耕深调节和水平调节。因此，牵引犁上都设有升降机构、耕深调节机构和水平调节机构。现代犁上一般都采用液压油缸控制，如图 2.26 所示。

**图 2.26　液压式升降机构**
1—沟轮；2—犁梁；3—油缸支座；4—油缸体；5—油管；6—活塞杆；7—定位卡箍；8—油缸支臂；
9—地轮弯臂；10—地轮；11—犁体

如图 2.27 所示，升犁时，操纵分配器手柄位于"提升"位置，活塞向上推动推臂，使地轮弯臂逆时针方向转动，犁梁相对于地面上移，将犁升起。落犁时，将分配器手柄放到"浮动"位置，打开油缸下腔油路，活塞杆缩回，犁靠自重下降。活塞杆上的定位卡箍触动行程控制阀时油路封闭，决定犁的耕深位置。耕深调节可通过改变移动活塞杆上定位卡箍的位置得到，若移动卡箍使活塞行程变短，则耕深变浅；反之，耕深变大。耕深调节后，因地轮和沟轮的相互位置有所改变，使犁架不平，造成左右深浅不一致，还需要进行犁架的水平调整。

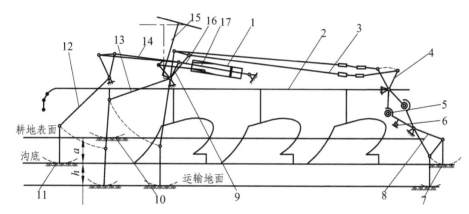

**图 2.27 液压牵引犁升降机构简图**

1—油缸；2—犁梁；3—柔性拉杆；4—尾轮摇臂；5—滚轮；6—尾轮垂直调节螺钉；7—尾轮；8—尾轮弯轴；
9—推臂；10—地轮；11—沟轮；12—沟轮弯臂；13—地轮弯臂；14—推杆；
15—水平调节丝杠；16—定位卡箍；17—活塞杆

水平调整主要通过调整沟轮的高低位置来消除沟轮和地轮的高度差，以保持犁架水平，犁体耕深一致。转动水平调节轮，使螺母沿丝杠上下移动，使推杆推动沟轮转臂运动，沟轮便上升或下降使犁架与地面平行，保证犁体耕深一致。

尾轮机构的作用是配合地轮、沟轮起犁和落犁，并保证犁架前后水平、耕深一致。当起犁时，地轮弯臂轴上的转臂通过柔性拉杆拉动尾轮上的起落臂，使尾轮轴转动，犁架尾部升起。犁耕时，柔性拉杆呈松弛状态。耕到地头起犁时，前面的犁体先出土，等到尾轮柔性拉杆张紧后，地轮、尾轮联系机构才起作用，使后面的犁体逐渐起出。这样可使地头整齐，减少升犁阻力。尾轮柔性拉杆长度可以调节，但不能过长和过短。如过长，起犁时后犁体升不起来；如过短，落犁时后犁体落不下去。

## 【任务实施】

## 一、牵引犁的挂接

牵引犁与拖拉机之间采用单点挂接，犁相对于拖拉机可以在水平面内和纵向垂直面内转动。因此，只有让犁所受的各种力保持平衡，犁才能保证平稳工作，保证耕作质量。其挂接原则是，挂接点在拖拉机的动力中心和犁的阻力中心的连线上，此三点构成的直线为牵引线。

在水平面内，阻力中心是犁上的一点，犁在耕作时，拖拉机的牵引力、犁的重力、土壤对犁的阻力及土壤对犁轮的支反力在该点平衡，即作用在犁体上所有力的合力和犁体曲面的交点称为阻力中心。阻力中心的位置，随耕深、耕宽、土壤条件和犁的结构以及技术状态的不同在一定范围内变化。根据经验测得，单犁体的阻力中心在犁铧和犁壁的接缝线上位于距沟墙 1/5 ~ 1/4 耕宽处；多铧犁的阻力中心在各犁体阻力中心连线的中点。拖拉机的动力中心是拖拉机驱动力的合力作用点。对于轮式拖拉机，动力中心位于驱动轴线的稍前方；对于履带拖拉机，动力中心位于两条履带压力中心线连线与拖拉机纵轴线的交点上。在水平面内，牵引点、挂接点、阻力中心点成一直线，同时还要求与拖拉机中线重合，只有这样，犁才不会在水平面内偏转，所以如纵拉杆延长线通过犁的阻力中心和拖拉机的中线，则属挂接正常，如图 2.28 所示，犁在工作中不偏斜、耕宽稳定、不重不漏。若牵引线偏左或偏右都会引起犁的斜行，使犁架产生顺时针或逆时针扭转，犁体间产生漏耕或重耕现象，此时只要适当调整纵拉杆的安装位置即可。在纵垂面内，应让拖拉机拖板上牵引农具的牵引点 F、犁的横拉杆在犁架前端的挂接点 E 和犁的阻力中心成一直线，如图 2.29 所示，牵引点 F 和挂接点 E 应符合耕深的要求，有适宜的牵引角，若挂接点过高，则前铧深，后铧浅，地轮轮辙较深，轮轴轮套磨损快；若挂接点太低，则犁架前部翘起，则前铧浅，后铧深，尾轮磨损快。可通过横拉杆的高低位置来调整。

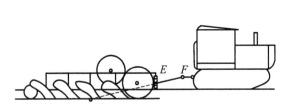

图 2.28　牵引犁纵垂面内的挂接

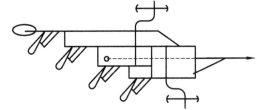

图 2.29　牵引犁水平面内的挂接

## 二、牵引犁的调整

履带式拖拉机左、右两履带均需行走在未耕地上，且要求履带外则与沟壁保持 50 ~ 100 mm 的距离，以免压塌沟壁。因此，以上正确牵引调节，只有在犁工作幅宽大于拖拉机两履带外缘距离时才有可能。在实际工作中，若犁的工作幅宽减小（如五铧犁改为三铧犁），小于拖拉机两履带外缘宽度时，就需要进行偏牵引，让拖拉机履带继续走在未耕地上，而犁向右移动，并保证沟轮走在沟中和第一铧不产生漏耕。由于此时牵引线不能与前进方向平行，犁将产生顺时针的偏转力矩，如不采取措施，犁的耕幅将增大，作业质量下降，工作阻力猛增，机组操作性能也恶化。为此，可采取以下措施来改善牵引性能：牵引点 F 向右移或挂接点 E 左移，或通过适当加长纵拉杆，以减小水平偏角，达到减小偏牵引力矩的目的，或加长和加宽各犁体的犁侧板，以增加承压面积，达到加强平衡侧向力能力的目的。

牵引犁的耕深调节是通过改变地轮与犁底支持面的距离来实现的。耕宽的调整是驾驶员适当控制右履带至沟墙的距离，即可改变第一铧的幅宽。

## 【项目自测与训练】

1. 悬挂犁主犁体由哪些零件组成?各零件有何作用?
2. 犁体安装时应注意什么?
3. 简述铧式犁的挂接与调整。如果悬挂犁第一铧耕宽不对,分析其原因。

# 项目三　整地机械结构与维修

## 【项目描述】

整地机械是用于松碎土壤，平整地表，压实表土，混合化肥、除草剂，以及机械除草的重要农机作业机械。通过本项目的学习，学生应了解各种整地机械的类型，掌握各种整地机械的结构，学会安装和调试各种整地机械，并能排除各种整地机械的常见故障，以提升解决农机机械维修作业中实际问题的能力。

## 【项目目标】

◆ 了解各种整地机械的类型；
◆ 掌握各种整地机械的结构；
◆ 能正确安装调试各种整地机械；
◆ 会排除各种整地机械的常见故障。

## 【项目任务】

● 认识整地机械的结构；
● 安装调试整地机械；
● 排除整地机械的故障。

## 【项目实施】

## 任务一　旋耕机的结构与维修

### 【任务分析】

旋耕机是一种由拖拉机动力驱动旋耕刀辊旋转以完成切碎土壤的耕耘机械。在熟悉旋耕机结构的基础上，学会旋耕机的安装调试，并能对旋耕机进行维修。

## 【相关知识】

旋耕机是目前应用较多的一种耕整地机械，兼有耕翻和碎土的能力，一次作业即能达到耕耙合一的作业效果，即土壤松碎，地面平整，水田经过带水旋耕后可直接进行秧苗移栽。而且能切碎残茬、杂草并将其混合于整个耕层，同时也能有效地将化肥、农药等均匀混施于土内。

## 一、旋耕机的类型及性能特点

### （一）旋耕机的类型

旋耕机的种类很多，按其刀轴的配置可分为横轴式（卧式铣切）和立轴式（立式铣切）两类，如图 3.1 所示，卧式旋耕机的刀轴呈水平方向配置，其中卧式旋耕机使用较多。卧式旋耕机根据刀轴的旋转方向分为正转旋耕机和逆转旋耕机。立式旋耕机的刀轴垂直配置，多用螺旋形刀齿，其耕地较深，可与铧式犁组合成耕耙犁；按配套动力可分为拖拉机配套旋耕机和手扶拖拉机配套旋耕机两种。手扶拖拉机配套旋耕机主要在水田地区和城市郊区使用，是手扶拖拉机的主要配套农具。每年生产的手扶拖拉机有 1/2～3/5 配备有旋耕机，在南方水田较多的地区手扶拖拉机几乎都配有旋耕机；按与拖拉机的挂接方式可分为牵引式、悬挂式、直接连接式；按

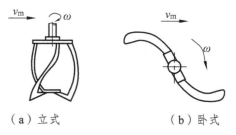

（a）立式　　　　　　　（b）卧式

**图 3.1　刀辊配置方式**

刀轴传动方式可分为中间传动式和侧边传动式，其中侧边传动又按传动结构形式的不同分为侧边齿轮传动式和侧边链轮传动式。

### （二）旋耕机工作过程及性能特点

#### 1. 旋耕机的工作过程

旋耕机工作时，刀片一方面由拖拉机动力输出轴驱动做回转运动，一方面随机组前进做等速直线运动。刀片在切土过程中首先将土垡切下，随即向后抛扔，土垡撞击罩盖与平土拖板而破碎，然后再落到地面上，由于机组不断前进，刀片就连续地进行松土，如图 3.2 所示。

#### 2. 旋耕机的性能特点

（1）碎土能力强，耕后土层松碎，地表平坦，一次作业可达到犁、耙几次作业效果。

（2）刀片旋转产生的向前推的力，减少了机组所需牵引功率。旋耕机的防陷能力强。通过性能好，除用于水田和潮湿地外，还可以用于开荒菜地、草地和沼泽地等。

（3）土肥掺和好，秸秆还田可以加快根茬和有机肥料的腐烂，提高肥效，促进作物生长。

（4）旋耕过程中，功率消耗大，覆盖能力较差，耕深受到限制。

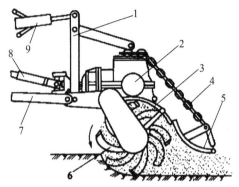

**图 3.2　旋耕机的工作过程**

1—悬挂架；2—齿轮箱；3—挡泥板；4—链条；5—拖板；6—刀片；7—下拉杆；8—万向节轴；9—上拉杆

## 二、旋耕机的结构

目前旋耕机产品大多数都采用卧式的形式。如图 3.3 所示为悬挂式旋耕机的整机构造，主要工作部件是旋耕刀辊（包括刀轴和安装在刀轴上的刀片），辅助部件由机架、传动部分、挡土罩壳、平土拖板、挂接装置和调节装置等组成。

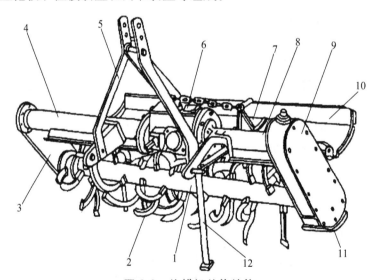

**图 3.3　旋耕机总体结构**

1—刀辊；2—刀片；3—右支臂；4—右主梁；5—悬挂架；6—齿轮箱；7—挡土罩；8—左主梁；
9—传动箱；10—平土拖板；11—防磨板；12—撑杆

旋耕机的机架由左、右主梁、传动箱壳体、右支臂以及悬挂架等部件构成。主梁为无缝钢钉与中间齿轮箱和侧边传动箱（或右支臂）连接。在侧边传动箱和右支臂的下部，固定有防磨板，以保护传动箱和支臂不受磨损，同时还起限深作用。

旋耕机靠万向节轴输入由拖拉机来的动力，经中间齿轮箱，然后再经侧边传动箱驱动刀辊回转，进行旋耕工作。

刀辊由刀轴、刀片及安装刀片用的刀座构成。刀片数目依旋耕机工作幅宽不同而异。

机架下方和刀辊的上方，安装有固定的罩壳，在罩壳后部为浮动的拖板，它们用来挡住切碎的土块不致飞出。

## （一）旋耕刀辊

刀辊由刀轴、刀座和旋耕刀片组成，如图 3.4 所示。

（a）刀座式　　　　　　　　　　　　　　　　（b）刀盘式

**图 3.4　刀　轴**

1—右轴头；2—刀轴臂；3—刀座；4—刀片；5—左轴头

### 1. 刀　轴

刀轴有整体式和组合式两种。组合式刀轴由多节管轴通过接盘连接而成，其特点是通用性好，可以根据不同的幅宽要求进行组合。刀轴用无缝钢管制成，两端焊有轴头，用来和左、右支臂相连接。刀轴上焊有刀座或刀盘，如图 3.4 所示。刀座可采用直线型和曲线型两种，如图 3.5 所示。曲线型刀座滑草性能好，但制造工艺复杂。刀座在刀轴上按螺旋线排列焊在刀轴上，以供安装刀片。用刀盘安装旋耕机刀片时每个刀盘可根据不同需要安装多把刀片。

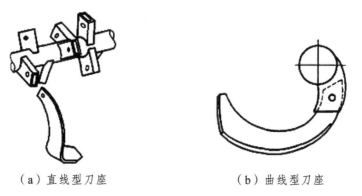

（a）直线型刀座　　　　　　　　　　　　　　（b）曲线型刀座

**图 3.5　刀座的型式**

### 2. 旋耕刀片

旋耕刀片安装在刀轴上，工作时随刀轴一起旋转，完成切土、碎土、翻土的工作。刀片的形状和结构参数对旋耕机的工作质量、功率消耗影响较大。为适应不同的土壤条件及地面的杂草或残株状况耕作，研制了不同种类的旋耕刀片。几种常见的刀片结构如图 3.6 所示。

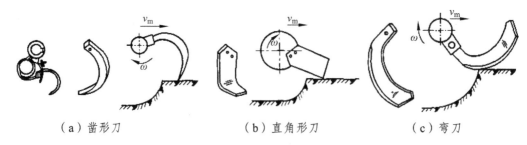

（a）凿形刀　　　　　　（b）直角形刀　　　　　　（c）弯刀

图3.6　旋耕机刀片的类型

（1）凿形刀片。

凿形刀片正面有凿形刃口，所以有较好的入土能力，对土壤有较大的松碎作用，但由于刃口较窄，工作时刀片易缠草，只适用于杂草、茎秆不多的疏松土壤的工作。

（2）直角形刀片。

直角形刀片刃口分正切刃和侧切刃两部分，两刃相交约成 90°，工作时，先由正切刃垂直于机器前进方向横向切土，然后由侧切刃逐渐切出土垡侧面，工作中也易缠草，但因为刀片刀身较宽，刚性较好，且有较好的切土能力，所以多用在土质较硬的干旱地区工作。

（3）弯刀片。

弯刀片应用最广泛，其刀片刃口较长并制成曲线形状，弯刀根据刀部的弯转方向不同，分左弯刀和右弯刀。刃口也由正切刃和侧切刃两部分组成。曲线刃口在切削土壤的过程中，先由离回转轴较近的侧切刃切削，逐渐转到离回转轴较远的侧切刃切削，最后由正切刃切削，侧切刃呈弧形，有滑切作用，这种切削方式工作平缓，可把土块和草茎压向未耕地。由较坚硬的未耕地支承切割，草茎易切断，即使切不断，也可利用刃口曲线使草茎滑向端部离开弯刀，使刀片不易缠草，并有较好的碎土和翻土能力，所以弯刀片适于多草茎的田地工作，属于水旱通用型刀型。而前两种刀片在切削土壤过程中，恰好与曲线刃口相反，切削方式决定了对土壤有较大的松碎作用，但易缠草堵塞。

弯刀的侧切刃一般做成向外弯曲的形状，保证滑切作用并能由近及远切割，为符合上述切土要求，经研究可用下列曲线作为侧切刃：阿基米德螺线、等角螺线、正弦指数曲线、偏心圆弧。正切刃的作用是从正面切开土块，切出沟底并切断侧切刃没有切断的草茎，或将其向外推移。为保证刀片切深一致，减少沟底不平度，正切刃曲线为一斜置平面与圆柱面相贯线的一部分。

由于弯刀对土壤直接加工，磨损量较大，所以对弯刀要求刀刃部分淬火处理，硬度一般达洛氏硬度 HRC 50～55。弯刀不得有裂纹、夹层和过烧，侧面应平整，拐弯部分过度要平滑。

刀片在刀轴上的排列直接影响旋耕机的作业质量和功率消耗，为了减少工作中的瞒耕和堵塞，并使刀轴受力均匀。耕后地表平整，旋耕刀片在刀轴上的排列应满足下列要求：

① 在同一回转平面内，如果有两把以上的刀片工作，为保证切土均匀，应保证每把刀切土进距相等。

② 整个刀轴回转一周的过程中，在同一相位角上，应当只有一把刀入土（受结构限制，可以是一把左刀和一把右刀同时入土），以保证工作稳定和刀轴负荷均匀。

③ 轴向相邻刀齿（或刀盘）的间距，以不产生实际漏耕带为原则，一般均大于单刀幅宽。

④ 为避免干扰和堵塞，相继入土的刀片轴向距离越大越好。

⑤ 左右刀片应尽量交替入土，以减小轴向力，保证刀轴侧向稳定。

⑥ 刀片排列应尽量规则，便于制造和使用。一般多采用螺旋线排列，如图 3.7 所示。

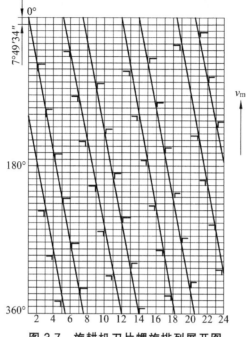

**图 3.7　旋耕机刀片螺旋排列展开图**

## （二）辅助工作部件

### 1. 机　架

机架包括齿轮箱壳体，如果采用中间传动，左右主梁长度相等；如果采用侧边传动，因侧边传动箱较重，故传递动力一侧的主梁较短，以利于整机平衡。主梁上装有与拖拉机连接的悬挂架。

### 2. 传动部分

由拖拉机动力输出轴传来的动力经万向节传给变速箱，以驱动刀轴旋转。与拖拉机配套的悬挂式旋耕机有中间传动和侧边传动两种形式，其中侧边传动包括侧边齿轮传动和侧边链轮传动，国内系列旋耕机的传动方式如图 3.8 所示。

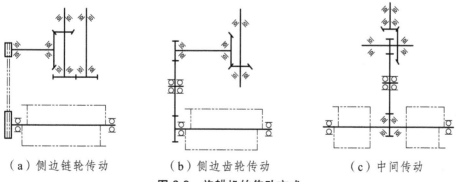

（a）侧边链轮传动　　　　（b）侧边齿轮传动　　　　（c）中间传动

**图 3.8　旋耕机的传动方式**

中间传动系统由万向节传动轴和中间齿轮箱组成；侧边传动系统由万向节传动轴、中间齿轮箱、侧边传动箱组成。齿轮箱的动力由拖拉机的动力输出轴通过万向节传递，再经中间传动箱或侧边传动箱驱动刀轴。中间齿轮传动齿轮箱传出动力，中间齿轮直接与刀轴齿轮啮合带动刀轴工作，刀轴所需动力由中间传来，所以刀轴左右受力均匀，稳定性好，但刀轴结构复杂，中间传动箱下部不能装旋耕刀。因此有漏耕现象，影响作业质量。为了解决漏耕现象，可在传动箱下面装一把松土铲或小铧犁补漏。中间齿轮传动一般用在耕幅较小的旋耕机上。侧边传动刀轴所需动力由左侧传来，侧边齿轮传动刀轴与中间齿轮箱采用齿轮传动，侧边链轮传动刀轴与中间齿轮箱则采用链条传动，其中齿轮传动可靠性好，但加工精度高、制造复杂、成本高。链轮传动零件数目少、重量轻、结构简单，但链条易磨损断裂，故障较多，使用寿命短。

直接联结式没有万向节传动轴，而是通过牙嵌式离合器把拖拉机的动力直接传给旋耕机，有的轻小型旋耕机采用直接联结式的，与手扶拖拉机配套的旋耕机均采用直接联结式。

为应不同作业的要求，有时需要改变旋耕机刀轴的转速。可通过更换传动齿轮或链轮，也可以在齿轮箱外设变速杆，也可以通过改变拖拉机动力输出轴的挡位来实现变速。

### 3. 挡土罩壳

挡土罩壳一般由薄铁板弯成弧形固定在刀轴上方，用来挡住旋耕刀切削土壤时抛起的土块，将其进一步破碎。既增强了碎土作用，又保护了驾驶员的安全，如图3.9所示。

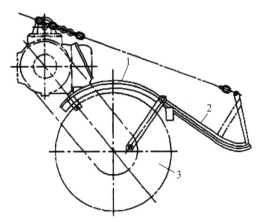

图3.9　挡土罩壳和平土拖板
1—挡泥罩；2—平土拖板；3—刀滚

### 4. 平土拖板

平土拖板也由薄铁板制成，其前端铰接在挡土罩壳上，后端用链条连接到机架上，平土拖板的离地高度可调整，用来增强碎土和平整土地，如图3.9所示。

### 5. 耕深控制装置

耕深控制装置有滑橇式和限深轮式两种。滑橇式安装在机架底部，调节滑橇与刀轴的相对距离，可改变耕深。滑橇还起限深作用，一般用于水田作业。限深轮式安装在旋耕机后部，由套管、升降丝杠、轮叉等组成，用于旱地作业。

## 【任务实施】

### 一、旋耕机的安装与技术检查

#### （一）旋耕刀的安装检查

目前国内生产的旋耕机多采用弯刀片及刀座固定法。为了作业需要及刀轴的受力均衡，安装时应根据作业要求确定。如配置不当将影响耕地质量及机器使用寿命。

**1. 刀片配置方法**

（1）交错装法。

如图 3.10（a）所示，这是一种最常用的配置方法，除最外侧两把弯刀方向朝内外，其余左右弯刀在刀轴上交错安装。如同一安装平面内有两个刀座，则左、右弯刀各装一把。如只有一个刀座，则第一个刀座安装左弯刀，相邻刀座应安装右弯刀。采用这种安装方法，耕后地面平整，适用于平作或犁耕后耙地。

（2）内装法。

如图 3.10（b）所示，所有左、右刀片都朝向刀轴中间。采用这种安装方法，耕后地面中间高出成垄，适用于筑畦或中间有沟地面耕作。

（3）外装法。

如图 3.10（c）所示，除最外侧两把弯刀方向朝内，其余即左弯刀装在刀轴的左侧，右弯刀装在刀轴的右侧。采用这种安装方法，耕后地面中间形成一个沟，适用于拆畦耕作或旋耕开沟联合作业。

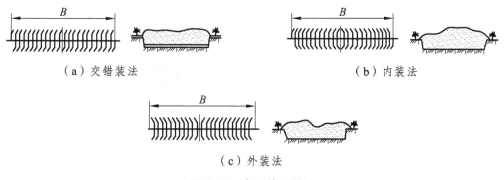

（a）交错装法　　　　　　　　　　　　　（b）内装法

（c）外装法

**图 3.10　弯刀片配置法**

**2. 刀片的检查**

刀片是旋耕机的最主要工作零件，也是最易磨损变形的零件。刀片的外形是否正常，决定了其刃口是否能正常切土。一般要求正切刃切土时，刀背应与未耕地保持适当的隙角，以使刀片能很好地入土。没有隙角时，刀背将顶在未耕地上；隙角太大时，刀面对垡块的挤压将加大。这些都会使功率消耗剧增，同时严重影响旋耕质量。对刀片外形的检查，可用特别样板进行，也可挑选备用新弯刀代替样板来对照检查，其最大误差不大于 3 mm。

刀片刃口应经过淬火处理，以保持足够的硬度。刀片不能有过烧或裂纹产生。刀片的刃口厚度为 0.5~1.5 mm。刃口曲线过渡应平滑，若刃口有残缺，其深度要小于 2 mm，且每把刀的残缺不能多于两处。

## （二）刀辊在机架上的安装与检查

刀辊装到旋耕机上后，刀片顶端与罩壳的间隙以 30~45 mm 为宜，间隙过大时，垡块易反抛到刀轴前方被再次切削，浪费动力，间隙过小时，易造成堵塞。若此间隙小于 28 mm，就需要重新装修罩壳。

刀辊装到旋耕机上后，应进行空转检查，把旋耕机稍提离地面，接合动力输出轴，让旋耕机低速旋转，观察其各部件是否运转正常，整个刀辊运转是否平稳，有无碰撞等异常情况。

## （三）万向节总成安装与检查

悬挂式旋耕机应根据工作幅宽的大小，选用强度与耕作阻力相适应的万向节总成。在拖拉机和旋耕机之间安装万向节总成时，必须使方轴和方轴套的夹叉处于同一平面内，如图 3.11 所示，以保证所传递的转速平稳。如果装错了，万向节处会发出响声，并使旋耕机振动很大，容易引起机件损坏，为了防止装错，一些万向节总成在方轴上刻槽，在方轴套上加一凸销。安装时，只有把方轴有槽的面对准方轴套上有凸销的面，才能装进去。

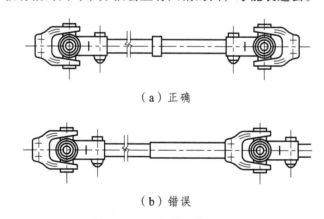

（a）正确

（b）错误

**图 3.11　万向节总成的安装**

旋耕机工作时，应使万向节总成两轴线夹角越小越好，若此夹角为零，就相当于同轴传动，此时的动力传递效率最高。故要求工作状态、两轴夹角不应大于 10°，为了保证旋耕机在升降过程中传动的安全可靠，要求方轴和方轴套之间的配合长度要适当，防止提升时因配合长度不够而脱出或损坏，防止工作时因配合长度太长而顶死。因此，万向节总成的方轴长度，应根据旋耕机与不同拖拉机配挂情况确定。它们之间的配合长度，在工作时要求不小于 150 mm，在升起时要求不小于 40 mm。在配合长度小于此值时，需另配方轴。

万向节总成两端的活节夹叉与拖拉机动力输出轴轴头和中间齿轮传动箱轴头连接时，必须推到位，使插销能插入花键凹槽内，最后还应用开口销把插销锁好，以防止夹叉甩出造成事故。

## 二、旋耕机的调整

### （一）旋耕机与拖拉机的配套

我国旋耕机生产已经系列化。不同功率的拖拉机均有与之相应的配套旋耕机。旋耕机新系列型谱，总共有 122 种型号。

由于各地自然条件和农业技术要求不同，旋耕机的工作幅宽，应根据拖拉机功率的大小和机组前进速度等因素来确定。又由于拖拉机耕作时，拖拉机轮胎应走在未耕地上，避免将已耕地压板结，要求拖拉机的轮距（指正悬挂时）必须小于旋耕机的耕幅，并要求旋耕机的耕幅偏出拖拉机后轮外侧 50～100 mm。为此，在配套旋耕机机型确定后，应进行拖拉机后轮距的调节，其计算如下：

$$L = B - S - 2e \tag{3.1}$$

式中　$L$——拖拉机后轮距，cm；

　　　$B$——旋耕机工作幅宽，cm；

　　　$S$——拖拉机后轮胎宽度，cm；

　　　$e$——偏出量，cm。

如旋耕机组因旋耕机工作幅度较小而采用偏悬挂，通常旋耕机工作幅宽在拖拉机右侧产生偏出量，遇此情况时，机组宜采用从右侧进入地块的回耕法，以免拖拉机轮胎走在已耕地上。

### （二）试耕及调整

#### 1. 旋耕机的试耕

旋耕机装好后，应进行试耕，进一步检查旋耕机安装情况，同时调整耕深及碎土性能。

试耕前，应将旋耕机稍微升离地面，接合动力，让旋耕机低速旋转，观察其各部件的运转是否正常。如系链传动，还应特别注意链条的运转情况，了解其紧度是否合适，等一切正常后，才可投入试耕。

试耕时，应根据耕地条件（水耕、旱耕及土壤质地等）选择拖拉机前进挡位及旋耕机转速（可根据工厂的使用说明书调节），再接合动力，使旋耕机工作，然后一面落下旋耕机，一面接合行走离合器使拖拉机前进。绝对禁止先把旋耕机落到地面，突然接合动力，使旋耕刀受到冲击载荷，引起发动机超载，以免损坏旋耕机和拖拉机的传动零件。

#### 2. 旋耕机的调整

（1）耕深调整。

轮式拖拉机配用旋耕机的耕深可用拖拉机液压调节手柄或限深滑板控制，耕深调节范围为 100～160 mm，手扶拖拉机的耕深调整是用尾轮或滑橇（水耕时用）控制。松开尾轮座上的箍紧手柄，将尾轮外管上下移动，可在较大的范围内调节尾轮的位置高低。在一般情况下，可旋转手柄来调节耕深。

（2）碎土性能调整。

碎土性能与拖拉机前进速度及刀轴转速有关。刀轴转速一定，增大拖拉机前进速度，土块增大；反之则减小。

悬挂式旋耕机碎土性能靠拖拉机挡位的选择和中间齿轮箱圆柱齿轮的搭配来综合进行。拖拉机的前进速度在旱耕作业时选用 2～3 km/h，水耕或耙地作业时选用 3～5 km/h。在一般情况下，土壤比阻大且旱耕时用拖拉机的 I 挡；土壤比阻中等且旱耕时用拖拉机的 II 挡。刀轴转速，在旱耕和耕地比阻较大的土壤选 200 r/min 左右；在水耕、耙地和耕地比阻小的土壤选 270 r/min 左右。

此外在旋耕机的后面有可调节的平土拖板，改变拖板的高低位置，也能影响碎土效果。

（3）水平调整。

旋耕机工作时，为保证旋耕机耕幅内左、右耕深一致，应使其保持水平。三点悬挂式旋耕机的左右水平，用调节右提升杆的长度来控制，前后水平用上拉杆来控制。

（4）提升高度调整。

用万向联轴器传动的旋耕机，由于受其倾斜角的限制，不能提升过高，最大夹角一般不超过 30°，在传动中如旋耕机提升高度过大，会使万向联轴器损坏而产生危险。如果在地头转弯时，先切断动力再提升旋耕机，提升高度虽可增加，但辅助时间也相应增多，影响工作效率。因此要在传动中提升旋耕机，必须限制提升高度，一般只要使旋耕刀离开地面 150～200 mm 就可以了。调节方法是把液压操作手柄扇形板上的定位手轮安放在适当位置，使操作手柄每次都扳到定位手轮为止，从而达到限制提升高度的目的。

## 三、旋耕机常见故障及其排除

### 1. 旋耕机负荷过大

可能的原因及排除方法为：旋耕深度过大，应减少耕深；刀轴转速过快，应降低刀轴转速；前进速度过快或土壤过于黏重、过硬，应降低机组前进速度，换低速挡；如刀轴两侧刀片向外安装，将其对调变成向内安装，以减少耕幅。

### 2. 旋耕机在工作时出现跳动

可能的原因及排除方法为：土壤坚硬，应降低机组前进及刀轴转速；刀片安装不正确，重新检查按规定安装；万向节安装不正确，应重新安装。

### 3. 旋耕机后间断抛出大土块或有漏耕

可能的原因及排除方法为：刀片弯曲变形，应校正或更换；刀片断裂，重新更换刀片；刀片丢失，重新安装新刀片。

### 4. 旋耕后地面起伏不平

可能的原因及排除方法为：旋耕机未调平，左右耕深不一致，重新调平；平土拖板位置安装不正确，重新安装调平；机组前进速度与刀轴转速配合不当，改变机组前进速度或刀轴转速。

### 5. 旋耕机工作时刀轴转不动

可能的原因及排除方法为：传动箱齿轮或轴承损坏咬死，更换齿轮或轴承；圆锥齿轮无齿侧间隙，应重新调整；刀轴侧板或刀轴弯曲变形，应校正侧板，校直刀轴；刀轴缠草堵泥严重，清除缠草积泥。

### 6. 刀片变形或折断

可能的原因及排除方法为：刀片与石块、树根等硬物相碰，应更换刀片，清除障碍；转弯时仍在耕作，应在转弯时提升旋耕机；旋耕机土壤落在硬地上，或刀片质量不好，应缓慢降落或更换刀片。

### 7. 动力输出轴损坏

可能的原因及排除方法为：万向节倾角过大，应换新轴，限制提升高度；突然入土，造成负荷过大，应换新轴，缓慢入土；方轴脱套，夹叉继续转动产生的离心惯性力将轴震断，应换新轴，并查明脱套的原因。

## 【任务拓展】

### 一、整地的农业技术要求

整地的农业技术要求是：① 整地，以利碎土和保墒；② 平整，无沟垄起伏；③ 耙深符合要求，且深浅一致；④ 耙透、不漏耙；⑤ 表层细碎松软、平整，下层适当密实；⑥ 水田整地还要求能将绿肥、稻茬、杂草压入泥中，田面平坦，细碎松软，起浆良好。

### 二、整地机械的种类

整地机械的种类很多，有旱地和水田两类。旱地常用的整地机械有旋耕机、圆盘耙、镇压器等多种。水田整地机械主要有各种类型的驱动耙、水田耙以及刀耙、滚耙等。其中以旋耕机、圆盘耙、驱动耙最常用。

### 三、旋耕机耕地方法与使用

#### （一）旋耕机的耕法

##### 1. 梭形旋耕法

拖拉机从田块一侧进入，耕完一趟后，转小弯返回，接着耕第二趟，如此依次往返耕作如图 3.12（a）所示。此法操作简单，但地头要转小弯。不适合大型机组作业。手扶拖拉机转小弯较灵便，多采用此法。

### 2. 单区套耕法

单区套耕法也是梭形耕法，只是采用了隔行套耕，目的是克服拖拉机转小弯的困难。如图 3.12（b）所示为五趟套耕，先正向隔行耕三趟，然后反向耕行间留下的二条未耕地。此法克服了转小弯，但留下的未耕地宽度必须准确，否则易产生漏耕而影响耕地质量。

### 3. 回耕法

在水田中水耕、水耙时采用回耕法，如图 3.12（c）所示。它避免了地头转弯的困难，但在拖拉机转直弯时，应注意提起旋耕机，防止刀轴、刀片受扭变形。用回耕法把田块耕完后，应按对角线方向把直角弯时留下未耕地补耕一下，以保证耕作质量。

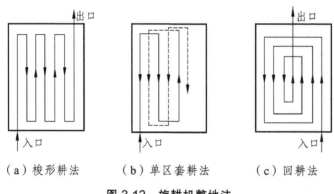

（a）梭形耕法　　　（b）单区套耕法　　　（c）回耕法

**图 3.12　旋耕机整地法**

## （二）使用注意事项

（1）旋耕机在工作时，应经常注意倾听旋耕机是否有杂声或金属敲击声，如有异常应立即停车检查，找出原因加以排除后，才允许重新工作。

（2）地头转弯和倒车时严禁工作，否则会造成刀轴变形、断裂或损坏机件。

（3）机组起步时，要先接合动力输出轴，待刀轴转速正常后，使旋耕刀逐渐入土。禁止先将旋耕刀先入土再接合动力输出轴，以免损坏零部件。

（4）在地头转弯作业机提升时，万向联轴器要减慢旋转速度，且应限制作业机提升角度；工作时，还应经常检查万向联轴器的紧固状态，防止发生松脱事故。

（5）旋耕机工作时，机后、机上禁止站人，以防发生意外事故。

（6）检查旋耕机和清理刀轴时，必须停车并将发动机熄火确保人身安全。

（7）田间转移或过田埂时，将旋耕机提升到最高位置，远距离转移时，应将万向联轴器从动力输出轴上拆下，用锁紧装置将旋耕机固定在某一位置上。

# 任务二　圆盘耙的结构与维修

## 【任务分析】

圆盘耙是主要用于耕后播前的碎土，耕平和覆盖肥料，收获后的浅耕灭茬作业机械。在熟悉圆盘耙结构的基础上，学会圆盘耙的安装调试，并能对圆盘耙进行维修。

## 【相关知识】

圆盘耙主要用于旱地犁耕后的碎土和平整地表。由于圆盘耙能切断草根和作物残茬，并能搅动翻转表土，故也可用于收获后的浅耕灭茬作业，"以耙代耕"既节省能源，又可避免过度耕翻土壤。撒播肥料后也可用圆盘耙进行覆盖，还可用于果园和牧草地的田间管理。与铧式犁相比，圆盘耙所需动力小，作业效率高，耙后土壤的充分混合能促进土壤中微生物的活动和化学分解作用。

## 一、圆盘耙的类型及性能

### 1. 按机重与耙片直径分

按机重与耙片直径分，可分为重型、中型和轻型三种，如图 3.13 所示。

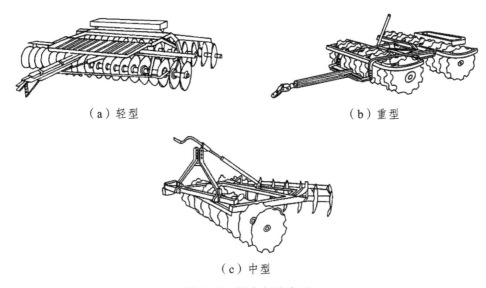

（a）轻型　　　　　　　　　　　　　（b）重型

（c）中型

**图 3.13　圆盘耙的类型**

（1）重型圆盘耙。单片机重（机重/耙片数）50～65 kg，耙片直径 660 mm，耙深可达 180 mm，适用于开荒、沼泽地和黏重土壤的耕后碎土，也可用于黏土壤的灭茬或以耙代耕。

（2）中型圆盘耙。单片机重 20～45 kg，耙片直径 560 mm，耙深 140 mm 左右，适用黏土壤的耕后碎土，也可用于一般土壤的以耙代耕。

（3）轻型圆盘耙。单片机重 15～25 kg，耙片直径 460 mm，耙深可达 100 mm 左右，适用于一般土壤的耕后耙地，播前松土，也可用于轻土壤的灭茬。

### 2. 按与拖拉机挂接方式分

按与拖拉机挂接方式分，可分为牵引式、悬挂式和半悬挂式三种。

（1）牵引式圆盘耙，如图 3.13（b）所示。重型圆盘耙多为牵引式。牵引式地头转弯半径大，运输不方便，仅适于大地块作业。

（2）悬挂式圆盘耙，如图 3.13（a）、（c）所示。轻型和中型圆盘耙多为悬挂式，机组配置紧凑，机动灵活，运输方便，适于在各种地块作业。

（3）半悬挂式圆盘耙。半悬挂式圆盘耙的特点介于牵引式和悬挂式之间。

### 3. 按耙组的排列方式分

按耙组的排列方式分，可分为对置式、交错式、偏置式三种，如图 3.14 所示。

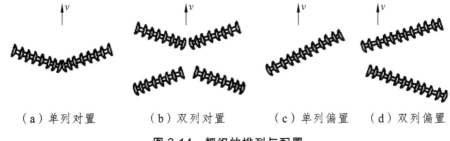

（a）单列对置　　　（b）双列对置　　　（c）单列偏置　　（d）双列偏置

**图 3.14　耙组的排列与配置**

（1）对置式。圆盘耙左右耙组对称布置，耙组所受侧向力互相抵消，优点是牵引平衡性能好，偏角调节方便，作业中可左右转弯。缺点是耙后中间有未耙的土埂，两侧有沟（指双列的）。

（2）交错式。交错式圆盘耙是对置式的一种变型，每列左右两耙组交错配置，克服了对置圆盘耙中间漏耙留埂的缺点。

（3）偏置式。偏置式圆盘耙有一组右翻耙片和一组左翻耙片，前后布置进行工作。牵引线偏离耙组中心线，侧向力不易平衡，调整比较困难，作业中只宜单向转弯。但结构比较简单，耙后地表平整，不留沟埂。

## 二、圆盘耙的一般结构与工作过程

### （一）圆盘耙的一般结构

圆盘耙的结构如图 3.15 和 3.16 所示，主要由耙组、耙架、牵引或悬挂装置、角度调节装置等组成。

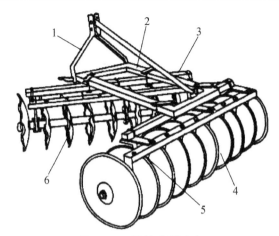

**图 3.15 悬挂式圆盘耙**

1—悬挂架；2—耙架；3—横梁；4—圆盘耙组；5—刮泥装置；6—缺口耙组

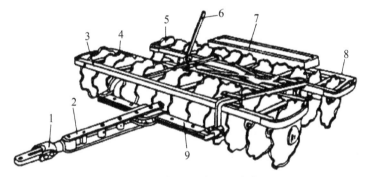

**图 3.16 牵引式缺口圆盘耙**

1—牵引环；2—牵引杆；3—前列耙架；4—前列耙组；5—后列耙组；6—角度调节器；
7—加重箱；8—后列耙架；9—横拉杆

圆盘耙的悬挂架和前梁固定在一起，悬挂架的上悬挂点和前梁上的左、右悬挂点共同构成三点悬挂。耙组分前、后两列，前列耙组凹面向左（沿前进方向看），后列耙组凹面向右，前列耙组把土垡切碎后翻到左面去，后列耙组把土垡再次切碎后又向右翻回来。前、后列耙组均通过轴承和轴承支板与耙架相连接，耙组在轴承支持下整列一起转动。前耙架和后耙架之间通过角度调节器连在一起。为清除耙片凹面黏附的泥土，在耙架横梁上装有铲刀式刮土器。

## （二）圆盘耙的工作过程

圆盘耙工作时，耙片刃口平面（回转平面）垂直于地面，并与机器前进方向成一偏角 $\alpha$。在牵引力作用下滚动前进，在重力作用下切入土壤一定深度。

耙片工作时向前滚动的特点，可以看作是滚动和移动的复合运动。耙片从 $A$ 点到 $C$ 点回转一周的运动，可分解为由 $A$ 点到 $B$ 点的滚动和由 $B$ 点到 $C$ 点的侧向移动（见图 3.17）。在滚动中，耙片刃口切碎土块、杂草和根茬。在侧移时进行铲土、推土，并使土壤沿曲面上升和跌落，从而又起到碎土、翻土和覆盖等作用。实际上这两种过程是同时进行的。

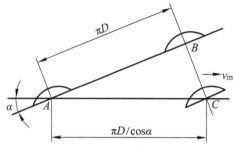

图 3.17 耙片的运动分解

耙片的入土深度取决于耙的质量和偏角的大小。在一定范围内，偏角增大则入土、推土、碎土和翻土作用增强，耙深增加；偏角减小则入土、碎土、翻土等性能减弱，耙深变浅，所以圆盘耙的偏角都能在一定范围内调节，以适应不同土壤和作业的要求。土壤湿度大时偏角不宜大，否则容易造成耙片黏土和堵塞。

## 三、圆盘耙主要部件的结构

### （一）耙 组

耙组是圆盘耙的工作部件，由耙片、间管、方轴、轴承、刮土铲和横梁等组成，如图 3.18 所示。耙片中心为方孔，穿在方轴上，各耙片之间用间管隔开，以保持一定间距，轴端用螺母拧紧，锁住。耙片、间管随方轴一起转动。耙组通过轴承和轴承支板与耙架横梁连接。为清除耙片上黏附的泥土，每一个耙片凹面都设有刮土铲，刮土铲上端固定在横梁上。为利于耙组工作，刮土铲与耙片凹面之间应有适当间隙，可通过左右移动刮土铲来调整。

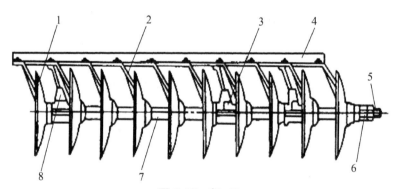

图 3.18 耙 组

1—耙片；2—刮土铲；3—轴承；4—横梁；5—方轴；6—螺母；7—间管；8—轴承支板

耙片为一球面圆盘，在凸面周边磨成刃口，有全缘和缺口两种，如图 3.19 所示。重型耙多采用直径较大且有缺口的耙片，这种耙片碎土能力强，入土性能也好，适用于黏重土壤和荒地，但制造和磨损后修复较困难。一般轻型耙采用直径小且没有缺口的全缘耙片，而中型耙常用二者组合，前列用缺口耙片，后列用全缘耙片。

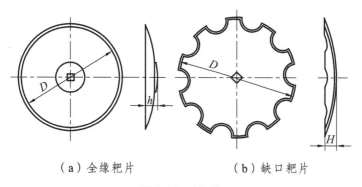

（a）全缘耙片　　　　　（b）缺口耙片

**图 3.19 耙 片**

## （二）耙 架

用来安装耙组、悬挂架或牵引装置，以及调节装置等部件。牵引耙的耙架上还装有载重箱，以便需要时配置，以增加耙深。

## （三）角度调节装置

圆盘耙上都有角度调节装置，用于调节耙的偏角，以调节耙深。角度调节装置的形式很多，结构也比较简单。总的调节原则是改变耙组横梁相对于耙架连接位置，以改变耙组的偏角。在中型和轻型系列圆盘上，采用压板式和插销式，系列重耙上采用油压式，部分耙上用丝杠式。

## （四）加重箱、运输轮

耙架上的箱形框架用于放置重物（重物不得超过说明书规定重量），以增加耙片的入土能力，重物应放在耙组作业时向上翘起的一端。

牵引式圆盘耙长距离运输时，应安装运输轮，使耙片离地，以免破坏路面或损坏耙片。

## 【任务实施】

## 一、圆盘耙的安装与调整

### 1. 圆盘耙组的安装与检查

耙片刃口厚度应小于 0.5 mm，刃口缺损长度小于 15 mm，一个耙片上的缺损不应超过 1

处。圆盘中心孔对圆盘外径的偏心不应大于 3 mm，圆盘扣在平台上检查时，刀口局部间隙不应大于 5 mm。

向方轴上安装缺口耙片时，相邻耙片的缺口要互相错开，使耙组受力均匀。安装间管时，间管大头与耙面凸面相靠，小头与耙片凹面相靠。

方轴端头螺母要拧紧、锁牢，耙片不应有任何晃动，否则耙片内孔会把方轴磨圆。

### 2. 圆盘耙的总装和技术检查

圆盘耙的耙架是用角钢和槽钢焊合而成的框架，分前、后两部分。耙架上安装悬挂架、调节机构和圆盘耙组。为了保证耙组能灵活转动和前后左右耙深一致，必须认真检查耙架是否变形和是否有开焊现象。变形严重时必须及时校正。

前、后列耙组在耙架上安装时，要保证后列耙组耙片的切土轨迹与前列耙组耙片的切土均匀错开，以提高碎土质量。有的耙为防止耙辊螺母松脱，左翻耙组（偏置耙前列耙组或对置耙左列耙组）的大螺母制成左旋，右翻耙组（偏置耙后列耙组或对置耙右列耙组）的大螺母为右旋总装时耙组位置不能装错。

为保证刮土铲正常刮除圆盘凹面黏附的泥土，刮土铲的安装位置要正确，通常上下位置要求铲刃与圆盘中心水平面平齐或略高，左右位置要求铲刃外侧在圆盘耙片刀口内 20～30 mm，与圆盘旋转面之间构成的倾角为 20°～25°。刮土铲的端刃不能超出耙片边缘，铲下边与耙片凹面应保持一定的间隙，为 3～10 mm，不得抵触耙片，以免阻碍耙片转动，耙组应转动灵活。

### 3. 耙的调整

（1）耙深调整。

① 改变耙组偏角。作业前应根据土壤情况和农艺要求来进行调整。一般土壤较黏重、覆盖、碎土要求较高的，耙组偏角宜大。圆盘耙前列耙组偏角是利用各种相应的调节机构来改变其耙组偏角，然后固定好。

② 改变悬挂孔位置。提高下悬挂点的孔位和降低上悬挂点的孔位，可增加耙深；反之可调浅耙深。牵引耙可在载重箱和载重盘内增减配重来调节耙深。

（2）水平调整。

为了使耙组工作深度一致，前列两个耙组凸面利用卡板和销子与主梁连接，可防止凸端上翘，深度变浅；后列两个耙组凹面端是利用两根吊杆挂在耙架上，提高吊杆位置可限制耙组凹面端的入土深度，如图 3.20 所示。

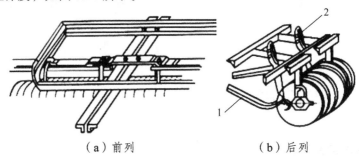

（a）前列　　　　　　　（b）后列

**图 3.20　圆盘耙的水平调节**

1—后中心拉杆；2—吊杆

（3）沟底平整度的调整。

为了使耙后地表和沟底平整，应让前后耙片的轨迹相互错开。调整办法是横向移动耙组，改变前后耙组的相对位置。

## 二、圆盘耙常见故障和排除方法

（1）圆盘耙工作时常发现耙片不入土，其可能的原因是耙组的偏角调节太小或附加重物不够，可以适当调大偏角或增加附加重物，当然耙片磨损或耙片间堵塞也影响其入土性能，可重新磨刃或更换，清除堵塞物。

（2）耙片间的堵塞也是工作中可能出现的问题，如果土壤太黏太湿、杂草太多使刮泥板不起作用、耙组偏角太大、机器前进速度太慢都会造成耙片间的堵塞，所以应选择水分适宜时耙地、调整刮泥板的位置和间隙、调小偏角、加快机器前进速度。

（3）如果发现耙后地表不平，可能的原因是：① 前后耙组偏角不一致；② 附加重物不一致；③ 耙架纵向不平；④ 牵引式偏置圆盘耙作业时耙组偏转，造成前后耙组偏角不一致；⑤ 个别耙组不转动或堵塞，所以可采用以下相应的方法来解决：① 调整偏角；② 调整附加重物；③ 调整牵引点高低位置；④ 调整纵拉杆在横拉杆上的位置；⑤ 清除污源和堵塞物使耙组转动。

（4）工作阻力的大小影响机组的动力消耗。工作时阻力增大，可能的原因有：① 耙组偏角太大；② 附加重物太重；③ 刮泥板卡耙片。其相应的解决方法为：① 调小偏角；② 减小附加重物；③ 调整刮泥板与耙片的间隙。

## 【任务拓展】

水田耙是在水田进行耕地的整地机具，水田土壤一般比较黏重，耕后土块较大，所以插秧前需要整地，以达到耕后碎土（或代替犁耕）、平整地面及使泥土搅混起浆，以利于插秧。主要用在春耕与夏耕后碎土整地和南方双季稻地区早稻茬地的以耙代耕。整地作业在水中进行，因此对水田整地作业有特定的农业技术要求；适时耙地；耙深不小于 10 cm 且耙深一致；要耙碎、耙烂，如有肥料，应混合均匀；不漏耙、重耙；耙后地表平坦等。水田耙用于旱耕具有“上虚下实”，使表土松碎，下层局部压实的作用。

## 一、水田耙的类型

水田耙的种类很多，按工作部件的动力可分为从动型和驱动型两种。为了水田工作灵活，一般均采用悬挂式。

## 二、从动型水田耙

从动型水田耙通常称水田耙。其结构包括耙组、轧辊和耙架等，如图 3.21 所示。

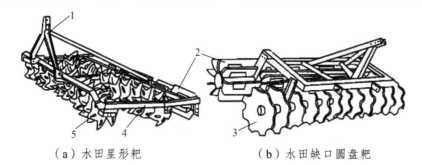

（a）水田星形耙　　　　　　（b）水田缺口圆盘耙

**图 3.21　水田耙**
1—悬挂架；2—轧滚；3—缺口圆盘耙组；4—耙架；5—星形耙组

## （一）耙　组

耙组是水田耙的工作部件，一般为 2～4 组，分 1～2 列配置。水田耙组有两种：星形耙组和缺口耙组。

星形耙组的耙片有 6 个弯曲的星齿，刃口较长，滑切作用大，不易黏土和缠草，且能压草入土，具有较强的切土、碎土作用并能灭茬，所以应用较广。其结构如图 3.22 所示。

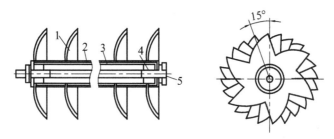

**图 3.22　星形耙组的结构**
1—星形耙片；2—间管；3—方轴；4—橡胶轴承；5—耙轴

安装星形耙片时应注意使相邻耙片的刀齿互相错开，按螺旋线排列，而且每相邻耙片应有 15°的相对偏角。保证耙组工作平稳，减小冲击。为保证水平面内受力平衡，左右耙组耙片的螺旋线方向相反，以相互抵消轴向力。为保证侧向力平衡，前后列耙组的凹面应相互反装，并且前后列耙片串列工作，可减少堵塞和漏耙的现象。星形耙组的安装如图 3.23 所示。

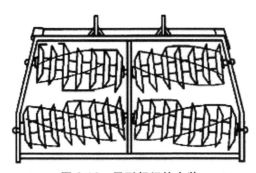

**图 3.23　星形耙组的安装**

缺口耙组切土和翻土能力较强，但工作阻力大，碎土起浆作用不如星形耙组，主要用在黏重土壤或较硬的脱水田的整地作业。

## （二）轧　辊

轧辊主要用来帮助灭茬、起浆，同时起到碎土、平田、混合土肥的作用。其工作主要靠不同形状与不同排列方式的轧片来完成，所以轧辊有几种，如图 3.24 所示。

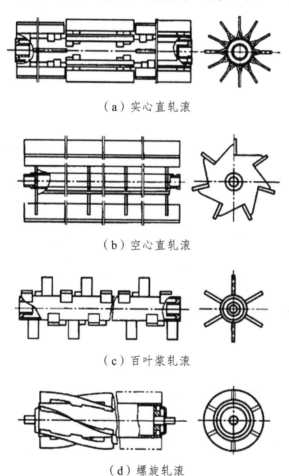

（a）实心直轧滚

（b）空心直轧滚

（c）百叶浆轧滚

（d）螺旋轧滚

**图 3.24　轧滚的类型**

实心直轧辊应用最广泛，其滚筒上分段交叉焊有带有出水孔的直叶片，泥水可以从出水孔流出，减少泥土黏结的机会，从而降低工作阻力。轧辊滚动叶片横向切土，灭茬、起浆性能较好，而且滚筒有助于平整地面。但这种轧辊泥土较易堵塞，只适于一般土壤。

在土壤黏重的地区，为避免泥土堵塞轧辊，可采用空心直叶片轧辊。空心直叶片轧辊是将叶片焊接在固定于心轴上的几个星盘上，轧辊空间形成较大的间隙，减少了轧辊的堵塞，但这种轧辊轧深较大，造成工作阻力增大，灭茬和平田性能不如实心直轧辊，适于黏重的土壤。

在重黏土地区，可采用百叶浆轧辊。百叶浆轧辊的叶片较短小，按单头螺旋线排列焊接在滚筒上，工作时不易黏土，但碎土、起浆性能不如前两者。

## （三）驱动耙

驱动耙和卧式旋耕机相似，水田驱动耙的工作部件是由拖拉机动力输出轴直接驱动耙辊，旋转的耙辊切削、破碎土块，再用耥板耥平田面，是一种较好的水田整地机械。其构造如图 3.25 所示，由耙辊、拖板、耥板、传动装置和悬挂装置等组成。该耙辊采用了刀齿式耙辊，如图 3.26 所示。

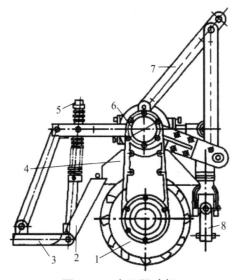

**图 3.25　水田驱动耙**

1—耙辊；2—拖板；3—耥板；4—罩壳；5—调节杆；6—传动装置；7—悬挂架；8—万向节传动轴

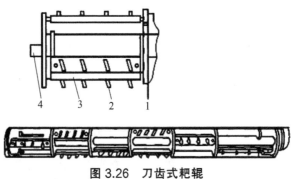

**图 3.26　刀齿式耙辊**

1—刀盘；2—刀齿；3—齿板；4—耙轴

作业时万向节传动轴将拖拉机动力输出轴的动力传给中央齿轮箱，经变向减速后传至侧边传动箱，再次减速后由侧边传动箱输出轴驱动耙辊，耙辊旋转，刀齿先切碎土垡，然后齿板开始切削，并搅拌后将土垡抛出，达到碎土、起浆和覆盖的目的。罩壳和拖板用来遮挡耙辊抛出的土块和泥水，同时拖板有平整地表的作用。最后耥板耥平田面，达到栽植秧苗的农艺要求。

## 【项目自测与训练】

1. 简述旋耕机的构造特点、工作过程及其性能特点。
2. 旋耕机片在刀轴上正确的排列原则是什么?
3. 旋耕机在工作中有哪些技术调整?
4. 简述圆盘耙的结构与工作过程。
5. 分析圆盘耙不入土或耙深不够的原因。

# 项目四　种植机械结构与维修

## 【项目描述】

种植机械在农业生产中占有比较重要的位置，俗话说"种好收一半"，种植机械主要有播种、栽插机械，按播种方法不同有条播机、撒播机和点播机，根据不同的作物种类有玉米、大豆、小麦等，栽插机械主要有水稻插秧机等。通过本项目的学习，学生应了解不同种植机械的类型，掌握常见种植机械的结构，学会安装和调试常见种植机械，并能排除种植机械的常见故障，并提升解决农业机械维修作业中实际问题的能力。

## 【项目目标】

- ◆ 了解各种播种与栽植机械的结构及工作原理；
- ◆ 会正确使用各种播种与栽植机械；
- ◆ 能正确安装播种与栽植机械，并能进行技术状态检查；
- ◆ 能对播种与栽植机械中出现的故障进行排除。

## 【项目任务】

- • 认识常用播种与栽植机械的结构及工作原理；
- • 正确使用与维护常见的播种与栽植机械；
- • 播种与栽植机械的故障分析和排除。

## 【项目实施】

# 任务一　播种机的结构与维修

### 【任务分析】

由于播种方法和作物种类不同，播种机的结构也有所不同，但播种机根据工作任务都要完成开沟、排种、排肥、覆土、压密等工序，因此，应针对播种实现的作业功能了解播种机结构和工作原理，虽然播种机类型较多，结构基本类似。

## 【相关知识】

### 一、对播种作业的要求

机械播种作业的要求播种作业应考虑到播种期、播种量、种子在田间的分布状态、播种深度和播后覆盖压实程度等农业技术要求。

（1）适时播种。作物的播种期影响种子出苗、苗期分蘖、发育生长等。不同的作物有不同适播期，即使同一作物，不同的地区适播期也相差很大。因此，必须根据作物的种类和当地条件，确定适宜播种期。

（2）适量播种。即播种量应符合要求，且要求排量稳定，下种均匀，保证植株分布的均匀程度。穴播时每穴种子粒数的偏差应不超过规定，精密播种要求每穴一粒种子，株距精密。

（3）合理的播种深度。种子应播在湿土上，播深均匀一致。播深是保证作物发芽生长的主要因素之一。播得太深，种子发芽时所需的空气不足，幼芽不易出土；如果太浅，会造成水分不足而影响种子发芽。要求开沟深度稳定、覆土均匀，保证播种深度符合要求。

（4）播后镇压。播后覆土压实可增加土壤紧实程度，使下层水分上升，使种子紧密接触土壤，有利于种子发芽出苗。适度压实在干旱地区及多风地区是保证全苗的有效措施。

（5）种子损伤率要小。

（6）播行直，行距一致，地头整齐，不重播，不漏播。

（7）发展联合播种。播种的同时能完成施肥、喷药、施洒除草剂等作业。

### 二、常见的播种方法

（1）撒播。撒播是将种子按要求的播量均匀撒布于地表。生产效率高，但种子分布不均匀，且不能完全被土覆盖，出苗率低，主要用于牧草、某些蔬菜的种植。

（2）条播。条播是将种子按规定的行距、播深、播量成行播种。这种方法便于后期的中耕除草、追肥、喷药等田间管理作业，主要用于谷物等的播种。

（3）穴（点）播。穴播是将种子按规定的行距、株距、播深定点播入穴中，每穴有几粒种子，可保证苗株在田间分布均匀，提高出苗能力。主要用于棉花，豆类等作物的播种。

（4）精密播种。精密播种是将种子按精确的粒数、播深、间距播入土中，保证每穴种子粒数相等。精密播种可节省种子用量，减少田间间苗工作，但对种子的前期处理、出苗率、苗期管理要求较高。

（5）铺膜播种。铺膜播种是在种床上铺上塑料薄膜，在铺膜前或铺膜后播种，幼苗长在膜外的播种方法。先播种后铺膜，需在幼苗出土后人工破膜放苗；先铺膜后播种，需利用播种装置在膜上先打孔下种。目前已应用在花生、棉花、蔬菜及干旱、半干旱地区的谷物种植上。通过铺膜，可提高并保持地温，通过选样不同颜色的薄膜还可满足不同作物的要求；可减少水分蒸发，改善湿度条件，改善植株光照，提高光合作用条件，改善土壤物理性状和肥力，抑制杂草生长。

（6）免耕播种。免耕播种是在前茬作物收获后，土地不进行耕翻或很少进行耕翻，原有的茎秆、残茬覆盖在地面，在下茬作物播种时，用免耕播种机直接在茬地上进行局部的松土后播种。这样可减少机具投资费用和土壤耕作次数，降低生产成本，减少能耗，减少对土壤的压实和破坏，减轻风蚀、水蚀，可保持地墒，为有效消灭杂草、害虫，播种前后须喷洒除草剂和农药。此播种方法为国家示范推广项目——旱作农业中的一项内容，目前在干旱、半干旱地区有一定范围的应用。

（7）灌水（铺膜）播种。灌水播种是在种床上铺膜并在种沟内灌水的一种播种方法。主要解决干旱、半干旱地区春季播种缺水的问题。目前在东北、华北、西北地区有一定的推广应用。

## 三、播种机的分类

播种机的分类方法很多，按播种方法不同，可分为撒播机、条播机、点（穴）播机、精密播种机；按照动力不同，可分为人力、畜力和机力，其中机力按拖拉机的挂接方式不同又可分为牵引式、悬挂式和半悬挂式；按播种作物的种类，可分为谷物播种、中耕作物播种、棉花播种、蔬菜播种等；按综合利用程度，可分为专用播种机、通用播种机和通用机架播种机等；按排种原理，可分为强制式、气流式和离心式三种。

## 四、播种机的性能要求和性能指标

播种应根据当地的作物栽培制度、农艺要求进行作业。播种时要求播量满足农艺要求且可调，种子在田间分布均匀合理，保证播深、株距、行距一致且可调；种子播在湿土层中且用湿土覆盖；施肥时要求肥料施于种子下方或侧下方，种子损伤率低。

播种机的性能指标是评价其工作质量的标准，常用如下的性能指标来评价：

总排量稳定性：播种机在规定的工作条件下排种量的稳定程度，即在播种机允许的工作环境内（如允许在±10°的坡地播种，允许机速在一定范围内变化，允许种箱内种子量变化等等）总排量要保持稳定不变。田间可用不同行程或不同地段间的整机总排量的变异系数或相对误差来表示。

各行排量一致性：指一台播种机上各个排种器在相同条件下排种量的一致程度。要求各行的排量一致。通常以播种机一定行程内各行排量的变异系数或各行排量的相对误差来表示。

排种均匀性：指从排种器排种口排出种子的均匀程度。

播种均匀性：指种子在种沟内分布的均匀程度。

播深稳定性：指种子上面覆土层厚度的稳定程度。要求规定播深±1 cm为合格。

种子破碎率：指排种器排出种子中受机械损伤的种子量占排出种子量的百分比。

穴粒数合格率：穴播时合格穴数（每穴规定种子粒数±1粒或±2粒为合格）占取样总穴数的百分比。

粒距合格率：对单粒精密播种通常以测得粒距的合格率来表示。设 $t$ 为粒距样本（不小于 250）的平均值，则 $0.5t<$ 粒距 $\leqslant 1.5t$ 为合格；粒距 $\leqslant 0.5t$ 为重播；粒距 $>1.5t$ 为漏播。合格粒距数占取样总粒距数的百分比为粒距合格率。

## 五、播种机的结构与工作

### （一）2BF-24A 型施肥播种机

2BF-24A 型施肥播种机主要用于平原旱作地区麦类作物的条播，经适当调整后，也可条播玉米、大豆、豌豆、高粱、谷子等作物，播种同时施粒状或粉状化肥。

#### 1. 结构与工作过程

2BF-24A 播种机属牵引式播种机，工作部件有排种器、排肥器、开沟器、输种（肥）管、覆土器等。辅助部件有种肥箱、机架、地轮、传动与起落调节机构及划印器等，其结构如图4.1 所示。

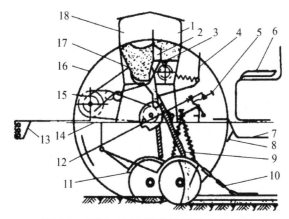

**图 4.1 2BF-24A 型施肥播种机的结构**

1—肥料箱；2—排肥量调节活门；3—排肥器；4—升降手柄；5—播深调节机构；6—座位；7—脚踏板；
8—刮泥刀；9—输种（肥）管；10—覆土器；11—开沟器；12—开沟器升降机构；13—牵引装置；
14—机架；15—传动装置；16—行走轮；17—排种器；18—种子箱

工作过程如下：拖拉机牵引播种机行进时，地轮通过传动机构驱动装在种子箱下的外槽轮排种器将种子排下，经输种管落入双圆盘开沟器所开出的沟中，与此同时，机器前部肥料箱下的星形排肥轮将化肥排下，经输肥管也落入开沟器内，被开沟器分开的土在开沟器过后流入种沟覆盖种子，覆土环随后将地面拖平。

#### 2. 工作部件

（1）排种器。排种器是播种机的重要工作部件。其作用是均匀、连续、无损伤地按照规定播种量将种子排出。2BF-24A 型施肥播种机采用外槽轮式排种器，如图 4.2 所示。它由排种盒、排种轴、外槽轮、阻塞套、内齿形挡圈、排种舌等组成。

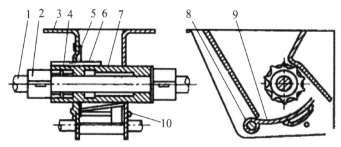

**图 4.2　外槽轮式排种器**

1—排种轴；2—卡箍；3—排种器；4—轴销；5—内齿形挡圈；6—外槽轮；7—阻塞套；
8—排种舌轴；9—排种舌；10—开口销

外槽轮式排种器具有结构简单，使用调整方便，通用性好，工作可靠和排种量较准确、稳定等特点。

外槽轮式排种器的工作原理是以凹槽进行强制排种，当排种轴带动槽轮转动时，种子充入槽轮凹槽内，并在槽轮齿的强制推动下经排种口排出，此层种子称为强制层。同时，处在槽轮外的种子，在槽轮与种子及种子间摩擦作用下也被带出，此层种子称为带动层。带动层种子的排种速度低于槽轮的圆周速度，且由内向外逐渐递减直至为零。在带动层处，则是不流动的静止层，槽轮内和带动层的种子逐渐排出后，静止层内种子逐步补给，从而完成连续排种，带动层曲线如图 4.3 所示。

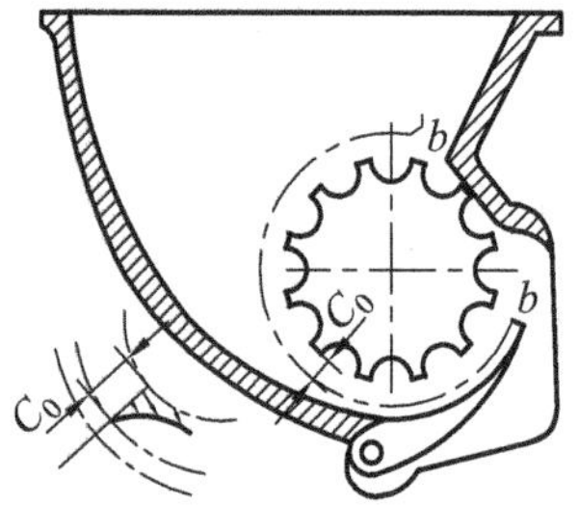

排种量的大小可通过改变槽轮的转速或工作长度（槽轮在排种盒内的长度）来调整。槽轮装轴销处制成长槽，使槽

**图 4.3　带动层曲线**

$b$—带动层曲线；$C_0$—带动层厚度

轮沿排种轴能有少量轴向移动，以便通过加减垫片的方法单独调节每个排种器的工作长度，使同一台播种机上各排种器下种量均匀一致。槽轮的工作长度由播量调节手杆控制，槽轮的转速由配换传动链轮来改变。

外槽轮式排种器分下排式和上、下排式，如图 4.4 所示。下排式排种器，可通过改变排种舌位置来调节排种间隙以适应种子尺寸。上、下排式排种器，可变换旋转方向，下排用于排中、小粒种子（排种间隙不变），上排用于排大粒种子。

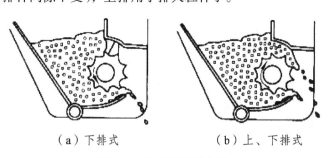

（a）下排式　　　　　　　　（b）上、下排式

**图 4.4　种子下排及上排**

（2）开沟器。开沟器的作用是开沟、导种入土和覆盖湿土。2BF－24A 型施肥播种机采用双圆盘式开沟器，如图 4.5 所示，它主要由开沟器体、平面圆盘、内锥体、外锥体、调整垫片、开沟器轴、毡圈、罩盖、导种板等组成。

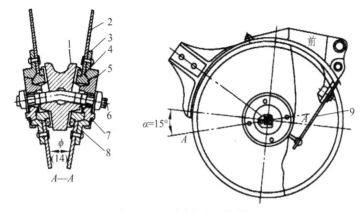

**图 4.5　双圆盘式开沟器**

1—开沟器体；2—平面圆盘；3—圆周盘毂；4—内锥体；5—外锥体；6—开沟器轴；
7—调整垫片；8—毡圈；9—导种板

工作时，圆盘受土壤阻力作用滚动前进，切开土壤并向两侧推挤形成种沟，种子在两圆盘间经导种板散落于种沟中，圆盘过后，沟壁下层湿土先塌落覆盖种子，然后再覆盖上层干土。

双圆盘开沟器具有切土能力较强、工作阻力较小、不易挂草、堵塞等优点，但其结构复杂，重量大，覆土能力弱。

（3）排肥器。排肥器的作用是将肥箱内肥料均匀、连续地按要求施肥量排出。2BF-24A 型施肥播种机采用水平星轮式排肥器，如图 4.6 所示，由排肥星轮和打肥锤组成。工作时，星轮由传动齿轮带动，星齿将肥料带入下肥口，靠肥料自重落入输肥管。排肥量可通过调节转速和活门开度进行调整。

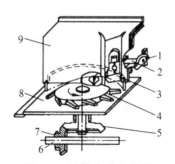

**图 4.6　星轮式排肥装置**

1—调节手柄；2—肥量调节轴；3—活门；4—星轮；5—被动锥齿轮；
6—排肥方轴；7—主动锥齿轮；8—托盘；9—护板

此排肥器适用于干燥粒状和粉状化肥的排施，对吸湿性强的化肥易发生架空、堵塞以及星轮被黏结等现象。

（4）输种（肥）管。输种（肥）管的作用是将排种器和排肥器排出的种子、肥料导入开沟器。2BF-24A 型施肥播种机采用卷片式播种（肥）管。其上为漏斗形，借弹性卡簧安装在排种器下方。前后相邻的一组排种器和排肥器所排的种子和肥料经同一管输出，种、肥混播。

卷片式输种（肥）管能伸缩弯曲，比较灵活，输种可靠，但用久后会出现局部伸长或变形，产生缝隙，影响工作质量，现在有些用塑料管代替。

（5）覆土器。覆土器的作用是对播后种子进行覆土，以达到一定的覆盖深度。2BF-24A型施肥播种机采用拖环式覆土器，由12个铸铁圆环用链环连接而成，各环均用一拉链挂在后列开沟器体上，工作时，覆土环平稳地在地面上拖动。

### 3. 传动及起落机构

（1）传动装置。2BF-24A型施肥播种机的传动装置如图4.7所示。它包括排种和排肥传动两部分。

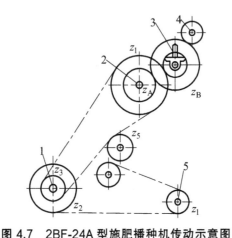

**图 4.7　2BF-24A 型施肥播种机传动示意图**
1—中间传动轴；2—排种轴；3—星轮轴；4—搅拌器轴；5—行走轮轴

① 排种传动部分。固定在主轴（地轮轴）上的链轮通过铸造钩形链条传给安装在机架前梁上的传动轴，再通过传动轴外端的链轮及其链条，传给种箱一端的排种轴。二级传动上有10齿、15齿、20齿3种链轮，通过互相倒换安装，可得6种排种传动速比。

② 排肥传动部分。通过箱壁上一对直齿轮由排种轴传给排肥轴。再通过一对锥齿轮减速，带动排肥星轮，此传动备有20齿、47齿和27齿，40齿4个齿轮。组内齿轮互换位置，可得4种传动速比，再与8种排种传动速比配合，可得24种排肥传动速比。

采用不同传动速比，可改变播种量和排肥量，如表4.1所示。

**表 4.1　排种量与排肥量参考表**　　　　　　　　　　　　单位：kg/hm²

| 小麦排种量 | | | | 尿素排肥量 | | |
|---|---|---|---|---|---|---|
| 排种传动速比 | 槽轮工作长度/mm | | | 排肥传动速比 | 活门开口高度/mm | |
| | 5 | 21 | 42 | | 0 | 0 |
| 0.227 | 11.1 | 40.5 | 91.8 | 0.097 | 9.45 | 21.3 |
| | | | | 0.214 | 20.25 | 49.35 |
| 0.37 | 14.4 | 54.9 | 110.25 | 0.082 | 7.5 | 19.65 |
| | | | | 0.453 | 39.9 | 99.75 |
| 0.45 | 16.2 | 61.2 | 145.05 | 0.146 | 16.05 | 36.45 |
| | | | | 0.332 | 30.6 | 78.6 |

续表 4.1

| 小麦排种量 | | | | 尿素排肥量 | | |
|---|---|---|---|---|---|---|
| 排种传动速比 | 槽轮工作长度/mm | | | 排肥传动速比 | 活门开口高度/mm | |
| | 5 | 21 | 42 | | 0 | 0 |
| 0.74 | 29.25 | 106.65 | 242.1 | 0.164 | 14.25 | 38.1 |
| | | | | 0.906 | 82.8 | 285.0 |
| | | | | 0.26 | 21.9 | 59.55 |
| | | | | 0.572 | 53.25 | 135.45 |
| 0.833 | 31.5 | 121.35 | 275.55 | 0.185 | 16.5 | 40.8 |
| | | | | 1.02 | 101.55 | 255.0 |
| | | | | 0.292 | 26.7 | 66.0 |
| | | | | 0.644 | 59.55 | 143.4 |
| 1.11 | 42.75 | 144 | 361.5 | 0.246 | 21.75 | 56.1 |
| | | | | 1.36 | 114.0 | 348.0 |
| | | | | 0.39 | 34.95 | 90.9 |
| | | | | 0.858 | 75.15 | 192.45 |

（2）传动离合器。传动离合器的作用是保证开沟器和排种、排肥器的工作协调一致，即当开沟器一旦降落，排种器和排肥器便立即开始工作，而在开沟器升起的同时，随即停止排种和排肥。

2BF-24A 型施肥播种机的传动离合器为嵌齿式，主要由主动套、被动套、离合器弹簧及离合器叉等组成，如图 4.8 所示。主动套用键安装在地轮轴上和轴一起转动，并可作轴向移动。被动套活套在地轮轴上，套两端带有结合爪，分别与主动链轮和主动套结合。离合器叉部伸入主、被动套间，后端和安装在升降方轴上的离合器曲柄相连，离合器弹簧安装在主动套外侧。

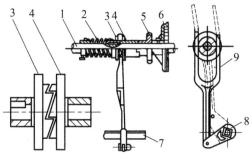

**图 4.8 传动离合器**
1—行走轮轴；2—离合器弹簧；3—主动套；4—被动套；5—链轮；6—主动盘；
7—升降方轴；8—离合器曲轴；9—离合器叉

当升降机构使开沟器升起时，回转的升降方轴通过离合器曲柄迫使离合器叉前移，叉部的凸起部分进入主、被动套间，主动套压缩弹簧而左移与被动套脱离，主动链轮立即停止转动，排种器、排肥器以及肥料搅拌器也随即停止工作。而当开沟器降落时，升降方轴反向回转，离合器曲柄把离合器叉拉回，主动套在离合器弹簧作用下，被推向被动套并与之相结合，于是排种器、排肥器和肥料搅拌器恢复工作。

（3）起落和播深调节机构。播种机提升开沟器一般有机力式和液压式两种。

① 机力式起落机构。机力式起落机构共两套，分别由左、右地轮驱动，各自控制半幅播种机的开沟器起落。起落机构由起落离合器和起落四杆机构组成，如图4.9所示。

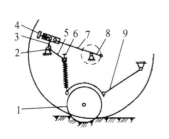 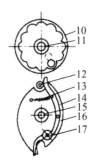

（a）起落和播深调节示意图　　　　　（b）起落离合器

**图4.9　开沟器起落机构和播深调节机构**

1—开沟器；2—起落方轴；3—支杆；4—播深调节手轮；5—起落臂；6—吊杆；7—连杆；8、15—曲轴；9—开沟器拉杆；10—主动盘；11—行走轮；12—滚轮；13—弹簧；14—被动盘；16—月牙卡铁；17—滚柱

起落离合器为内闸轮式，由主动盘（内闸轮）、双口盘、月牙卡铁等组成。主动盘内有圆窝形凹槽，固定在地轮轴上，随轴转动。双口盘固定在曲柄一端，其上铰接一月牙卡铁，卡铁一端装有一个滚柱（内滚轮），另一端用弹簧与双口盘相连，离合器的工作用起落手柄控制。

起落四杆机构由曲轴、连杆、支杆、方轴、起落臂、吊杆等组成。

开沟器落下（工作状态）或升起（运输状态）时，起落手柄末端的滚轮在弹簧作用下，进入双口盘的缺口内，迫使月牙卡铁绕轴销回转，使其上滚柱从主动盘凹槽内脱出，主动盘与双口盘脱开，则主动盘转动（随地轮转动），而双口盘不动，曲轴及起落四杆机构不动，开沟器保持落下或升起位置。当要改变状态，如从工作状态变成运输状态时，只需向上扳动起落手柄，使滚轮从双口盘缺口内脱出（脱出后立即松手），则月牙卡铁在弹簧作用下反方向回转，使滚柱进入主动盘凹槽内，主动盘与双口盘结合，双口盘随主动盘转动，则曲轴回转并通过连杆和支杆推动方轴向后上方转动，通过起落臂和吊杆，使开沟器绕拉杆销连点回转而升起，当双口盘转过180°时，滚轮在弹簧作用下自动进入另一缺口，迫使滚柱从主动盘凹槽脱出，主动盘与双口盘脱开，起落四杆机构不动，开沟器保持其升起状态。若欲从升起状态变成工作状态，需再次扳动起落手柄，曲轴便又随地轮转动，连杆、支杆、方轴、起落臂做反向回转，使开沟器降落，当双口盘转过180°滚轮再次落入双口盘缺口时，动力切断，开沟器保持其降落位置。

播深调节机构用以调节播种深度。播深调节机构装在支杆一端，其上有带手轮的丝杆，当顺时针转动手轮时，丝杆前伸推动支杆，使方轴转动，起落臂向下方转动，压缩吊杆弹簧，再通过E形销和吊杆作用于开沟器上，使开沟深度增大，反向转动手轮，弹簧压缩力减小，开沟深度变浅。各开沟器开沟深度可通过改变 E 形销在吊杆上的安装位置进行调整，以保持开沟器开沟深度一致。

② 液压式起落机构。液压式起落机构的构成如图 4.10 所示。当需提升开沟器时，将液压操纵手柄（位于驾驶员座旁）放到"提升"位置，油缸活塞杆伸出，推动转臂后摆，方轴转动，起落臂上摆，通过吊杆将开沟器升起。需要降落时，将液压操纵手柄放到"下降"位置，油缸活塞杆缩回，通过转臂带动方轴回转，升降器降落。开沟器入土深度由活塞杆上的限位板控制，当活塞杆缩回至限位板顶作限位阀时，油缸油路封闭，活塞杆定位，开沟器限定在一定的工作深度，改变限位板在活塞杆上的位置，即可调节开沟器的工作深度。

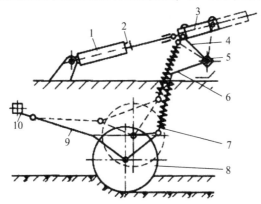

**图 4.10　2BL-24 型播种机液压式起落机构**
1—液油缸；2—限位阀；3—半幅调节器；4—转臂；5—起落方轴；6—升降臂；7—吊杆；
8—圆盘；9—开沟器拉杆；10—开沟器梁

## （二）2BY-24 型压轮式谷物联合播种机

2BY-24 型压轮式谷物播种机是近年来出现的一种新型谷物播种机，如图 4.11 所示，其主要特点是由镇压轮取代了一般谷物条播机的两端地轮，用以支重、驱动及镇压苗行，该机

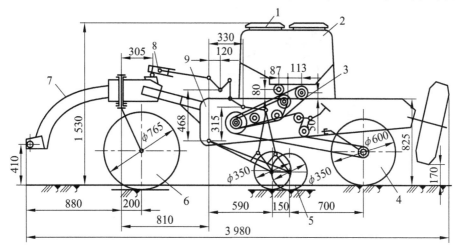

**图 4.11　2BY-24 型压轮式谷物播种机（mm）**
1—种子箱；2—肥料箱；3—传动机构；5—镇压轮；6—前后列开沟器；
7—前支持轮；8—牵引梁；9—升降液压缸；10—机架

为牵引式，工作时，由前支持轮和镇压轮支持；运输时，用侧牵引架使机器转向行走（缩小机器宽度），由支持轮和运输轮（工作时升起）支持整机。开沟器为双圆盘开沟器，圆盘用轴承与开沟器轴连接。排种器为外槽轮式排种器，其排种杯右壁上有 3 个凸台，扳动手柄使排种舌扣在不同位置，可满足播不同作物的要求。排肥器为水平星轮式。该机设半台起落机构，可实现半台播种，此时可将拉杆铆合和方轴上的起落下连杆连接，而把连接下连杆焊合和起落臂焊合的起落臂固定销拔出，解除下连杆焊合和起落臂焊合的销接关系。划印器圆盘工作角度可根据划印宽度要求，用固定板上的弧形槽孔调整圆盘倾角。

### （三）LFBJ-6 型垄耕施肥精量播机

LFBJ-6 型垄耕施肥精量播机既可联合作业，也可单项作业。联合作业时，垄体深松，分层施肥，培土作床，开沟播种，起垄、镇压一次完成，在更换部分零部件时，还可实现中耕、趟地追肥、深松起垄镇压、垄沟深松追肥、深松起垄施肥镇压等作业；单项作业时，可单独完成起垄、趟地、深松、行间除草等作业。该机具有一架多具，一机多能，通用性广，能常年使用；联合作业，缩短工序间隔和作业周期，有利于抗旱保墒，减少进地次数，减轻对土壤结构的破坏，节省能源，降低作业成本，实现精密播种，种子分布均匀，省种省工，经济效益高；既蓄水保墒又增温放寒，符合旱作少耕要求，分层施肥，提高了化肥利用率，解决了作物生长后期脱肥问题等优点。

该机结构如图 4.12 所示，主要由机架、地轮、仿形机构、犁铧部件、深松施肥部件、种肥箱、精播组装、传动和划印器等组成。

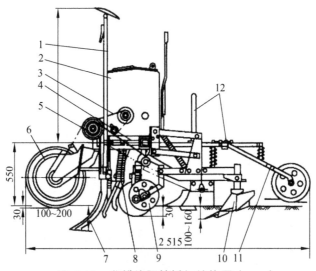

**图 4.12　垄耕施肥精播机结构图（mm）**

1—划印器；2—种肥箱；3—传动链条；4—机架组装；5—中间传动轴；6—地轮装配；7—深松施肥部件；8—排肥管总成；9—仿形机构；10—犁铧部件；11—精播组装；12—扶手踏板

该机为悬挂式，通过一个上悬挂点和两个下悬挂点与拖拉机悬挂机构上下拉杆相铰接，实现三点悬挂。工作时，播种机由液压机构操纵下降，呈牵引状态，播种机随拖拉机前行，地轮通过传动机构分别驱动 6 个单体立式圆盘式排种器排种，种子落入经芯铧式开沟器开出的种沟内，开沟器过后，部分被开沟器分开的土落回盖种，再利用犁铧起垄，镇压轮压实，播种的同时，外槽轮式排肥器排肥经输肥管落入深松施肥部件松动的高低不同位置的土层中。

### 1. 机 架

该机机架为组合框架式，由两根方管梁，两组连接槽钢和活动的上下悬挂臂组合而成，在上下悬挂臂端部有与拖拉机悬挂机构挂接的悬挂销。

### 2. 地轮机构

该机配有两个橡胶充气轮胎地轮，起支撑和为播种施肥提供动力的作用，其结构如图 4.13 所示，主要由连接板、支臂、地轮轴、轮毂、地轮及调节杆等组成，并用 U 形卡丝装在机架前梁上，拧动调节杆，可调节地轮与机架的相对高低位置。

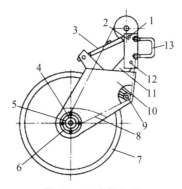

**图 4.13  地轮机构**

1—上调节螺母；2—连接板；3—调节杆；4—齿链板；5—地轮轴；6—轮毂；7—地轮；
8—链条；9—张紧轮；10—链盒；11—支臂；12—支臂轴；13—U 形卡丝

### 3. 仿形机构

仿形机构在作业时，当地表起伏变化时，保持稳定的耕深，并控制工作部件上下仿形的范围，其结构主要由仿形轮、犁梁、固定角铁（前支架）、上下连杆、左右夹板（后支架）等组成，如图 4.14 所示。犁梁前后端有柄裤，分别装入仿形轮轮柄和犁铧柄，仿形机构用卡丝固定在机架后梁上。

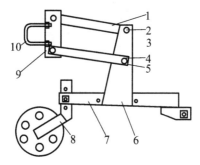

**图 4.14  仿形机构**

1—上连杆；2—上连杆轴；3—下连杆轴套；4—上连轩焊；5—连动板合；6—夹板；
7—犁梁；8—仿形轮装配；9—固定角铁；10—U 形卡丝

#### 4. 犁铧

犁铧用于起垄、趟地作业。犁铧为齿翼型，重量轻，工作阻力小，主要由铧柄、松土铧和分土板等组成。铧柄插在柄裤内，可上下窜动，用以调节耕深，分土板开度可调，以适应垄形和覆土量的要求。

#### 5. 深松施肥部件

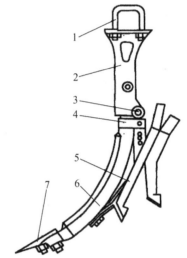

该机配有 7 组深松施肥部件（其中有一组不带导肥管），其结构如图 4.15 所示，每组深松施肥部件由深松铲、铲柄、铲柄裤、导肥管、安全销等组成。

该组件用 U 形卡丝固定在机架上，铲柄插入铲柄裤后，用一螺栓穿过后固定，柄裤后为开口，下端有一安全销把铲柄定位，当阻力过大时，安全销折断，深松铲可绕固定螺栓向后转动，越过障碍，以防工作部件损坏。导肥管固定在铲柄上，其位置可上下调整，以满足施肥深度不同的要求。作业时，如果只深松不施肥，可将导肥管取下。

图 4.15　深松施肥部件

1—U 形卡丝；2—深松铲柄裤；3—安全销；4—导肥管固定裤；5—导肥管；6—深松铲柄；7—鸭掌深松铲

#### 6. 种肥箱

该机种肥箱分左、右两个，通过支架和左右箱壁与机架连接。每个箱被中间隔板分为两格，前格为肥箱，后格为种箱。肥箱箱底装有外槽轮式排肥器，种箱箱底装精播漏斗插板。左箱左壁、右箱右壁装有轴承座，内有轴套滞肥轴、排肥量调节套、排肥链轮等。转动排肥量调节套，可带动排肥轴左右移动，改变槽轮工作长度，以调节排肥量大小。排肥量调节机构的结构如图 4.16 所示。

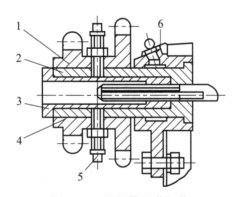

图 4.16　排肥量调节机构

1—排肥链轮；2—轴套；3—排肥量调节套；4—排肥轴；5—紧定螺钉；6—轴承座

#### 7. 精播组装

该机配有 6 组精播组装，其结构如图 4.17 所示。每组通过固定架将顺梁、覆土圆盘、拉杆，开沟器、排种器、镇压轮、挺杆及弹簧等组装在一起，并通过 U 形卡丝固定在机架上。

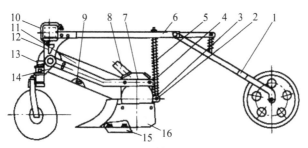

**图 4.17　精播组装**

1—镇压轮组装；2—挺杆连接销；3—挺杆弹簧座；4—挺杆弹簧；5—挺杆；6—顺梁；7—拉杆；
8—立式圆盘排种器装配；9—链条；10—U 形卡丝；11—连盒；12—播种组件固定架；
13—覆土圆盘装置；14—齿链轮；15—压沟刀；16—开沟器

覆土圆盘柄插入固定架方孔内后用顶丝定位，插入和拔出圆盘柄，改变两圆盘间距，可适应不同垄型的要求。覆土圆盘固定架架柄插入柄库内并用顶丝定位，架柄上有 3 孔，上下窜动可调节培土深浅。

开沟器和镇压器挺杆上有多孔，用以改变弹簧压力，来调整开沟深度和镇压强度，同时用改变挺杆在梁上的安装位置，也可改变开沟深度。

排种器为立式圆盘式，其结构如图 4.18 所示，主要由排种器壳、端盖、排种轴、排种盘、间隔套、清种刀等组成。排种盘有 3 个，两边两个用于播大豆，中间一个用于播玉米。

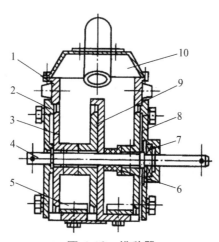

**图 4.18　排种器**

1—排种器壳；2—端盖；3—大豆播盘；4—排种轴；5—清种刀；6—间隔套；
7—轴承；8—右端盖；9—玉米播盘；10—排种器盖

开沟器为芯铧式，工作时芯铧入土开沟，侧板将土壤分挡在两边。种子在两侧板之间落入种沟，侧板过后，土壤塌落回土盖种。具有入土性能好、开沟较宽、沟底平整、对播前整地要求不高等特点。

镇压轮用来压密土壤，使种子与土壤密接，防止透风，有利于保墒。镇压轮为平面整体式，圆柱形轮缘外包有一层橡胶圈。工作时，利用橡胶圈的弹性变形，使湿土不易黏在轮表面上，即使有小部分黏土也易脱落。

### 8. 传动机构

该机传动如图 4.19 所示，主要由支架轴、方轴连接套、中间托链轮、排肥轴等组成，传动由地轮驱动，通过中间轴，分别传到排肥轴和传动方轴。再传到各排种器。每组地轮各驱动 1 组种肥箱和 3 组精播排种器。中间传动轴和传动方轴有 14 齿、19 齿和 24 齿、29 齿 4 种齿轮，可组成 13 种不同的传动比，以适应不同排种量的要求。

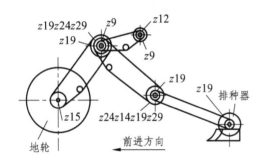

图 4.19　传动简图

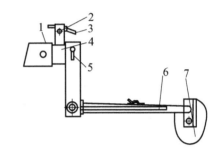

图 4.20　划线器

1—卡丝固定杆；2—滑轮滑轮轴；3—钢丝绳；4—划印器梁架；
5—划印器挡销；6—划印支臂；7—划印器圆盘

### 9. 划印器

划印器分左、右（左长右短），由划印器梁架、支臂、划印器圆盘、滑轮、挡销和钢丝绳等组成，如图 4.20 所示。划印器起落由机械式起落机构完成。起落机构由板把、轴、定位器、转臂和支架等组成。钢丝绳一端连在划印器支臂的连接环上，绕过滑轮后，另一端连在转臂上。运输时，把划印器支臂抬起，用定位销挡住。

## 【任务实施】

## 一、播种机的技术检查与安装

### 1. 播种机的技术检查

播种机在作业前应进行全面的技术状态检查，其主要内容包括五个方面。

（1）对机架及行走轮的技术状态检查。

机架横梁应平直，不得有弯曲变形。机架横梁上的拉筋应拉紧，以防止横梁在负荷冲击下弯曲变形；若弯曲度超过 10 mm，机架不得弯曲和倾斜，拉筋应拉紧，开沟器梁弯曲度不超过 10 mm。机架左右梁应平行，偏差不超过 5 mm，对角线长度差不超过 10 mm。牵引架不应弯曲，主梁须符合悬吊筑埂器的要求。不符合要求应予以校正。

（2）播种机的铁质地轮外缘应呈圆形，幅条应无断裂松动现象。地轮的径向和轴向摆差不应大于 10 mm，轴向间隙不应大于 1.5 mm；通常用止推垫圈转换一个角度位置的办法来改变轴向间隙的大小。

（3）对排种器的技术状态检查。

排种轮的槽齿不得有损坏。排种轮与阻塞轮之间的间隙不应大于 0.5 mm。侧壁花形挡圈处要密封良好，不得有裂隙造成漏种现象。各排种轮的工作长度应一致。可以移动个别排种器在播种箱底部的左右安装位置来校正。排种轮与排种舌之间的间隙应一致。若因安装使位置不一致，则重新安装即可，若因零件变形造成位置不一致，则应校正。排种舌安装应牢固，若安装不牢固，可能会自动把排种盒底部打开成清扫位置，而造成大量漏种损失。

（3）对传动装置的技术状态检查。

传动齿轮应全齿啮合，齿根和齿顶间隙应保持在 2 ~ 3 mm，可用调节螺钉调节。传动链、链轮应位于同一平面上，其偏差不大于 1.5 ~ 2.0 mm，轴向晃动不超过 2.0 mm。啮合间隙应为 2.5 ~ 3.0 mm，传动中，不应跳齿、打滑和跳链，链条松紧度合适，检查时，用手下压链条中间部位，其下凹应不大于 15 ~ 20 mm。传动链链钩应向外，并使钩头一端朝着运动方向。钩形链安装方向正确，钩应向外且朝链条运动方向。

（4）对开沟器的技术状态检查。

开沟器刮土板与圆盘间隙为 1 ~ 2 mm，圆盘转动灵活，且不晃动。圆盘刃 1:3 斜面宽度应为 6 ~ 8 mm，刃口厚度不大于 0.4 mm；刃口完整。若有深 1.5 mm、长 1.5 mm 的缺陷或崩缺不得超过 3 处。两圆盘的接触间隙不得大于 2 mm，径向差不超过 3 ~ 4 mm。

相邻开沟器之间距离应合乎要求，行距偏差不应大于 5 mm，所有开沟器下刃口都在同一水平面上。

双圆盘开沟器的圆盘转动应灵活，自由状态时两圆盘聚点处应无间隙；若不符合要求，可用抽减或加添调节垫片的方法来解决。双圆盘开沟器小轴上的紧固螺母必须拧紧。圆盘外侧的防尘盖要完好，不能丢失。圆盘与导种板之间的间隙不应大于 2 mm，且两侧间隙要均匀。

（5）对起落机构的技术状态检查。

自动升降器分离应彻底，接合应可靠，扳动操纵杆应轻便灵活。杆件变形或内槽轮、双口轮磨损过度时应进行校正或堆焊修复。开沟器拉杆应无变形，起落方轴应无弯曲和扭曲。各开沟器弹簧预紧力应一致，以保持开沟深度一致。各开沟器间距应相等，以保持各开沟器间行距一致。

（6）对排种、排肥机构的要求。

① 种、肥箱平整无凹陷，安装牢固，不漏种、肥，箱盖关闭灵活。

② 排种器各零件完整无缺，排种轴转动灵活，不碾碎种子。槽轮工作长度一般误差不超过 1 mm，且调整灵活。

③ 播量调节机构应灵活，不得自行滑移。

④ 排肥机构转动灵活，齿轮啮合正确，排肥活门调整灵活，开合一致。

（7）对输种管的要求。

输种管不应变形、漏种，与排种杯连接可靠。

**2. 播种机的安装**

（1）开沟器在播种机梁上的配列安装。

为适应不同的作物种类对行距的不同要求，施肥播种机的开沟器可在开沟器梁上左右移动安装位置。按要求的行距进行开沟器配列安装的程序如下：

按下列公式计算播种机大梁可安装开沟器的数目（只取整数）：

$$n = \frac{L}{b} + 1$$

式中　$n$——梁上可安装的开沟器数，只；

　　　$L$——开沟器梁的有效长度，cm，为开沟器梁安装长度减去一个开沟器拉杆安装宽度；

　　　$b$——农业技术所要求的行距，cm。

② 按行距逐次从梁的中间向梁的两侧对称配列安装，以保证两侧工作阻力一致，行走稳定。如开沟器为单数，则从梁的中线开始安装第一只开沟器；若开沟器数为双数，则从梁中线两侧各半个行距开始安装开沟器。安装如图 4.21 所示。

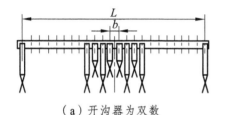
（a）开沟器为双数

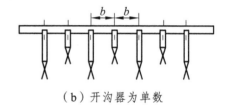
（b）开沟器为单数

**图 4.21　开沟器在梁上的安装**

③ 安装时，相邻开沟器应将前后列相互错开（前列拉杆短，后列拉杆长），以保证开沟器间不易堵塞。开沟器数为双数时，中间两行应装前列开沟器，然后按一后一前顺序向两侧安装。在需要使用的开沟器数等于或小于原整机配备的开沟器数的一半时（播种宽行作物时），可全用后列开沟器。

④ 中耕作物播种时，其开沟器配列必须与中耕机械的安装和作业要求配套，播种机的工作幅宽必须等于中耕机工作幅宽的整数倍。

⑤ 暂时不用的开沟器、输种管、应予拆除。不用的排种器应用盖板盖住。

⑥ 开沟器升降叉和拉杆移到安装位置后，应将固定螺栓拧紧，并起落数次，检查其安装是否紧固，行距是否准确，若不符合要求，应予校正。

（2）播种机在拖拉机后部的安装。

悬挂式及牵引式播种机在拖拉机后部的安装与犁在拖拉机上的安装方式相同。


## 二、播种机组田间行走方法


### 1. 划出地头线

在地块两头用拖拉机空行压出清晰可见地头线，作为开沟器起落的标志。地头宽度一般为播种机工作幅宽的 3 倍或 4 倍。采用小区套播时，其地头宽度应为播种机工作幅宽的 2~3 倍。

牵引机组应取大值，悬挂机组可取小值。作业中当开沟器行至地头线位置时要准时升起或降下，以保证地头整齐、不重不漏。

## 2. 选择行走方法

根据地形、机组等情况选择适宜的播种机组行走方法，如图 4.22 所示。

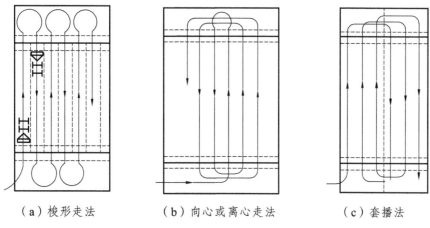

（a）梭形走法  （b）向心或离心走法  （c）套播法

**图 4.22  播种机行走方法**

（1）梭形播法。机组由地块一侧进入，播到地头后用梨形转弯进入下行程，一趟邻接一趟，依次播完后再播地头。这种播法的优点是田块无需事先区划；缺点是空行程过长，并要留有较宽的地头。

（2）向心或离心播法。机组从地块一侧进入，由外向内绕播，一直到地块中间播完，此为向心播法；离心播法的机组则由地块中间进入向外绕播，到地边播完。这两种播法的优点是路线简单，顺时针或逆时针绕播都可以，只要在一侧安装划行器或指印器即可。缺点是地块中间均要用梨形转弯，地头留得较宽。

（3）套播法。地块分成双数等宽的小区，其宽度应为播种机工作幅宽的整倍数（三倍空行程最短），机组从地块一侧进入，播到地头后无环结转弯到另一小区的同侧返回，依次播完。此法地头较小，机组转弯方便；但要求准确区划小区宽度，两侧均要装划行器。

## 三、播种机的调整

（1）机架高度调整。机架高低将影响工作部件工作深度。因此在不同作业状态时，机架高度应不同，正常作业状态下，起垄趟地时，机架中心距离地面高度为 730 mm，播种、深松时，机架中心距离地面高度为 550 mm。

（2）行距调整。该机适应行距范围为 650～700 mm，调整时，松开 U 形卡丝，将工作部件在梁上左右移动，满足行距要求后，再用 U 形卡丝固定。调整时，应以梁中心为基准，向左右两边对称逐个调整。

（3）施肥量调整。首先松开链轮紧固螺栓，再转动排肥量调节套，改变排肥槽轮工作长度，调整排肥量。调整时，要注意各排肥舌的开度，调整后，施肥量应满足按下式计算的施肥量要求。

$$G = \frac{66.6 \times q \times (1-\sigma)}{\pi \times D \times N \times a}$$

式中　$G$ ——亩排量，kg/亩；

　　　$q$ ——$N$ 圈的单口排量（由试验测定），kg；

　　　$D$ ——地轮直径，0.55 m；

　　　$N$ ——地轮转动圈数；

　　　$\sigma$ ——地轮滑移率，$\sigma = 10\%$；

　　　$a$ ——行距，m。

（4）深松施肥部件调整。施肥部位可用改变导肥管固定裤在深松铲柄上的位置调整，其调节范围为 55 mm。深松深度可通过在柄裤内上下窜动滚松铲调整。

（5）排种器的调整。该机排种器出厂时，是按大豆双行播种装配的，若摇玉米时需换排种盘。其方法是将端盖卸下，将大豆排种盘连接销拔出卸下，插入玉米排种盘连接孔内即可，此时，排种轴转动时，大豆排种盘不动。调整后，要求排种盘不摆动和不轴向窜动。调整、排种盘的同时，还应调整排种盘和清种刀之间的间隙，要求是在排种盘转动灵活原则下，间隙越小越好，间隙调整好后，拧紧清种刀固定螺钉。

不同作业状态安装数据如表 4.2 所示。

**表 4.2　不同作业状态安装数据**

| 作业状态数据代号 | 联合作业 | 深松起垄 | 起垄趟地 | 垄沟深松 |
|---|---|---|---|---|
| A | 4 500 | 4 500 | 4 500 | 4 500 |
| B | 2 515 | 2 515 | 2 183 | 1 159 |
| C | 2 800 | 2 800 | 2 800 | 2 800 |
| D | 3 868 | 3 868 | 3 868 | 3 868 |
| E | 1 120 | 1 120 | 1 120 | 1 120 |
| F | 700 | 700 | 700 | 700 |
| G | 350 | 350 | 350 | 350 |
| H | 550 | 550 | 730 | 550 |
| I | 2 667 | 2 667 | | |
| L | 1 233 | 1 233 | | |
| K | 117 | | | |
| M | 529 | | | |
| N | 323 | | | |
| kg | 1 250 | 990 | 525 | 420 |

（6）播种量调整。播种量调整是根据不同作物的不同亩保苗株数和株距要求，通过更换不同的变速链轮组合，改变传动速比而实现的。该机采用不同的变速链轮组合可获得 13 种传动比，如表 4.3 所示。

表 4.3　传动及播量

| 序号 | $z_1$ | $z_2$ | $z_3$ | $z_4$ | $I$ | 大豆 30 孔 | | 玉米 10 孔 | |
|---|---|---|---|---|---|---|---|---|---|
| | | | | | | 播量 万株/hm² | 粒距/cm | 播量 万株/hm² | 粒距/cm |
| 1 | 15 | 19 | 29 | 14 | 0.61 | 74 | 3.86 | 12.3 | 11.6 |
| 2 | 15 | 19 | 24 | 14 | 0.74 | 60.9 | 4.6 | 10.2 | 14 |
| 3 | 15 | 19 | 29 | 19 | 0.83 | 54.3 | 5.62 | 9 | 15.8 |
| 4 | 15 | 19 | 19 | 14 | 0.93 | 48.5 | 5.89 | 8.1 | 17.7 |
| 5 | 15 | 19 | 24 | 19 | 1 | 45.4 | 6.3 | 7.6 | 18.9 |
| 6 | 15 | 19 | 29 | 24 | 1.05 | 43.3 | 6.6 | 7.2 | 19.9 |
| 7 | 15 | 19 | 24.19 | 24.19 | 1.27 | 35.7 | 8 | 5.9 | 24.1 |
| 8 | 15 | 19 | 24 | 29 | 1.53 | 29.7 | 9.6 | 4.9 | 29 |
| 9 | 15 | 19 | 19 | 24 | 1.60 | 28.6 | 10 | 4.7 | 30.2 |
| 10 | 15 | 19 | 14 | 19 | 1.72 | 26.5 | 10.8 | 4.4 | 32.6 |
| 11 | 15 | 19 | 19 | 29 | 1.93 | 23.4 | 12.2 | 3.9 | 36.6 |
| 12 | 15 | 19 | 14 | 24 | 2.17 | 20.9 | 13.7 | 3.5 | 41.2 |
| 13 | 15 | 19 | 14 | 29 | 2.62 | 17.3 | 16.5 | 2.9 | 49.7 |

$$I = \frac{\pi \times D \times (1 + \sigma)}{n \times s}$$

式中　$I$——传动速比；

　　　$D$——地轮直径，为 55 cm；

　　　$n$——排种盘型孔数，大豆盘 $n$ 为 30，玉米盘 $n$ 为 10；

　　　$s$——粒距；

　　　$\sigma$——地轮滑移率，$\sigma = 10\%$。

　　也可用齿轮传动比表示为

$$I = \frac{z_2 z_4}{z_1 z_3}$$

式中，$z_1 = 15$；$z_2 = 19$；$z_3 = 14$；$z_4 = 19$。

　　（7）开沟深度调整。开沟深度可通过调整开沟器挺杆在顺梁上的安装位置和调整挺杆弹簧的压力来调整。

　　（8）培土量调整。该机培土器柄上有等距的 3 个孔，当插入柄裤在不同孔位固定时，培土深浅不同，当固定在上孔位时，培土器下窜，培土深；当固定在下孔位时，则培土浅。同时，覆土圆盘在培土器梁上还可横向窜动，以适应不同垄形，对培土量也有影响，培土调节范围为 5 cm。

　　（9）镇压强度调整。镇压轮挺杆上有等距的孔，当销钉插入不同孔位时，弹簧压力得以改变，改变了镇压强度。

（10）耕深调整。犁铧的入土深度，可通过上下窜动仿形轮轮柄或铧柄在柄裤内的上下位置来调整，仿形轮柄上移或铧柄下移，入土深度变深，反之则变浅，调整后紧固螺钉，并拧紧锁紧螺母。

（11）链条松紧度调整。精播传动链条松紧度，可通过排种器在排种器拉杆上水平长孔的前后位置来调整，调整后将限位螺栓拧紧。

（12）挂接在拖拉机上的调整。机架左右水平调整，可通过拖拉机悬挂机构左右提升杆长度来调整；机架前后水平调整，调整时，将机具下降到工作位置，调整悬挂机构中央拉杆长度，将机架调到前后水平位置。

## 四、播种机的使用

（1）播种过程中机组应保持恒速前进，中途不宜停车，检修机器和调整检查应在地头进行。因故非停不可时，在重新开动前，由于牵引式播种机不能倒退，必须预先在各行开沟器前约半米范围内撒布种子，防止漏播，产生断条。若为悬挂式播种机，则应将其升起，后退一定距离，再继续播种。

（2）在工作中要提升或放下开沟器时，只需将升降手柄扳动一下即可，扳动之后，应即放手，应在播种机转弯之前直线行驶中提升开沟器，不得带着落下的开沟器转弯，这样易损坏机器。开沟器落地后，禁止拖拉机向后倒退，否则会引起开沟器拉杆、吊杆、机架、甚至种子箱的损坏。

（3）注意不要使种子箱内的种子在作业中全部播完，至少应保留足以盖满全部排种器的种子。当更换所播的种子时，特别是在播大粒种子之后改播小粒种子时，必须彻底清扫种子箱和排种器。因为播小粒种子时，排种舌开度变小，排种口变窄，大粒种子偶然阻塞其中，会影响排种准确性。

（4）播种机行进中，严禁进行调整、修理和润滑工作，在拖拉机和播种机间不准站人，也不得坐在种子箱上。播种机手可以站在播种机脚踏板上，注意观察各部分的工作情况，工作部件和传动部件黏土或缠草过多时，应停车清理。

## 五、播种机常见的故障及排除方法

播种机常见的故障及排除方法如表 4.4 所示。

表 4.4　播种机的常见故障及排除方法

| 故障现象 | 产生原因 | 排除方法 |
|---|---|---|
| 漏　播 | ① 排种器，输种管堵塞；<br>② 输种管损坏漏种；<br>③ 槽轮损坏；<br>④ 地轮镇压轮打滑或传动不可靠 | ① 清选种子中杂物，清除输种管管口黄油或泥土；<br>② 修复更换；<br>③ 更换槽轮；<br>④ 检查排除 |

**续表 4.4**

| 故障现象 | 产生原因 | 排除方法 |
|---|---|---|
| 不排种 | ① 链条断；<br>② 弹簧压力不足，离合器不结合；<br>③ 轴头连接处轴销丢失或剪断 | ① 检查各处有无阻卡；<br>② 更换损坏零件；<br>③ 更换轴销 |
| 不排肥 | ① 大锥齿轮上开口销剪断；<br>⑦ 肥箱内肥料架空；<br>③ 进肥或排肥口堵塞 | 检查排除 |
| 开沟器堵塞拖堆 | ① 圆盘转动不灵活；<br>② 圆盘晃动、张口；<br>③ 导种板与圆盘间隙过小；<br>④ 土质黏；<br>⑤ 润滑不盘；<br>⑥ 工作中后退 | ① 增加内外锥体间垫片；<br>② 减少内外锥体间垫片，锁紧螺母调整；<br>③ 清除泥土，注油润滑；<br>④ 清除泥土；<br>⑤ 注油润滑；<br>⑥ 清除泥土 |
| 开沟器升不起来或升起后又落下 | ① 滚轮磨损严重；<br>② 卡铁弹簧过松；<br>③ 双口轮与轴连接键丢失；<br>④ 月牙卡铁回转不灵 | 更换缺损零件 |

## 【任务拓展】

播种机类型很多，但从整体结构来看，仅是其工作部件的型式不同，下面再介绍几种常见的工作部件。

## 一、开沟器

开沟器的功用是开出种沟，导种入土，并有一定覆土作用。其工作质量好坏对播种质量及种子发芽生长有很大影响。对开沟器的主要要求是：开沟深度和宽度符合规定要求，且开沟深度可调；开沟时不乱土层，将种子导至湿土上，并有一定的回土作用，先用湿土盖种，入土性能良好，不易缠草和堵塞；结构简单，工作阻力小，使用、维护、调整方便。

开沟器类型按运动形式可分为滚动式和移动式；按入土角度，可分为锐角式（入土角 <90°）和钝角式（入土角 >90°）两类。除前面介绍的双圆盘和芯铧式开沟器外，常用的还有以下几种：

### 1. 锄铲式开沟器

锄铲式开沟器如图 4.23 所示，主要由拉杆，开沟器体、开沟锄铲和反射板等组成。工作时，锄铲以锐角入土，先将土壤向前推拥，在铲前形成土丘，而后铲壁将土丘向两侧推挤，分开成沟，种子沿中空开沟器体落下，由反射板导种向两侧分散，开沟器过后，回土盖种。

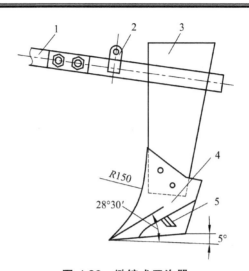

**图 4.23　锄铲式开沟器**

1—拉杆；2—支杆；3—下种管；4—锄头；5—散种器

此型开沟器结构简单，轻便，入土性能好。但工作时对土壤有铲动，不利于保墒，并使干湿土相混，不宜于干旱地区使用。对播前整地要求较严，在土块大，残茬、草根多的地块作业，易缠草，拥土，堵塞，工作不稳定。

### 2. 滑刀式开沟器

滑刀式开沟器如图 4.24 所示，主要由滑刀、拉板、限深板、底托等组成。工作时，滑刀以钝角切压土壤，刀后侧板向两侧推挤土壤，形成种沟，种子从侧板间落入沟底，湿土从侧板后下角缺口回土盖种，底托用以压密沟底，使种子得到更多水分，精播时，可将沟底压成 V 形槽，保证种子集中，不分散。调节齿板用以调节限深板高低位置，可得到需要的稳定耕深。

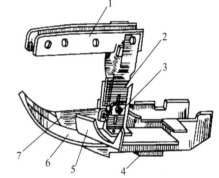

**图 4.24　滑刀式开沟器**

1—拉扳；2—调节齿轮；3—调节螺丝；4—底托；5—推土板；6—限深板；7—滑刀

此型开沟器开沟质量好，沟窄且沟形整洁，开沟深度稳定，不乱土层，但入土性能差，适于整地良好的条件工作。

## 二、排种器

排种器是播种机的核心工作部件，对排种器的要求是：排种均匀，播量稳定，通用性好，种子损伤率低，结构简单，工作可靠，调整方便。

排种器的类型很多，除前述播种机中外槽轮式排种器和立式圆盘排种器外，常用的还有以下几种：

### 1. 水平面盘式排种器

水平圆盘式排种器，其结构如图 4.25 所示，主要由底座、排种盘、刮种器、调节盘、驱动盘、中心轴、种桶等组成。底座与中心轴用螺母紧为一体，驱动盘绕中心轴转动，调节盘在底座里有一定转动角度，在外面由调节手柄操纵，有 4 个位置，并有标牌指示。排种盘有小粒种子排种盘、穴播玉米排种盘和大豆排种盘 3 种。刮种器为柱塞式，如图 4.26 所示，刮种舌在弹簧作用下紧贴排种盘，击种轮为五星形。

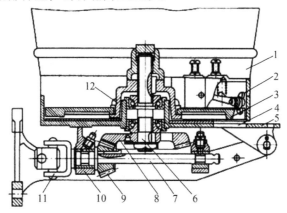

**图 4.25　水平圆盘式排种器**
1—种箱；2—排种器；3—排种盘；4—排种口；5—底座；6—排种立轴；7—水平轴；
8—大锥齿轮；9—小锥齿轮；10—支架；11—万向节；12—驱动盘

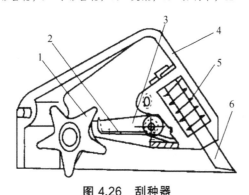

**图 4.26　刮种器**
1—击种星轮；2—扭力弹簧；3—栓臂；4—刮种器体；5—压缩弹簧；6—刮种舌

　　穴播玉米和大豆时，种桶内种子充入排种盘型孔，排种盘在驱动盘驱动下转动，转至刮种器时，型孔外多余种子被刮掉，型孔内种子在击种轮作用下被击落，由底座上排种口排出，其播量靠改变传动速比，改变排种盘转速来调节。

　　高粱、谷子和糜子等作物，籽粒大小均匀，流动性好，排种是靠自流进行，即播小粒种子时，排种口与种橘相遇，种子在排种盘锯齿的推动下，经排种盘和底座圆孔相继落下。当排种盘不转动时，种子在重力、摩擦力和种子相互搭接下，卡在圆孔处，不自行下落，排种停止。

　　水平圆盘式排种器结构简单，排种均匀，适用于穴播中耕作物，应用较广泛。

### 2. 型孔轮式排种器

　　型孔轮式排种器又称窝眼轮式排种器，主要用于穴播。其结构如图 4.27 所示，主要由种箱、排种器体、型孔轮、护种板和刮种器等组成。其工作过程分为充种、刮种、护种和投种 4 个阶段。当型孔轮转动时，种子直接与型孔轮接触，并在重力作用下充入型孔，经刮种刮去型孔外多余的种子，留在型孔内的种子沿护种板运动，到下面的投种位置，靠重力或推种器作用投入种沟。

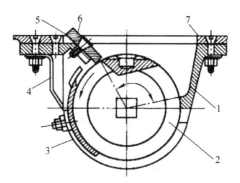

**图 4.27　型孔轮式排种器**

1—排种器体具；2—型孔轮；3—护种器；4—板簧；5—刮种板；6—压板；7—种子底箱

型孔轮型孔有半球形、圆锥形和圆柱形等多种断面形状。型孔大小因所播作物种子形状、大小、每穴粒数不同而异。有单排、双排和组合式型孔，以满足多种作物的点播、穴播或条播。

型孔轮式排种器具有结构简单，投种高度低等优点，但型孔对种子外形尺寸要求较严，种子需清选分级，且排种时易损伤种子。

### 3. 倾斜圆盘勺轮排种器

2BY-6A 型玉米精密播种机所用排种器为倾斜圆盘勺轮排种器，其结构如图 4.28 所示，

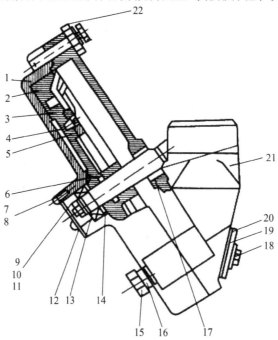

**图 4.28　倾斜圆盘勺轮排种器**

1—导种轮壳体；2—隔板；3—导种轮铸合件；4—沉头螺栓；5—勺轮子；6—密封圈；7—半圆头螺钉；
8，11，14，20—弹簧垫圈；9—螺母；10—垫圈；12—端盖；13，17—轴承；15—螺栓；
16—间隔套；18—清种板；19—密封垫；21—排种轮壳体；22—连接板

主要由导种轮壳体、导种轮铸合件、隔板、排种轮及壳体等组成。导种轮与轴铸合在一起，导种轮与勺轮同步转动。工作时，转动的排种勺轮。每一小勺从种子堆中舀上数粒种子，随着向上转到一定角度时，多余种子靠自重下滑，余下一粒种子成单粒状态被带到盘上方，由隔板开口处掉入导种轮的齿间，被继续带动送到下方的投种口处，落入种沟内。

此排种器的特点是排种通过充种、排种两个过程，侧向充种能力和自然清种能力较强，种子损伤率低，对种子形状尺寸要求不高，投种点高度低，株距均匀性好，更换排种盘可播不同作物。

### 4. 2NP 内充式排种器

2NP 内充式排种器是一种新型排种器，既能单条又能双条精播排种，其结构如图 4.29 所

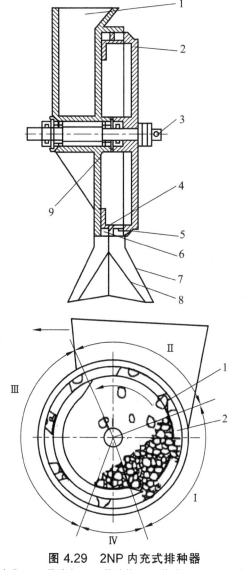

**图 4.29　2NP 内充式排种器**

1—壳体；2—排种盘；3—排种轴；4—挡种环；5,6—型孔；
7—开沟器；8—分种器；9—调整垫片

示。主要由壳体、排种盘、排种轴、挡种环等组成，排种盘为茶盘形，其周边上开有内外两排等距的组合型孔，组合型孔由协助充种的大锥形孔和种子定量用的小型孔组成。挡种环有长短各一件，通过调整挡种环的长短，可以调整精密播种时的重、漏播比例及穴播时每穴粒数的多少，长环可提前挡住种子，重播率提高或穴粒数增加，而漏播降低，反之相反。工作时，排种盘转动，内外两排组合型孔进入充种区Ⅰ，数粒种子进入组合型孔，当型孔转出种子堆，进入清种区后，大型孔中的种子靠自重落下，其余定量型孔中的种子继续向上转动直至被挡种环挡住，并沿导种区Ⅲ下转，直至排种区Ⅳ，种子靠自重从型孔内掉出，落入种沟。

此排种器的特点是内充种，充种区在下部充种性能好，作业速度可相应提高。靠自然清种，不易损伤种子，可进行催芽玉米种子的播种。

### 5. 气力式排种器

气力式排种器的工作原理，是利用风机产生的气流进行排种。其明显的优点是不损伤种子，通过更换排种盘可以条播、穴播或精密播种各种作物，而无需对种子进行严格的筛选分级。排种均匀，稳定可靠。缺点是风机消耗动力较大，密封要求较高，成本较高。

气力式排种器根据利用气流情况不同，可分为气吸式、气吹式和气压式 3 种，这里只介绍前两种。

（1）气吸式排种器。气吸式排种器是一种负压式气力排种器，它利用空气真空度产生的吸力工作，其结构如图 4.30 所示，主要由排种盘、排种轴、吸气室，种子室搅拌轮、刮种舌等组成。排种盘为一个圆周均布吸种孔的圆盘，垂直放置，一面接种子室，一面接吸气室。吸气室为一环形沟槽，槽端面被排种盘密封，通过管路与风机相连。搅拌轮为橡胶制成，装在种子室内紧贴排种盘面，用以搅动种子防止架空，并可防止漏气。刮种舌装在种子室内，可刮去吸种孔附近多余的种子。

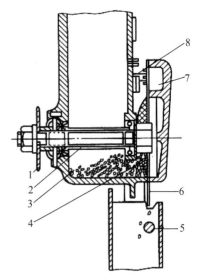

**图 4.30　气吸式排种器**
1—链轮；2—排种轴；3—种子室；
4—搅拌轮；5—散种板；6—排种盘；
7—吸气室；8—刮种器

工作时，种子箱中种子靠自重充满种子室，排种轴带动排种盘和搅拌轮一起转动，由于风机产生的吸气作用，吸气室产生一定程度的真空度，排种盘两侧形成压力差，种子被吸附在吸种孔周围，利用刮种器刮去多余种子，当排种盘转出吸气室后，吸种孔上种子失去吸附力，靠自重落下进入种沟。

（2）气吹式排种器。气吹式排种器是利用正压气流，将种子压附在型孔内，并用压力气流清种，其结构如图 4.31 所示，主要由壳体、型孔轮、压气喷嘴等组成。排种轮是一个周缘制有圆锥形型孔的型孔轮，型孔中心为一与内腔相通的通孔。工作时排种轮转动；型孔进入充种区，种子自动充填到型孔中去，当型孔转至压气喷嘴下方时，气流经型孔，形成上下压力差，将型孔内多余种子吹掉，只剩一粒种子压附在型孔底部，当型孔进入护种区后，气压消失，至排种口，种子靠自重或推种片作用落入种沟。

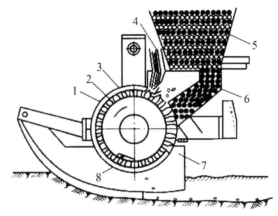

**图 4.31　气吹式排种器**

1—护种器；2—型孔；3—型孔轮；4—气流喷嘴；5—种子箱；
6—种子通道；7—开沟器；8—推种板

此型排种器因型孔为圆锥形，且有气流辅助作用，因此充种性能好，可提高作业速度且对种子形状、尺寸要求不严；利用气流清种，单粒排种性能好，不伤种；更换排种轮和调节吹气压力，可适应不同作物播种，改变传动速比，可以调整株距。

## 三、排肥器

播种或中耕追肥机上所用排肥器，主要用于排施粒状或粉状化肥，粒状复合肥及自制的颗粒肥料。对排肥器的要求是，要有一定的排肥能力，排肥量均匀稳定，不架空，不堵塞，不断条，通用性好，能施多种肥料，工作阻力小，工作可靠，使用、调节方便，零部件耐腐蚀和耐磨。现常用排肥器除前面所述水平星轮式和外槽轮式外，还有以下几种：

### 1. 振动式排肥器

振动式排肥器如图 4.32 所示，主要由肥箱、肥箱底座、振动板、星形凸轮、肥量调节板、密封帆布和排肥轴等组成。工作时，排肥轴转动，其上的凸轮使振动板绕箱壁上部的铰接轴

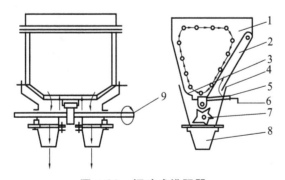

**图 4.32　振动式排肥器**

1—肥料箱；2—振动板；3—密封橡皮；4—肥料箱底座；5—孔状调节板；
6—调节板；7—凸轮；8—漏斗；9—排肥轴

作弧线运动,将箱内肥料振动,产生一个松散的回转流,不断沿振动板下滑,自排肥口排出。移动肥量调节板改变排肥口大小。或当排流动性好的化肥时,改变孔状调节板的工作孔数,可调节排肥量。

此型排肥器,由于工作时肥料在箱内形成肥料流,肥料不易架空,堵塞和结块,可施吸湿性较强的粉状化肥。但因是靠自流排肥,强制作用差,影响排肥稳定性和均匀性。

### 2. 搅龙式排肥器

搅龙式排肥器有叶片搅龙式和钢丝搅龙式,其结构如图 4.33 所示,主要由肥箱、搅龙等组成。肥箱底部为圆锥形,便于肥料向搅龙集中。肥箱内的隔板用来挡住肥料,防止肥料回流。工作时,搅龙转动,将肥料向中部推送,经排肥口排出,排肥量可通过改变插板开度进行调节。

此型排肥器,结构简单,适用于排施干燥的粒状和粉状化肥,不适于排潮湿化肥,因搅龙上部肥料易架空,叶片也易黏肥而失去排肥作用。

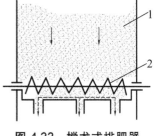

**图 4.33　搅龙式排肥器**
1—肥箱;2—搅龙

## 四、覆土器

覆土器用来进行播后覆土,以达到一定的覆盖深度。对覆土器的要求是先覆以细湿土,且覆土均匀,不影响种子分布均匀性。

谷物条播机常用链环式覆土器和拖杆式覆土器,分别如图 4.34 和 4.35 所示。

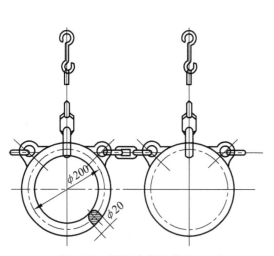

**图 4.34　链环式覆土器(mm)**

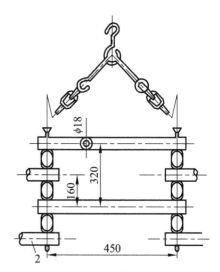

**图 4.35　拖杆式覆土器(mm)**

中耕作物播种机常用刮板式覆土器,如图 4.36 所示,主要由拉杆、调节板、覆土板等组成。覆土板分左右,呈"八"字形配置,其开度和倾角可调。在整地质量较差的情况下,为了覆土器不跳动,还可加装配重。

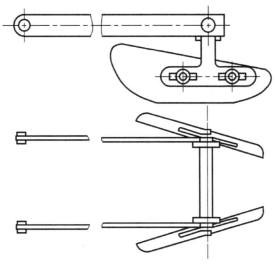

图 4.36 刮板式覆土器

## 五、镇压轮

播种同时镇压可减少土壤中的大孔隙,减少水分蒸发,可加强土壤毛细管作用,起到调水保墒作用,可使种子与土壤密接,有利于种子发芽、生长,春播镇压还可适当调节地温。一个好的镇压轮,应具备转动灵活不黏土,不拥土,镇压力可调,镇压后地表不产生鳞状裂纹等特点。

镇压轮的型式较多,多用金属或橡胶制成。轮辋形状有平面形、凹面形、凸面形等,如图 4.37 所示。平面形镇压轮结构简单,应用较广,其镇压面较宽,压力分布均匀,凹面形镇压轮两侧土壤压得较实,种子上层土壤压得较松,有利于种子幼芽出土,适于豆类作物播后镇压;凸面形镇压轮种子上层土壤压得较实,适用于谷子、玉米、小麦等作物播后镇压。橡胶圈镇压轮,利用橡胶圈的弹性作用,使镇压轮不易黏土和能自动脱土,镇压效果好,多用于垄作播种机上。

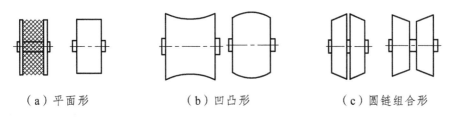

（a）平面形　　　　　　（b）凹凸形　　　　　　（c）圆链组合形

图 4.37 镇压轮 轮辋形状

镇压轮镇压强度取决于镇压轮本身重量和作用在它上面的附加重量(多为弹簧弹力),因此,调整弹簧弹力可调整镇压强度。

# 任务二　水稻插秧机的结构与维修

## 【任务分析】

插秧是我国传统的水稻栽培技术，其特点是对田块要求精耕细作，对秧苗要求粗壮整齐，由于是水田作业，对机器设备要求高，作业条件复杂，秧叉的运动轨迹特殊，机动插秧机还必须有独立的动力及行走装置，在操作使用、维护保养过程中除熟悉结构外，还要熟悉机器设备的维护保养。

## 【相关知识】

### 一、插秧的农业技术及插秧面的要求

（1）株行距符合当地要求，株距应可调节。

（2）每穴有一定的株数，并能在一定范围内调节。如长江流域早稻为 7 ~ 8 株/穴，晚稻为 6 ~ 7 株/穴，杂交稻为 1 ~ 2 株/穴。

（3）插秧深度适宜，并能在一定范围内调节。一般带土苗的插深为 1.5 ~ 2 cm。

（4）插直、插稳、均匀一致，漏、漂秧率 ≯ 5%，勾、伤秧率 ≯ 5%，翻倒秧率 ≯ 3%。

（5）机插要求秧田应泥烂田平，耕深适当，软硬适宜，宜用比较整齐的适龄壮秧。

（6）机器结构简单，调整使用方便，使用寿命长。

### 二、水稻插秧机的分类

（1）按动力分为人力插秧机、机动插秧机。

（2）按用途分为大苗插秧机、小苗插秧机、大小苗两用机。

（3）按分插原理分为横分往复直插式和纵分直插式（往复直插式、滚动直插式）。

### 三、水稻插秧机的结构与工作

水稻插秧机是使用插秧机把适龄秧苗按农艺要求和规范移插到大田的技术。水稻插秧机插秧效率高，插秧质量好。

水稻插秧机一般由动力部分、行走部分、传动部分、秧箱、分插机构、送秧机构等组成。其工作过程为：将秧苗整齐放入秧箱内，分插机构的取秧部件以一定的频率运动进入秧丛，在阻秧装置的配合下，分取出需要的秧苗数量后将秧苗按要求插深垂直插入田内泥中；秧苗定植后，取秧部件从已插秧苗退出（插带土苗退出前借助推秧器使秧苗与取秧部件分离）。同时送秧机构完成秧箱内秧苗的及时补充过程，保证取秧部件在能取到符合要求的秧苗，减少

在取秧过程中因漏取而形成的漏插或因秧苗产生参差不齐而形成的勾秧，确保插秧质量。下面以 2ZT-9356 型曲柄连杆式机动水稻插秧机为例介绍插秧机的构造。

## （一）2ZT-9356 型机动插秧机结构

### 1. 型号规格：2ZT-9356 型

2ZT-9356 型号表示如图 4.38 所示。

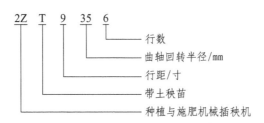

图 4.38　2ZT-9356 型号

### 2. 2ZT-9356 型插秧机的组成

该机工作部分主要由万向节轴、工作传动箱、秧箱、移箱机构、进秧机构和分插机构等组成，如图 4.39 所示。

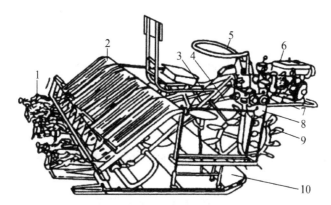

**图 4.39　2ZT-9356 型机动水稻插秧机外形图**
1—分插机构；2—秧箱；3—牵引架；4—万向节轴；5—操向盘；6—发动机；
7—动力架；8—行走传动箱；9—行走轮；10—秧船

（1）分插机构。

分插机构为纵分往复直插式，采用曲柄摆杆控制机构和钢针式秧爪。分插机构由栽植臂、摆杆、曲柄和推秧器等组成，如图 4.40 所示。栽植臂分别与曲柄和摆杆铰接，摆杆另一端固定在链箱后盖的长槽中。工作时，曲柄由链箱中的链轮带动旋转，栽植臂受曲柄和摆杆的综合作用，按一特定曲线运动，完成分秧、运秧、插秧和回程等动作，如图 4.41 所示。秧叉装在栽植臂盖的前端，由钢丝制成，直接进行分秧、运秧和插秧工作。推秧器用于秧苗插入泥土后，把秧苗迅速推出秧叉，使秧苗插牢。推秧器由凸轮和拨叉控制。在取秧时，推秧器处提升位置，在插秧时，凸轮凹处对着拨叉尾部，在推秧弹簧作用下，拨叉将推秧器向下推出，进行脱秧。当栽植臂回程提起时，凸轮凸处对着拨叉尾部顶动拨叉，压缩弹簧，将推秧器缩回。

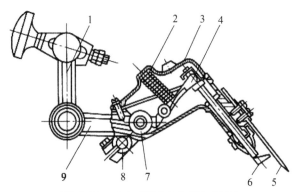

**图 4.40　曲柄摇杆式分插机构图**

1—摆杆；2—推秧弹簧；3—栽植臂盖；4—拨叉；5—分离针；6—推秧器；7—凸轮；8—曲柄；9—栽植臂

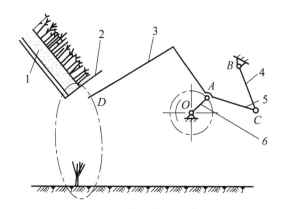

**图 4.41　秧叉轨迹示意图**

1—秧箱；2—秧门；3—秧叉；4—摆杆；5—栽植臂；6—曲柄

（2）移箱机构。

移箱机构用来左右移动秧箱，进行横向送秧。保证秧箱中秧盘能沿左右方向均匀地依次被秧叉叉取，避免架空漏取现象。

移箱机构主要由螺旋轴、滑套、指销和移箱轴等组成，如图 4.42（a）所示。螺旋轴上有正反螺旋槽，槽的两端各有一段方向相反的直槽，便于指销换向。滑套用螺栓与移箱轴固定连接，滑套上的指销插入螺旋轴的螺旋槽内。移箱轴用夹子与秧箱下面两个驱动臂固定连接。

工作时，螺旋轴旋转，指销沿螺旋槽移动，带动滑套、移箱轴、秧箱作横向移动。当秧箱移动到极端位置时，指销进入直槽部分，此时秧箱停止横移（这一停歇时间为纵向送秧时间），随后，指销进入反向螺旋槽，秧箱即作反向的横移。

（3）纵向送秧机构。

纵向送秧机构用来保证秧盘始终靠向秧门，使秧叉每次取秧盘准确一致。

纵向送秧机构为棘轮式，主要由套装在螺旋轴一端的桃形轮、装在进秧轴上的送秧凸轮、抬把、棘爪、棘轮和送秧齿轮等组成，如图 4.42（b）所示。

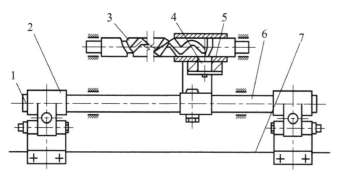

（a）横向送秧机构

1—驱动臂；2—驱动臂夹子；3—螺旋轴；4—指销；5—移箱滑套；6—移箱轴；7—秧箱

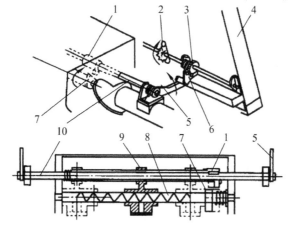

（b）纵向送秧机构

1—送秧凸轮；2—送秧齿轮；3—棘轮；4—秧箱；5—抬把；6—棘爪；
7—桃形轮；8—移箱凸轮轴；9—滑套；10—送秧轴

图 4.42

　　工作时，移箱滑套在螺旋轴上移动到右端位置时，滑套将桃形轮右推到与送秧凸轮相对应的位置，桃形轮拨动送秧凸轮，使送秧轴转动，轴端抬把驱动棘爪，拨动棘轮，使轴上的送秧齿轮转动一定角度，轮齿把秧盘向前送秧一次。当滑套回移（向左移动）时，桃形轮在弹簧作用下离开凸轮，机构处于停止送秧位置，当滑套移到左端位置时。通过轴套将送秧凸轮左移与桃形轮相对，又重复上述动作，进行一次纵向送秧。

## 【任务实施】

## 一、插秧机的安装检查、试运转及调整

## （一）插秧机的安装检查与试运转

### 1. 安装检查

　　插秧机一般以整机出厂，发动机单独包装。使用前，将发动机用4个螺栓固定在机架上，装上皮带，即安装完毕。

安装后应满足以下技术要求：各运动件应转动灵活，无碰撞、卡滞现象，紧固件应拧紧，操纵手柄转动灵活，机头转向角左右各 60°；油门操纵机构轻便灵活，能准确控制发动机低速和高速，离合器分离应彻底，结合平稳，刹车应灵敏可靠；各调整部位调整正确。

### 2. 试运转

安装检查后，按润滑表注油。用扳手转动万向节轴，确认无障碍后，启动发动机进行试运转。

试运转时，插秧工作部分空运转 10 min；配合株距及运输速度试运转 30 min，用中油门插秧作业 30 ~ 40 亩进行新机磨合；更换机油；投入正式作业。

## （二）插秧机的操作、调整

### 1. 插秧机的操作

操作插秧机时，变挡不允许猛推硬挂，挂挡后应平稳结合离合器，防止损坏零件；插秧机转弯时不允许插秧，栽植臂应停在离地面一定高度（15 cm）的位置上，为此应先将定位离合器手柄放"离"的位置，然后再换主变速手柄，以达到定位分离；装秧手工作时动作要从容，加装秧苗时，应让秧苗自由滑下，不要用手推压，防止秧片变形。加秧接头要对齐，不要留空隙，秧片要紧贴秧箱，不要在秧门处拱起；作业中不要靠压秧箱，严禁用手触碰秧叉，工作中，船板挂链应处于放松状态，机重由秧船支承，严禁船板在高吊状态下作业，插秧机发生故障时，应及时停机检查和排除，不要在工作和运输中排除故障或清理堵塞物，陷车时不许抬工作部件及传动部分，要抬船板，必要时，可在地轮前加一木杠，使插秧机头自行爬出，插秧机作业一般采用梭形作业法，田边留一个工作幅的宽度，以便最后绕田一周。

### 2. 插秧机的调整

（1）取秧量调整。

取秧量的大小，决定于分离针伸进秧门的深度。可通过改变摆杆上端点在链箱后盖上的固定位置来调整。调整时，将分离针旋转到秧门上方，松开摆杆在长槽中的固定螺母，拧动调节手轮，用一个取秧量标准块检查和校正分离针进入秧门深度，并使各行一致，调整后紧固固定螺母。

（2）插秧深度调整。

插秧深度可通过调节螺杆，改变栽植部分（链箱）与秧船的相对高度，进行调整，链箱上抬，插深变浅，反之插深增大。一般是在插牢的前提下，以浅插为宜。

（3）株距调整。

插秧株距由农业技术要求决定，株距的大、小取决于插秧机的前进速度。在栽植臂的插秧频率不变的前提下，机速加快，株距便增加，反之株距减小。

（4）分离针与秧门侧间隙的调整。

分离针与秧门侧间隙应为 1.25 ~ 1.75 mm。此间隙可用移动栽植臂固定在曲柄上的左、右位置来调整。调整时，松开栽植臂曲柄在链轮轴的夹紧螺母和摆杆与栽植臂的固定螺母，左右移动栽植臂，使分离针与秧门两侧间隙均匀，并在摆杆与栽植臂连接处增减插垫，使栽植臂与机器前进方向平行，且运动自如，符合要求后紧固螺栓与螺母。调整时注意取秧量的变化，需用取秧量标准块校正。

（5）分离针与秧箱侧壁间隙的调整。

分离针与秧箱侧壁间隙应为 1.0～1.5 mm。此间隙可用改变驱动臂在移箱轴上的固定位置来调整。调整时，用手拧动万向节轴，当秧箱处于两端点检查上述间隙。若不符合要求可松开驱动臂在移箱轴上的固定螺栓，左右调整秧箱位置，调整后锁紧固定螺栓。

## 二、水稻插秧机常见故障分析

水稻插秧机的常见故障与排除方法如表 4.5 所示。

**表 4.5　水稻插秧机的常见故障与排障方法**

| 序号 | 故障现象 | 故障原因 | 排除方法 |
|---|---|---|---|
| 1 | 传动机构不工作 | 万向节销轴折断 | 更换销轴 |
| 2 | 栽植臂不工作 | ① 秧门有异物；<br>② 链条活节脱落；<br>③ 安全离合器弹簧力太弱 | ① 排除异物；<br>② 重新安装链条；<br>③ 加垫调整或更换 |
| 3 | 栽植臂体内进泥土 | 油封损坏 | 更换 |
| 4 | 栽植臂体内有敲击声 | 缓冲胶垫损坏或漏装 | 更换或补装胶垫 |
| 5 | 推秧器不推秧或推秧缓慢 | ① 推秧杆弯曲；<br>② 推秧弹簧弱或损坏；<br>③ 推秧拨叉生锈；<br>④ 栽植臂体内缺油；<br>⑤ 秧叉变形；<br>⑥ 推秧器与秧叉间隙不当 | ① 校正；<br>② 更换；<br>③ 保养；<br>④ 注油；<br>⑤ 校正 |
| 6 | 秧箱横移有响声 | 导轨和滚轮缺油或磨损 | 注油或换件 |
| 7 | 纵向送秧失灵 | ① 棘轮齿磨损；<br>⑦ 棘爪变形或损坏；<br>③ 送秧弹簧弱或损坏；<br>④ 进秧凸轮与送秧轴连接销脱落 | 更换；<br>重装销子 |
| 8 | 秧箱两边有剩秧 | ① 秧箱驱动臂夹子松动；<br>② 滑套、螺旋轴、指销磨损 | ① 紧固；<br>② 更换 |

## 【任务拓展】

## 一、水稻的种植方式

水稻的种植方式有两种：直播和移栽。

直播是将稻种直接播种于田间生长成熟，工艺简单，易于机械化，可用机械进行撒播或条播，尤其是用飞机撒播，效率更高。但直播受自然条件的影响较大，且在田间的生长期长，只适于在单季节生产地区采用。

移栽是我国传统的水稻种植方法，种植过程分育苗和播秧（抛秧）两段进行。可提前育秧，缩短在田间的生长时间，可提高复种指数或解决无霜期短的矛盾，且产量高，但移栽的用工量大，劳动条件差，实现机械化较困难。机械插秧要获得满意的工作效率和作业质量，必须取得农艺的密切配合，以使田地和秧苗的状态符合机插要求。水稻盘育秧技术就是与连杆式水稻插秧机配套所必不可少的措施。

水稻移栽的机械化目前有两种方式，一种是大田育秧、拔秧，然后再用插秧机插秧，另一种方式是室内育秧（工厂化育秧），然后将育出的盘式秧苗，装入插秧机栽插在田间。

水稻盘育秧技术包括从床土准备、种子处理到机械播种科学管理等内容。为种子发芽、生长和创造肥、水、气、温等必备的良好环境，培育出规格化、标准化的适用机插的秧苗。

## 二、水稻盘育秧的工艺流程

水稻盘育秧的工艺流程可分为 4 个阶段，如图 4.43 所示。

（1）床土和种子处理作业项目包括选种、浸种、消毒、催芽以及采土消毒、干燥、粉碎、调酸、施肥等内容。所用设备有水槽、破胸催芽器、皮带输送机、碎土机、筛土机、拌和机等。

（2）机器播种作业项目包括秧盘装土、喷水、播种、盖种、秧盘输送等。所用设备有秧盘、秧盘输送机、装土机、播种机、喷水设备等。

（3）温室出苗作业项目包括温度和水分的控制。所用设备有出苗台车、蒸汽出苗室、供水设备、调温设备等。

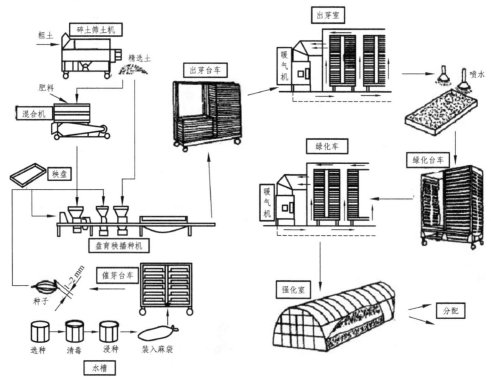

**图 4.43　工厂化育秧流程**

（4）绿化练苗作业项目包括室内练苗和露地绿化练苗等。所用设备有幼苗室，塑料大棚、供水设备等。

我国南、北方根据国情和农村经济实力，对以上育秧工艺流程所用设备删繁就简，形成了"棚盘育苗"和"田间盘育苗"技术。

## 三、育秧的主要设备

### 1. 破胸催芽器

破胸催芽器用于对种子消毒、浸泡和催芽。2SP-200 型破胸催芽器由盛种装置、自动循环水系统和自动控制系统 3 大部分组成，其结构如图 4.44 所示。该机工作原理为：水泵将容量桶底部的水沿导水管抽上来，经 U 形电热管加热，由喷头喷出，溶入氧气后又回到容量桶里，从而使容量桶里的种子得到均匀而又适宜的温度，充足的氧气和水分，为种子浸泡和破胸催芽创造最适宜的条件。

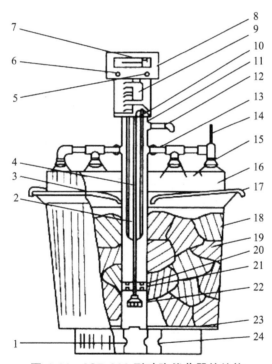

**图 4.44　2SP-200 型破胸催芽器的结构**

1—尼龙座；2—电热管；3—支承盘；4—水泵轴；5—温控开关；6—水泵电机开关；7—温度旋钮；8—温度调节仪；
9—电动机；10—感温接头；11—万向节；12—溢水管；13—分水管；14—温度计；15—喷头；16—挡水圈；
17—拉杆；18—容量桶；19—种子袋； 20—浮动轴承；21—轴承固定螺丝；
22—叶轮；23—多孔盘；24—支承圈

### 2. 脱水机

稻种经破胸催芽后，有部分水分混在种子间，表面湿度很大，稻种流动性差，机播时，充种性能不好或黏附在排种轮上不易播出，影响播种均匀性。

如图 4.45 所示为 TS-7.5A 型脱水机，它由机架、筛筒、圆筒壳体、制动装置、操纵手柄、电动机传动部分、排水管等组成。脱水机利用离心力脱水，筛筒在电机带动下高速旋转，稻种表面水分在离心力作用下抛离稻种，透过筛孔，经排水管流到机外。

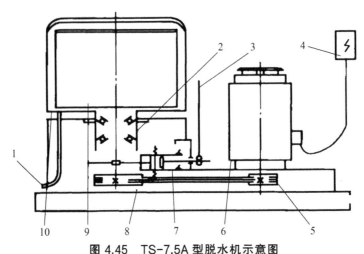

**图 4.45　TS-7.5A 型脱水机示意图**
1—排水管；2—轴承；3—操纵手柄；4—电气装置；5—传动装置；6—电机；
7—制动装置；8—机架；9—筛筒；10—圆筒壳体

### 3. 苗盘播种机

播种作业是盘育秧苗生产中一个极其重要的环节。2SB-500 型水稻苗盘播种机结构如图 4.46 所示。它由机架、床土箱、传送装置、喷水箱、排种机构、覆土箱和平土装置等组成。从水平输送秧盘、铺撒床土、刷平床土、喷水、播种、覆土、刮土等环节流水线式连续作业。

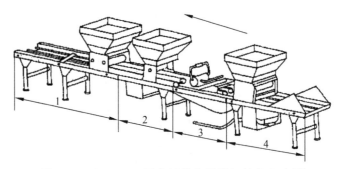

**图 4.46　2SB-500 型水稻苗盘播种机结构示意图**
1—覆土、平土流程；2—播种流程；3—刷平床土流程；4—铺撒床土流程

### 4. 蒸汽出芽室

蒸汽出芽室用来将已播种覆土后的秧盘，在 32 ℃的蒸汽恒温条件下，经 48 h 使盘内种子发出 10 ~ 15 mm 的嫩芽。

蒸汽出芽室由框架、保温被褥、加热加湿器、水箱和电控箱等组成。其工作过程是：把播完种的秧盘叠摞在台车上，用保温被将蒸汽出芽室封闭，以保持恒温和水蒸气，加热加湿器通电后，将水槽里的水加热蒸发，使水蒸气散发整个室内，供种子发芽所需的温度和水分。

### 5. 喷灌设备

喷灌设备常用 2B18 活动式离心泵机组，配有不同孔径的多孔式喷头。一台泵一般可负担两座大棚炼苗用水。固定式大棚群常用固定式喷灌设备。

### 6. 塑料大棚

塑料大棚分为绿化、硬化秧苗用大棚和操作用大棚。绿化、硬化用大棚是在棚内置床上摆放出芽后的秧盘和塑料衬套或塑料垫底，进行绿化、硬化。操作大棚用来安装破胸催芽器、脱水机、苗盘播种机、蒸汽出芽室等设备，进行苗土准备、播种和出芽等作业。在育苗后期也可作绿化、硬化用。大棚结构相同，由钢管骨架、塑料薄膜'防风网、加固绑带及各种连接零件组成。

### 7. 苗　盘

苗盘为聚丙烯注塑塑料，长 60 cm，宽 30 cm，高 3.9 cm，盘底有 3 mm×3 mm 方孔 1 566 个，占盘底面积 9%，能透水、透气，秧根可以通过盘底孔扎到置床上，吸收水分和养分。苗盘因其使用量大，占投资比例较大，约为 40%，为减少投资，采用衬套垫底育苗法。此法为塑料苗盘作"母盘"，用钙塑纸或塑料薄膜制成的衬套或垫底作"子盘"，播种时把衬套或垫底衬在苗盘里，进行播种、出芽。出芽后将子盘连同盘内土、苗一并从盘内脱出，放入苗床进行绿化、炼化，母盘再返回进行下一次播种和出芽作业。

## 【项目自测与训练】

1. 论述 LBFJ-6 型垄作施肥精播机的结构和工作过程。
2. 论述型孔轮式排种器的结构及工作过程。
3. 论述气吹式排种器的结构及工作过程。
4. 论述外槽轮式排种器的结构及工作过程。
5. 论述双圆盘开沟器的结构及拆装顺序。
6. 用 2BF-24 行播种机播大豆，已知行距为 70 cm，开沟器梁有效长度为 345 cm，开沟器拉杆宽度为 20 mm，每公顷播量为 240 kg，播幅 $B = 3.6$ m，行走轮直径 $D = 1.22$ m，转 10 圈，求配置开沟器数目和播量。

# 项目五　田间管理机械结构与维修

## 【项目描述】

　　田间管理机械是用于种植后为了创造作物良好的生长条件的一系列农艺过程所使用的工具。主要农艺过程因作物不同而有差别，常见农艺过程为：镇压、间苗、中耕除草、培土、追肥、灌溉排水、防霜防冻等。通过本项目的学习，学生应了解各种田间管理机械的类型，掌握常用田间管理机械的结构，学会安装和调试，并能排除常见故障，以提升解决农机机械维修作业中实际问题的能力。

## 【项目目标】

- ◆ 了解田间管理机械的类型；
- ◆ 掌握常见田间管理机械的结构；
- ◆ 能正确安装调试常见田间管理机械；
- ◆ 会排除田间机械的常见故障。

## 【项目任务】

- • 识别常用田间管理机械的类型；
- • 安装调试使用常用田间管理机械；
- • 排除常用田间管理机械的故障。

## 【项目实施】

## 任务一　中耕机械的结构与维修

### 【任务分析】

　　在熟悉中耕种类与结构的基础上，根据中耕农艺要求，能选择、安装、调试中耕机组，并能对中耕机进行维修。

## 【相关知识】

中耕机主要完成作物生长过程中进行松土、除草、培土等作业。中耕机主要有旱作中耕机和水田中耕机两种。一般由机架、仿形机构和工作部件组成。常采用通用机架，换装不同的工作部件，可进行多种作业。BZ-4/6 通用播种中耕机中耕状态如图 5.1 所示。

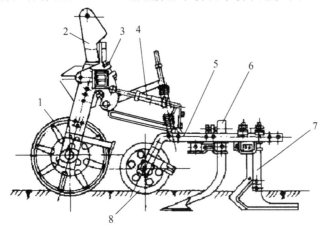

**图 5.1　BZ-4/6 通用播种中耕机中耕状态**

1—地轮；2—悬挂架；3—方梁；4—仿形机构；5—仿形轮纵梁；6—双翼铲；7—单翼铲；8—仿形轮

## 一、中耕机的主要工作部件

### （一）铲式工作部件

铲式工作部件主要有除草铲、松土铲、培土铲等，常用于旱地作业。主要作用是根据作物苗期不同的生长要求，进行除草、松土、培土作业。

#### 1. 除草铲

除草铲主要用于作物行间的松土与除草。除草铲分单翼铲和双翼铲两种，如图 5.2 所示。单翼铲由倾斜铲刀和垂直护板两部分组成，通过铲柄与机架联结。铲刀刃口与前进方向呈

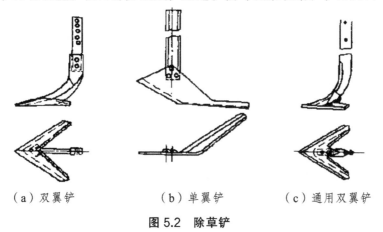

（a）双翼铲　　　　　　　（b）单翼铲　　　　　　　（c）通用双翼铲

**图 5.2　除草铲**

30°，铲刀平面与地面的倾角为 15°左右，用来切除杂草和松碎表土。垂直护板起保护幼苗不被土壤覆盖的作用，护板前端有垂直切土刃口。单翼铲有左翼铲和右翼铲之分，分别置于幼苗的两侧。除草铲的作业深度一般为 4~6 cm。

### 2. 松土铲

用于中耕作物的行间松土，它使土壤疏松而不翻转，松土深度可达 13~20 cm，能防止水分蒸发，利于土壤贮水保墒。松土铲由铲尖和铲柄两部分组成，铲尖是工作部分。常用的松土铲有凿形、矛形和铧式三种，如图 5.3 所示。

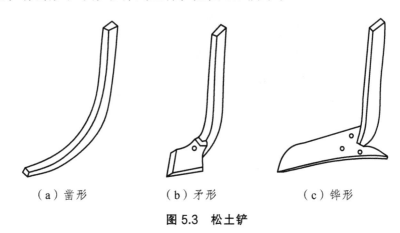

　（a）凿形　　　　　　（b）矛形　　　　　　（c）铧形

**图 5.3　松土铲**

### 3. 培土铲

用于培土和开沟起垄。常用的培土铲有平面型和曲面型两类，平面型用于锄草和松土，安装培土板后即可起垄培土。曲面型翻土能力较强。培土铲主要由犁铲和培土板组成，如图 5.4 所示。作业时可将行间土壤松碎，并翻向两侧，完成培土和开沟工作。

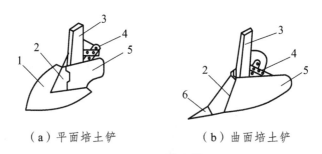

　（a）平面培土铲　　　　　　　　（b）曲面培土铲

**图 5.4　培土铲**

1—三角型铧；2—铲胸；3—铲柄；4—培土板开度调节杆；5—培土板；6—铲尖

## （二）轮式工作部件

轮式除草，主要用于水田作业。其工作部件为卧式工作轮，如图 5.5 所示。轮上装中耕齿，工作轮齿端直径为 360~420 mm，轮数即为中耕行数（一般为 6 行）。每个工作轮上装 6~8 排中耕齿，每排 3~4 齿。中耕齿有弧形齿、球面弧形齿、蒲滚式宜齿和弧形刀齿等形式。

工作轮转速一般为 120～140 r/min。在工作轮上各排中耕齿都是交错排列，以提高中耕机行走均匀性和除草效果。

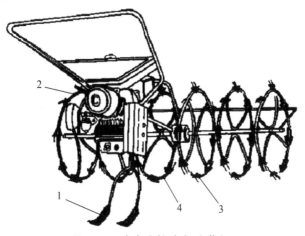

**图 5.5 卧式（轮式）除草机**
1—滑板；2—发动机；3—弧式齿；4—除草轮

## （三）往复式工作部件

往复式工作部件是耙齿。工作时，发动机通过传动机构驱动行走轮使中耕机直线行驶，另一部分动力通过曲柄摆杆机构驱动耙齿作纵向往复合运动，使耙齿在泥中搅动来进行中耕除草，如图 5.6 所示。为了保证作业质量，耙齿的运动轨迹应有一定的重叠量，行走轮打滑可以增加耙齿轨迹的重叠量，使作业质量得以提高。

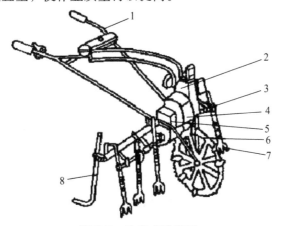

**图 5.6 往复式除草机**
1—手柄；2—发动机；3—曲柄；4—离合器；5—减速箱；6—行走轮；7—耙齿；8—支杆

## 二、仿形机构

为了使工作部件能适应地面的起伏，保证作业深度的稳定要求，工作部件工作时应具有仿形性。特别是中耕工作幅较宽时，对整机和单体都要求有较高的仿形性能。每组工作部件与机架间铰接的部分，称为仿形机构。常用的仿形机构有单铰链机构、平行四杆机构等型式。

## （一）单杆单铰链机构

这种机构是通过一根拉杆把工作部件与机架连接起来，如图 5.7 所示。工作时，靠外力的平衡作用来控制耕作深度。随土壤耕作阻力的变化，耕深在不断地变化。土壤耕作阻力增大时，耕深变浅；反之则耕深增加。

## （二）平行四杆仿形机构

平行四杆仿形机构如图 5.8 所示，工作部件的耕深靠改变仿形轮相对于工作部件支持面的高度来调节。工作部件的入土角较稳定，工作部件可以随着仿形轮模拟地表起伏，使沟底和地表大致平行，从而达到耕深一致的要求。平行四杆仿形机构由于结构较简单且在地表起伏不大的田地上工作能得到满意的仿形性能，故国内外应用较广。

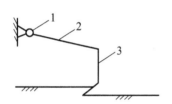 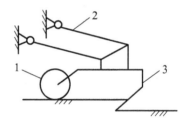

图 5.7　单杆单铰链仿形机构　　　　　　　图 5.8　平行四杆仿形机构

1—铰链；2—联结杆；3—除草铲　　　　　1—仿形轮；2—平行四杆机构；3—除草铲

## 【任务实施】

## 一、锄铲的配置

根据中耕要求，考虑到行距、土壤条件和杂草等情况，工作部件的排列应满足不漏锄、不伤苗、不堵塞和不埋苗等要求。为保证不漏锄，锄铲排列时，要有一定重叠度，常为 20～30 mm。为保证不堵塞，前后锄铲安装时应保持一定距离，常为 40～50 cm。为保证中耕时不伤苗和不埋苗，锄铲外边缘与作物必须保持 10～15 mm 的护苗带。

## 二、中耕机的安装

在平坦地面上，确定中耕机主梁中线，按锄铲配置要求，将各个锄铲准确安装在主梁上相应位置，各组锄铲的工作深度应一致。中耕机地轮要走在行间内，并与拖拉机轮错开，地轮轮距一般为工作幅宽的 2/3。

## 三、中耕机的使用

中耕机安装完成后，应按配套的动力，采用合适的挂接方式组成作业机组。正常作业时，作业速度一般为 4~6 km/h。由于牵引式中耕机组操向问题，作业速度较悬挂式慢些。中耕机组驾驶员在驾驶作业机组时，应小心驾驶，目视远处，不宜过多转向。

## 四、中耕机工作质量检查

中耕机工作质量检查分为试耕作业质量检查和耕作质量检查两类。

试耕质量检查是在安装挂接好机组后，试耕第一行程，行程 20~30 m 进行。检查时应停车，按作业对象的作业要求，进行主要指标：锄深、深度均匀程度、重锄、漏锄、伤苗等检查，若未达到要求，要进行相应的安装与调整。

耕作质量检查是中耕过程中的质量监测与耕作质量验收所进行的检查。检测的主要指标与试耕时相同。

## 五、中耕机常见故障与排除方法

### （一）锄草不净

**1. 故障原因**

① 锄铲重叠量较小；② 锄铲刃口磨钝；③ 锄铲入土深度较小。

**2. 排除方法**

① 增加重叠量；② 磨锐刃口；③ 调整锄铲入土深度。

### （二）中耕后地表不平

**1. 故障原因**

① 锄铲黏土或缠草；② 锄铲安装不当；③ 单组纵梁纵向不水平，前后锄铲深度不一。

**2. 排除方法**

① 及时清除工作部件上黏附物，定期磨锐刃口；② 重新检查安装锄铲，使每个锄铲刃口处于水平状态；③ 调节拖拉机上拉杆或中耕机单组仿形机构上拉杆长度，调平纵梁。

## （三）压苗、埋苗

### 1. 故障原因

播行欠直，行距不对。

### 2. 排除方法

调整机具行距，使其与播行相适应。

## （四）铲不入土，仿形轮离开地面

### 1. 故障原因

① 锄铲尖部翘起；② 铲尖磨钝；③ 仿形机构倾角过大。

### 2. 排除方法

① 调整拖拉机上拉杆或中耕机单组仿形机构的上拉杆长度，调平单组纵梁；② 磨锐刃口；③ 调节高度，使主梁降低，减小仿形机构倾角。

# 【任务拓展】

## 一、中耕机的农业技术要求

中耕是在作物生长期间的重要田间管理作业项目，目的是改善土壤状态，蓄水保墒，消灭杂草，为作物生长发育创造良好的条件。中耕应满足的主要农业技术要求是：① 松土良好，土壤位移小；② 除草率高，不损伤作物；③ 按需要将土培于作物根部，但不压倒作物；④ 中耕部件不黏土、缠草和堵塞；⑤ 耕深应符合要求且不发生漏耕现象。

## 二、中耕机械的类型

中耕机的类型很多，可按挂接方式、工作条件、作业性质和工作部件的工作原理等特点进行分类。

按挂接方式分为：手扶式、悬挂式、牵引式中耕机三类。

按工作条件分为：旱地中耕机和水田中耕机两类。水田中耕机可分为行间中耕机及株间中耕机。而行间中耕机可分为卧旋式、立旋式和往复式三种。

按工作性质可分为：全面中耕机、行间中耕机、通用中耕机、间苗机等类型。

按工作部件的工作原理可分为：锄铲式、回转式和重复式三大类。

目前，悬挂式中耕机多采通用机架，只要在机架上换装不同的工作部件，便可完成多种中耕作业。

# 任务二　植物保护机械的结构与维修

## 【任务分析】

在熟悉作物生长过程病虫害防治方法的基础上，根据病虫害防治要求，能选择、使用植物保护机械，并能维修植物保护机械。

## 【相关知识】

植物病虫害防治过程中，所用的施药方法不同，植保机械结构有较大差异。

## 一、喷雾机

### （一）手动喷雾机

一种常用的手动背负式喷雾机如图 5.9 所示，它属液压式喷雾机，主要由活塞泵、空气室、药液箱、喷杆、开关、喷头和单向阀等组成。操作人员通过压杆带动活塞在缸筒内上、下往复运动。药液经过进水单向阀进入空气室，再经出水单向阀、输液管、开关、喷杆由喷头喷出。

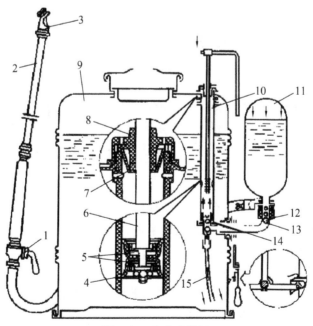

**图 5.9　手动喷雾机**

1—开关；2—喷杆；3—喷头；4—固定螺母；5—皮碗；6—活塞杆；7—密封；8—端盖；9—药液箱；
10—缸筒；11—空气室；12—出水单向阀；13—出水阀座；14—进水单向阀；15—吸水管

## （二）机动喷雾机

机动式喷雾机主要由担架、汽油机、三缸活塞泵、空气室、调压阀、压力表流量控制阀、射流式混药器、吸水滤网、喷头或喷枪等组成，如图 5.10 所示。汽油机驱动三缸活塞泵，水经吸水滤网吸入泵内，然后压入空气室并建立稳定的压力，压力水流经流量控制阀进入射流式混药器，形成规定浓度的药液后，经输液软管至喷枪射出。特点为：射程远，效率高。

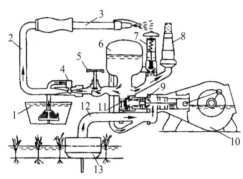

**图 5.10 机动喷雾机**

1—母液桶；2—输液管；3—喷枪；4—混药器；5—截止阀；6—空气室；7—调查压阀；8—压力表；
9—活塞；10—曲轴箱；11—出水阀；12—吸水管；13—滤网

## （三）喷雾器的主要工作部件

### 1. 皮碗活塞泵

皮碗活塞泵用于手动式喷雾器，如图 5.11 所示。为了保证出液压力均匀，在液泵的下部装有空气室。当活塞上行时，泵筒内活塞下部容积增大，形成部分真空，药液在大气压力的作用下打开进液阀门进入泵筒内；活塞下行时，进液阀门关闭，泵筒内药液压力升高，压开出液阀，药液进入空气室。皮碗活塞泵由缸筒、活塞杆、皮碗活塞组件、单向阀组成。

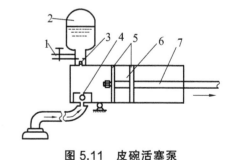

**图 5.11 皮碗活塞泵**

1—排液口；2—空气室；3—出液阀；4—进液阀；
5—挡圈；6—皮碗；7—活塞杆

### 2. 三缸活塞泵

活塞泵多用在动力喷雾机上，有单缸、双缸、三缸三种，动力喷雾机常用三缸活塞泵。它由泵体、进液管、曲柄连杆机构、活塞组、活塞杆、平阀、带孔平阀、排液阀、弹簧、空气室、排液管等组成，如图 5.12 所示。活塞组由胶碗、胶碗托、三角支撑套组成。当活塞杆左移时，胶碗托的后平面靠住平阀时，活塞开始对左腔药液加压，同时排液阀打开，药液进入空气室，此时右腔体积增大压力降低，药箱药液吸入泵腔。当活塞杆右移时，胶碗托的前平面靠住带孔平阀，在胶碗托的后平面与平阀之间出现间隙，使左、右泵腔相通，随着活塞杆的右移，左腔容积增大，压力降低，排液阀关闭，随后药液便从右腔吸入左腔。活塞杆的往复运动，就实现了向空气室不断地输送一定压力和流量的药液。

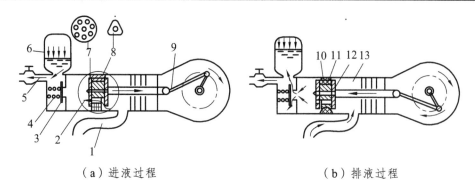

（a）进液过程　　　　　　　　　　　（b）排液过程

**图 5.12　三缸活塞泵组成及工作**

1—进液管；2—活塞；3—排液阀；4—弹簧；5—排液管；6—空气室；7—带孔平阀；
8—三角支撑套；9—连杆；10—胶碗；11—胶碗托；12—平阀；13—泵室

### 3. 空气室

泵工作时，液体输送呈脉动状态，使用空气室可以稳定喷射压力，保证喷雾质量。泵输送来的高压药液进入空气室，利用空气可压缩性，能起储能作用，可削减液压波动峰值，维持液压稳定。

空气室有两种：一种是空气室内的空气不预先压缩，进入空气室的液体直接与空气接触，液泵连续工作一段时间后，空气室内的空气才建立规定的压力；另一种是空气室内装有隔膜，可预先向空气室注入压力空气，进入空气室的药液不与空气接触，它具有空气室尺寸虽小但稳压性能好的特点。

### 4. 限压阀

调压阀主要安装在机动喷雾机上，用来调节液泵的工作压力，并起到安全阀的作用。由调压轮、卸压手柄、回液室、锥阀、阻尼塞、弹簧座和弹簧等组成。

调压阀有调压、卸压和安全保护三种工作状态：喷雾时，转动调压轮，调节弹簧对锥阀的压力达到调节工作压力的目的。当遇到药液阀突然关闭或喷头等堵塞工作压力升高超过弹簧对锥阀的压力时，液体就顶开锥阀沿回水管流回吸水管，从而起到安全保护作用。当需要排除故障或不停机田间短途转移时，可操纵卸压手柄，将弹簧座抬起，大量药液经锥阀而回流，液泵处于卸压工作状态。

### 5. 压力表

压力表用在机动喷雾机上，用于监控泵的工作压力。便于确定系统工作是否正常，也可利用压力表示值进行故障诊断。

### 6. 混药器

混药器是利用射流原理将母液与水按一定比例自动均匀混合的装置。它由射嘴、衬套、射流体、T 形接头、玻璃球和吸药滤网等组成。T 形接头两端的孔径分别为 2 mm 和 4.5 mm，选用不同的孔，可改变吸取母液的量，从而改变喷出药液的浓度。不用的孔用管封封住。工作时，高速水流通过渐缩射嘴，在射嘴与衬套间的混合室内产生局部真空，母液经吸药滤网吸入混合室与高速水流自动混合，随即被高速水流带入扩散衬套，继续混匀，并降速增压，然后经输液管至喷枪喷出。T形接头内装有单向球阀，可防止喷头停喷时，水流进入母液桶内。

### 7. 喷 头

喷头作用是使药雾化和使雾滴均匀分布。其工作质量的好坏直接影响病虫害的防治效果。按照结构和雾化原理不同，可分为涡流式、扇形和撞击式喷头三种。

（1）涡流式喷头。

涡流式喷头主要有切向离心式、涡流式和涡流芯式等类型，如图 5.13 所示。切向离心式喷头的喷头体加工成带锥体芯的内腔和与内腔相切的液体通道，喷孔片的中心有一个小孔，内腔与喷孔片之间构成锥体芯涡流室。工作时高压液流从喷杆进入液体通道，由于斜道的截面积逐渐变小，流动速度逐渐增大，高速液流沿着斜道按切线方向进入涡流室，绕着锥体做高速螺旋运动，当其接近喷孔时，由于旋转半径减小。圆周运动的速度加大，从喷孔连续喷出药液并形成锥形的散射状薄膜，距离喷孔越远，液膜越薄，以致断裂成碎片，凝聚成细小的雾滴，与空气撞击后继续破碎成更小的雾滴，落至作物表面。其余两种工作原理相同，只是涡流形成装置不同。

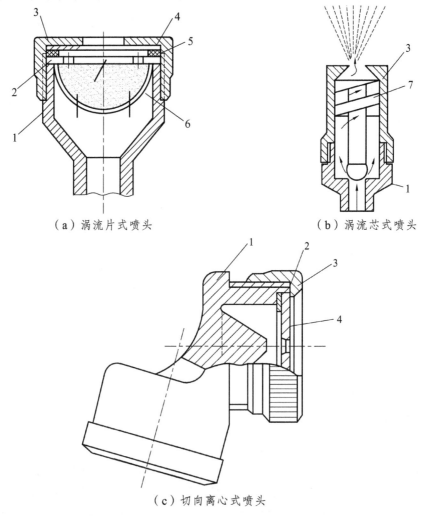

（a）涡流片式喷头　　　　　　（b）涡流芯式喷头

（c）切向离心式喷头

**图 5.13　涡流式喷头**

1—喷头座；2—旋水片；3—喷头盖；4—喷孔片；5—垫圈；6—滤网；7—涡流芯

（2）扇形喷头。

扇形喷头有缝隙式和反射式等形式。高压药液经过喷孔喷出后，形成扁平的扇形雾。如图5.14所示，缝隙式喷头工作时，压力药液进入喷嘴，受到内部半月牙形槽底部的导向作用，药液被分成两股相互对称的液流，当两股液流在喷孔处汇合时，相互撞击破碎而形成雾滴，随后与半月牙形槽的两侧壁撞击，进一步细碎，喷出后与空气撞击形符合要求的雾滴到达植物表面。反射式如图5.15所示，反射式喷头有喷孔、反射面和喷体三部分。工作时，压力水从喷孔射出，形成高速射流，喷射在反射面上，最后呈膜状或细小射流向周围成扇形喷射。

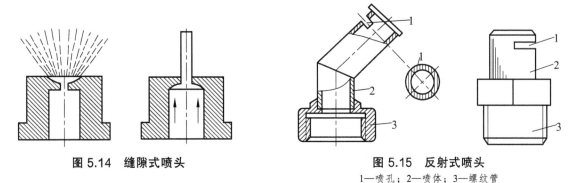

图5.14　缝隙式喷头　　　　　　图5.15　反射式喷头

1—喷孔；2—喷体；3—螺纹管

（3）撞击式喷头。

撞击式喷头又称为远程喷枪，由喷杆、喷头帽、喷嘴、扩散片等组成，如图5.16所示。工作时液流以直线高速喷出，射流与空气撞击而雾化，其雾滴较粗，射程较远。它适用于稻田和果树喷药。

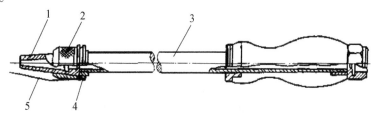

图5.16　撞击式喷头

1—喷嘴；2—喷头帽；3—喷杆；4—缩紧帽；5—扩散片

## 二、弥雾喷粉机

### （一）弥雾喷粉机一般构造

弥雾喷粉机一般由汽油机、机架、离心式风机、药箱和喷射装置等组成，如图5.17、5.18所示。可以施撒药粉和药液，应用较广。弥雾作业时，汽油机带动风机产生高速气流。大部分高速气流经风机出口进入喷管，至喷头喉管处速度进一步提高，带走喷嘴周围的空气，使喷孔处产生负压。小部分高速气流经进风阀和送风加压组件进入药箱上部，对药液增压。增压药液在喷嘴处负压的作用下，经出药阀门、输液管和手把开关从喷嘴小孔径向喷出，被喷管内的高速气流垂直剪切，破裂成很细的雾滴，吹送到远方，弥散沉降到植株上。喷粉作业时，风机产生的高速气流，大部分经出口进入喷管；小部分的高速气流经进风阀进入吹粉管，从吹粉管小孔吹出，将药箱底部的药粉吹松散，并向压力较低的出药阀门（又称粉门）吹送。同时，喷管内的高速气流通过弯头时，在输粉管出口处产生一定的负压，大量的药粉被吸入喷管，与高速气流充分混合后，吹送至远方。

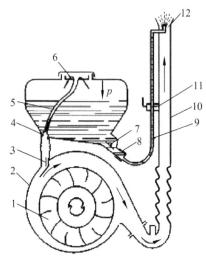

图 5.17　弥雾喷粉机（弥雾）

1—下机架；2—风机；3—叶轮；4—汽油机；5—上机架；
6—油箱；7—药箱；8—喷撒部件

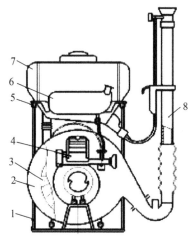

图 5.18　弥雾喷粉机（喷粉）

1—叶轮；2—风机外壳；3—进风阀；4—进气塞；5—软管；
6—滤网；7—粉门；8—出水塞接头；9—输液管；
10—喷管；11—开关；12—喷头

## （二）主要工作部件

### 1. 离心式风机

风机用于产生高速气流，为喷粉和弥雾提供气压能。风机出口通过弯头与喷射部件连接，风机上方开有小的出风口，通过进风阀将部分高速气流引入药箱，进风阀开度可以调节，以控制进入药箱的风量。

### 2. 药　箱

药箱用塑料制成，用来盛装药液或药粉。药箱底部做成倾斜状，便于药剂输出。箱盖配有橡胶密封圈，保证密封。弥雾作业时，药箱内装送风加压组件。喷粉作业时，换装吹粉管。

### 3. 喷射组件

（1）弥雾装置。

弥雾喷管装置由弯头、蛇形管、宜管、弯管液管、手把开关和弥雾喷头等组成。弥雾喷头为气力式喷头，由喷管和喷嘴组成。喷嘴装在喷管的喉管中央，有扭曲叶片式、阻流板式和高射式三种。扭曲叶片式喷头如图 5.19 所示，有 8 个扭曲叶片，每个叶片的背风面钻有孔径为 2 mm 的小孔，药液从此孔喷出。这种喷嘴喷幅较窄，但雾滴较细，适合喷施高浓度药液。阻流板式喷嘴喷幅较宽，但雾滴较粗。高射喷嘴喷幅较窄，雾滴较粗，但射程远，适于果园森林喷洒。

（2）喷粉喷管装置。

将弥雾喷管装置卸掉出水塞、输液管和弥雾喷头，即成为喷粉喷管装置。另外，在弯头与药箱之间安装输粉管，即可喷粉。

（3）长薄膜喷管装置。

它主要由缠绕长塑料薄膜管的摇把组和长塑料膜管组成，如图5.20所示。

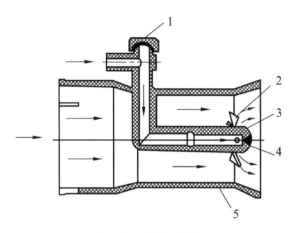

图5.19　弥雾式喷头

1—压盖；2—叶片；3—喷嘴小孔；4—喷嘴；5—喷口

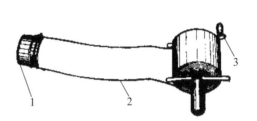

图5.20　长薄膜喷管装置

1—塑料接头；2—塑料薄膜喷管；3—手摇柄

## 三、超低量喷雾机

超低量喷雾是指每亩用药 0.03～0.3 L，适用于喷洒原液或高浓度的油剂药液。常用的是手持式微型电机驱动式超低量喷雾机，如图5.21所示。

雾化齿盘是超低量喷雾机的关键工作部件。齿盘由前齿盘和后齿盘组合而成，前后齿盘之间由 8 个固定销连接，后齿盘销孔侧的凸肩使两齿盘装配后形成规定的间距。齿盘压装在微型电机轴的一端，随电机旋转。齿盘外缘各刻有 350 个齿。齿盘高速旋转产生离心力，把药液薄膜推向齿盘外缘，并由齿盘外缘的细齿以丝状抛出。药液丝由于表面张力和四周空气的摩擦及空气撞击等作用形成云雾。

流量器用于输送和控制药量，它由流量体和流量嘴组成。流量体与药瓶座制成一体，流量嘴因孔径不同单独制造，可供不同喷雾要求选用。

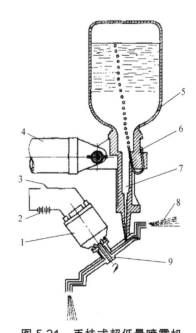

图5.21　手持式超低量喷雾机

1—微型电机；2—电源；3—开关；4—把手；5—药瓶；
6—进气管；7—流量器；8—雾滴；9—齿盘

## 【任务实施】

### 一、植物保护机械选择

（1）根据防治病虫害的特点选择合适的药剂及喷洒作业方式，且据此确定所用植保机械的类型。加采用高毒农药，则不宜使用弥雾机和超低量喷雾机。

（2）根据作物的栽培方式及生长情况进行选择。即根据作物的株高及密度，是苗期还是中、后期喷药，以及要求药剂覆盖的部位及密度等，选择合适的植保机械。如防治林果病虫害，则应采用高压、高射程的机型。

（3）根据作物的田间自然条件进行选择。田块的平整与否、旱田还是水田，作物的株、行距等都影响着植保机械的作业效果。例如在缺水地区应尽量选用喷粉机械或超低量喷雾机械，在零星分散的地块区选择易于转移的手动喷雾器或背负式喷雾机。

（4）根据农业生产经营形式和规模、主要防治对象、施药方法，以及经济技术情况等条件进行选择。经济条件较好的农场和已形成规模经营的单位，可选用高效、大功率的植保机械，如拖拉机喷雾机；而经营规模较小，可选用小型机。经济条件较差，没有健全植保服务组织的地区，选用手动喷雾、喷粉机械为宜。

（5）备件齐全完整。如购买的喷雾机械要用于多种作业，应有丰富的备件供给，作业不同时，只需换装不同的部件。

### 二、植物保护机械技术状态检查

（1）检查机具完备性、各连接处紧固情况和运动部件运转情况。用清水试运行，检查密封有无漏油、漏药、漏气现象，供水、供药系统是否畅通。

（2）对注油点加注润滑油，并检查动力机的润滑油面，必要时应添加。

（3）检查压力表和安全阀是否正常。

（4）检查操纵是否灵活可靠。

### 三、喷头的选择与配置

（1）进行药液配置与施药量计算，确定工作速度与喷幅。

（2）选择喷头、喷嘴类型，对于多行喷洒，要根据行距，配置安装喷头。

（3）用清水试喷，根据结果，进行速度与喷头配置的调整。

### 四、植物保护机械喷洒作业

（1）在大面积喷药之前，应先进行小区施药对比试验，以便检验选择农药品种、浓度、施药量是否合适。

（2）喷雾作业最好在无风或微风天进行，施药前进方向与风向垂直或偏斜一定角度。

（3）从下风口开始，按梭形走法进行喷洒。

（4）作业时严格执行安全操作规程。作业结束后，清除药箱、管路中的残存药液，用清水冲洗后放在阴凉、干燥、通风处。长时间存放，应卸下喷头、喷管、胶管等集中存放。

## 五、植物保护机械常见故障与排除方法

### （一）手动喷雾机手柄操纵困难

#### 1. 可能的原因

① 皮碗老化或变形；② 活塞杆变形；③ 杆件铰链磨损或卡滞；④ 出液不畅。

#### 2. 排除方法

① 拆换皮碗；② 校正活塞杆；③ 铰链润滑；④ 铰链磨损严重应修复或更换；⑤ 疏通输液与喷洒系统。

### （二）手动喷雾机空气室内不进药液

#### 1. 可能的原因

① 吸液网堵塞；② 皮碗故障或损坏；③ 连接部位漏气；④ 进水阀关闭不严。

#### 2. 排除方法

① 清洗或更换滤网；② 浸油处理或更换；③ 检查密封或更换密封垫；④ 修复或更换进水阀。

### （三）机动喷雾机空气室内不进药液

#### 1. 可能的原因

① 滤网堵塞；② 活塞组件故障或损坏；③ 出水阀关闭不严或损坏；④ 调压阀损坏；⑤ 进水管路漏气。

#### 2. 排除方法

① 清洗或更换滤网；② 更换活塞组件中有故障的零件；③ 修复出水阀；④ 检查保障进水管密封。

### （四）喷雾机雾化不良

#### 1. 可能的原因

① 压力不足；② 喷孔堵塞；③ 喷孔磨损；④ 开关不良；⑤ 压力管路泄漏。

**2. 排除方法**

① 检查手动泵或机动泵是否正常；② 调整或修复调压阀；③ 清洗喷射管路系统；④ 更换喷孔片或喷嘴；⑤ 修复或更换开关；⑥ 检查压力管路，并保障其密封性。

### （五）弥雾喷粉机喷不出雾或雾少

**1. 可能的原因**

① 喷嘴或空心轴堵塞；② 开关不良或堵塞；③ 进风门未打开；④ 药箱盖漏气；⑤ 发动机故障。

**2. 排除方法**

① 清洗疏通喷嘴；② 修复或更换开关；③ 打开进风门；④ 检查保障药箱盖密封；⑤ 检查并排除发动机故障。

### （六）弥雾喷粉机药液进入风机

**1. 可能的原因**

① 进气塞密封不严；② 进气软管脱落。

**2. 排除方法**

① 修复或更换进气密封组件；② 重新安装进气软管。

### （七）弥雾喷粉机喷不出粉

**1. 可能的原因**

① 药粉过湿；② 粉门未开；③ 吹粉管脱落。

**2. 排除方法**

① 换符合要求的干药粉；② 打开粉门；③ 重新安装。

## 【任务拓展】

### 一、植物保护作业的农业技术要求

植物保护作业时，常用液态或粉态药剂，作业的农艺要求为：① 喷药量应符合病虫害防治要求；② 喷雾时，药液浓度和喷量稳定，喷洒均匀，不漏喷，不发生药害；喷粉时，风扇风压和风量稳定，应有一定的射程，药粉吹达到作物上的药粉粉粒细小且喷撒均匀；③ 能连续进行作业，工作可靠，作业效率高，防治及时；④ 田间移动作业的喷药机械，要有良好的通过性，喷嘴应与作物保持一定的距离，不可碰伤作物；⑤ 与药液直接接触的部件应具有良好的耐腐蚀性；⑥ 应满足喷药的安全规则，尽量减少农药对周围环境的污染。

## 二、植物保护的施药方法

药剂常为液态或粉态，施药方法为：喷雾、弥雾、喷烟、超低量、喷粉等方法。

（1）喷雾法。通过高压泵和喷头将药液雾化成 $100 \sim 300\ \mu m$ 的方法。

（2）弥雾法。利用风机产生的高速气流将粗雾滴进一步破碎雾化成 $75 \sim 100\ \mu m$ 的雾滴，并吹送到远方。特点是雾滴细小、飘散性好、分布均匀、覆盖面积大，可提高生产率和喷洒浓度。

（3）超低量法。利用高速旋转的齿盘将药液甩出，形成 $15 \sim 75\ \mu m$ 的雾滴，可不加任何稀释水，故又称超低容量喷雾。

（4）喷烟法。利用高温气流使预热后的烟剂发生热裂变，形成 $1 \sim 50\ \mu m$ 的烟雾，再随高速气流吹送到远方。

（5）喷粉法。利用风机产生的高速气流将药粉喷洒到作物上。

## 三、植物保护机械的分类

植物保护机械的种类较多，可按施药方法、动力类型、运载方式等分类。

按施药方法可分为：喷雾机、喷粉机、弥雾机、超低量喷雾机、烟雾机、拌种机和土壤消毒机等。

按动力类型可分为：人力、机动、电动和航空植保机械四类。

按运载方式可分为：肩挂式、背负式、担架式、机引式、悬挂式、自走式和飞机佩戴式。

## 四、植保机构的安全使用

### （一）喷药前的准备工作

（1）全面检查喷药机械，检查药箱、管路、阀门、开关组件及其连接部位是否可靠，转动部件是否转动灵活。

（2）加入清水试喷，看机具有无渗漏现象、管路是否通畅，并测定其喷药量是否符合要求。

### （二）喷药作业时的安全事项

（1）在农药的储运、配制、施药、清洗过程中，操作人员应穿专用的防护服，戴口罩。

尽量避免皮肤与农药接触。作业时应携带毛巾、肥皂，以便在农药接触到皮肤时及时清洗。

（2）选择正确的喷药方法和喷药时间。使用手动喷雾器，操作人员应站在上风位，隔行喷药，尽量采用后退行走喷雾法。对于背负式机动喷雾喷粉机，操作人员行走方向应与风向垂直或不小于 45°避免左右摆动喷药。超低量喷雾时，严禁使用剧毒农药，风速过大或上升气流较大时不宜施药。

（3）降低施液量。采用大容量喷雾法，不仅药液流失严重，而且对操作者的危害较大。建议采用小孔径喷头，以降低危害，提高农药利用率。生长期短的水果、蔬菜不应喷施剧毒农药。

（4）作业人员禁止抽烟、喝水、吃东西，不准用手擦面部。

（5）作业人员在作业中，如出现头晕、恶心等中毒症状，应立即停止工作，速去医院检查。

（6）在果园等通风不好的地方施药后，应设置明显标志，以防人员误入而引发中毒事件，且在规定的药效时间内，禁止人、畜取食喷洒过药剂的果实。

（7）混药和把药液倒入药箱时，要特别小心，不能洒落。背负式喷雾机的药液箱不能装得过满，以防药液从药液口溢出洒到施药人员身上。

（8）喷药机具在工作过程中，一旦发生故障，应立即停止工作，关闭阀门，再进行修理。

（9）作业结束后，要及时更换工作服。用肥皂洗脸、洗手，且要及时清洗工作服。

## （三）喷药后的机具清洗

（1）喷药后要及时清洗喷药机具，并更换漏水处的垫圈，其他处的密封垫圈，也应按规定定期更换。

（2）冲洗机器的人员要戴好防护用具，以免残余农药溅到身上引起中毒。

（3）污水应流入预先挖好的坑内。不可流入饮水井、河流、池塘，防止污染环境。

## 五、大田喷杆喷雾机

大田喷杆喷雾机的种类很多，发展速度较快，一些新的技术如 GPS 定位系统、图像处理系统等也正在应用于大田喷杆喷雾作业，广泛用于大豆、小麦、玉米和棉花等农作物的除草与病虫害的防治。根据喷杆型式不同可分为横喷杆、吊杆和气流辅助式三种。按动力源不同可分为自走式和非自走式两种。非自走式又有悬挂式、固定式和牵引式三种。根据作业幅宽分大型（18 m 以上）、中型和小型（10 m 以下）三种。

## 六、航空植物保护机械

飞机喷洒农药是一项特殊的农药应用技术，只能在土壤条件及地形地势不适合地面喷雾的情况下使用，如森林或丘陵。飞机喷雾非常适合处理大面积紧急灾情，例如突发性蝗虫大暴发治理。航空植保机械的发展已有几十年的历史，除用于病虫防治外，还可进行播种、施肥、除草、人工降雨、森林防护及繁殖生物等许多作业。我国农业航空方面使用最多的是运-5 型双翼机和运-11 型单翼机，前者是单发动机，后者是双发动机。运-5 飞机是一种多用途的小型机，设备比较齐全，低空飞行性能良好，在平原作业可距作物顶端 5～7 m，山区作业可距树冠 15～20 m。起飞、降落占用的机场面积小，对机场条件要求较低。在机身中部可安装喷雾或喷粉装置，能进行多种作业。

## 【项目自测与训练】

1. 中耕的目的是什么?有何要求?
2. 中耕机有哪些类型？各有何特点?
3. 锄铲式中耕机由哪些部件组成?
4. 锄铲式中耕机主要工作部件是什么？有哪些形式？各有何特点?
5. 如何根据农艺要求选择、配置和使用中耕机?
6. 植物保护机械的作用是什么?
7. 植物保护方法有哪些？你认为何种方法值得推广？为什么?
8. 喷雾有哪些农艺要求?
9. 喷雾机有哪些种类，有何特点?
10. 机动喷雾机由哪些主要部件构成？各部件作用是什么?
11. 弥雾喷粉机由哪些主要部件构成？各部件作用是什么?
12. 弥雾喷粉机在进行喷雾、喷粉作业时，如何配置工作系统?

# 项目六　收获机械结构与维修

## 【项目描述】

收获机械是用于作物收割、集捆、运输、脱粒、分离和清选等作业的重要农机作业机械。通过本项目的学习，学生应了解收获机械的类型，掌握收获机械结构，学会调整各种耕地机械，并能排除收获机械的常见故障，以提升解决农机机械维修作业中实际问题的能力。

## 【项目目标】

◆ 了解作物收获方法及收获机械的类型；
◆ 掌握收获机械的结构；
◆ 能正确调整收获机械；
◆ 会排除收获机械的常见故障。

## 【项目任务】

• 认识收获机械的结构；
• 安装调整收获机械；
• 排除收获机械的故障。

## 【项目实施】

## 任务一　收割机的结构与维修

### 【任务分析】

收割机用以完成作物的收割和放铺（或捆束）两项作业的机械。在熟悉收割机结构的基础上，学会收割机的正确使用，并能对收割机进行维修。

## 【相关知识】

### 一、收割机的种类

（1）按放铺形式的不同，可分为收割机、割晒机和割捆机。

① 收割机：用于分段收获作业。收割机工作时将作物割断，使被割刀切断的谷物茎秆形成与前进方向呈90°的"转向条铺"，以便于捡拾、人工分把和打捆。这种机型的型号较多，应用较广，多与手扶或小型拖拉机配套，为悬挂式。

② 割晒机：用于两段联合收获作业。收割机工作时，被割刀切断的谷物茎秆形成与前进方向平行的、首尾相搭接的"顺向条铺"，以便于两段收获时的晾晒。这种条铺不便于人工分把或捆束，它是专为装有捡禾装置的联合收割机配套使用的，作物在条铺中经过晾晒及后熟后，再进行捡拾—脱粒—清选联合作业。割晒机的割幅较大，多为4 m或4 m以上。该机有牵引式、悬挂式和自走式三种。

③ 割捆机：用于分段收获作业。割捆机工作时，能同时完成收割与打捆两项作业，它是将谷物茎秆割断后进行自动打捆，然后放于田间。可减轻收获的劳动强度，但捆束机构比较复杂，捆绳（绳子有麻绳、草绳及尼龙绳等）比较贵，故目前应用较少。

（2）按割台形式不同，可分为立式割台收割机和卧式割台收割机。

① 立式割台收割机：割台为立式，谷物被切断后，茎秆呈直立状态被输送装置送出机外铺放在留茬地上。

② 卧式割台收割机：割台为卧式，谷物被切断后，茎秆卧倒在割台上被输送装置送出机外铺放在留茬地上。

### 二、收割机的一般构造和工作过程

目前生产上广为应用的收割机，按其结构形式可分为立式和卧式两类。

#### 1. 立式收割机

立式收割机其割台为直立式（略有倾斜），被割断的禾秆以直立状态进行输进，因而其纵向尺寸较小，质量较轻。以水稻为主的收割机多采用这种结构，一般由切割器、输送装置、星轮拨禾机构、机架和传动机构等组成。如图6.1所示为该种收割机的示意图。机器安装在手扶拖拉机或小型四轮拖拉机的前面。

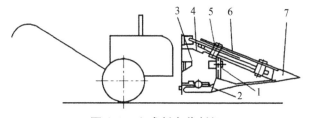

**图6.1 立式割台收割机**

1—切割台；2—切割器；3—输送装置；4—压力弹簧；5—扶禾星轮；6—盖板；7—分禾器

　　工作示意图如图 6.2 所示，工作过程：机器前进时，由收割台前面的分禾器和小扶禾器将谷物分开，扶禾星轮在下输送带拨齿带动下将谷物扶起并拨向收割台。谷物被切割器切割后，已割谷物茎秆由上、下输送带拨齿与扶禾星轮夹持侧向输送，压力弹簧则使谷物茎秆在输送过程中紧贴挡板，不致前倾，保持直立的输送状态。当谷物茎秆输送到割台侧端时，即离开输送带，与机器前进方向约呈 90°，依先后顺序头尾整齐地条铺于田间。输送带的运动方向可以改变，借此改变左、右放铺位置以实现两侧放铺。

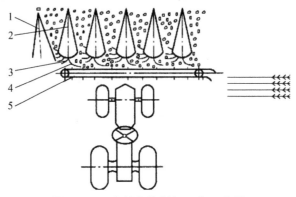

**图 6.2　立式割台收割机工作示意图**

1—分禾器；2—小扶禾器；3—扶禾星轮；4—弹簧杆；5—输送带

### 2. 卧式收割机

　　割台为卧式（略向前倾斜），其纵向尺寸较大，但工作可靠性较好。宽幅收割机多采用这种结构，图 6.3 为卧式割台收割机的外形示意图。卧式割台有单输送带、双输送带和三条输送带等三种，如图 6.4 所示。其基本构造大致相同，即由切割器、拨禾轮、输送器（及排禾放铺口）、机架及传动机构等组成。但其工作过程各有所不同。下面分别介绍其工作过程。

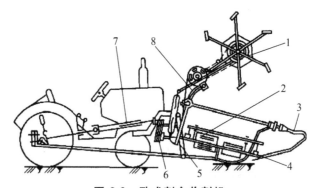

**图 6.3　卧式割台收割机**

1—拨禾轮；2—输送铺放装置；3—分禾器；4—切割器；5—悬挂升降机构；
6—传动系统；7—传动联轴器；8—机架

　　（1）单带卧式割台收割机，如图 6.4（a）所示。其工作过程为：拨禾轮首先将机器前方的谷物拨向切割器，切断后被拨倒在输送带上。谷物被送至排禾口，落地时形成了顺向交叉状条铺。条铺宽为 1~1.2 m。

　　（2）双带卧式割台收割机，如图 6.4（b）所示。该机在割台上有两条长度不同的输送带，前带长度与机器割幅相同；后带较前带长 400～500 mm，其后端略升起，并向外侧悬出。

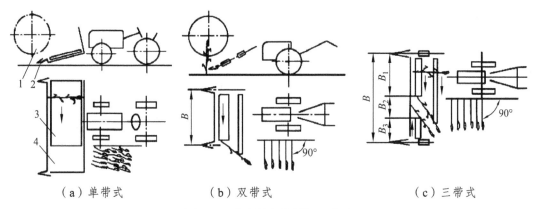

**图 6.4　卧式割台收割机示意图**
1—拨禾轮；2—切割器；3—输送带；4—放铺窗

作业时，谷物被割倒并落在两带上向左侧输送。当行至左端，禾秆端部落地，穗部则在上带的断续推送和机器前进运动的带动下落于地面，禾秆形成了转向条铺。

这种收割机对作物生长状态适应性好，工作较可靠。但只能向一侧放铺，割前需人工开割道。

（3）三带卧式收割机。其割台上有三条输送带（前带、后带及反向带）和一个排禾口（位于割台的中部）。各输送带均向排禾口输送。如图 6.4（c）所示，收割时，割台前方 $B_1$、$B_2$ 及 $B_3$ 区段内的谷物放铺过程各不相同。

在 $B_1$ 段内的谷物，被割倒并倒落在上、下输送带上，平移到排禾口。其茎端先着地而穗部被运至左端抛出。其放铺角较大，为 90°左右。

在 $B_2$ 段内的谷物，被割倒后茎端立即着地，穗部被上带运至左端抛出。其放铺角略小，并不太一致，为 70°～90°。

在 $B_3$ 段内的谷物，被割断后茎端被反向带推向排禾口，禾秆沿茎端运动方向倾倒。其放铺角较小，为 70°左右并有少许茎差，为 10～15 cm。

由上述分析可知：三带式放铺机构的条铺由三部分（$B_1$、$B_2$、$B_3$）禾秆汇集而成。大部分禾秆的放铺角为 70°～90°，少部分为 50°～70°，从人工打捆要求来看，一般可满足要求。该机构的另一特点是，条铺放在割幅之内，割前不用开割道，作业灵活。

由于茎秆是在水平状态下被输送的，因此输送平稳，且拨禾轮对倒伏作物具有一定的扶起作用。但机构纵向尺寸大，不利于拖拉机前置配置，故很少在小型拖拉机上使用。


## 三、收割机的主要工作部件


### （一）切割器

切割器的功用是切断谷物茎秆，它是收割机的主要工作部件。其性能应满足下列要求：

割茬整齐（无撕裂）、无漏割、功率消耗小、振动小、结构简单和适应性广等。它有往复式、圆盘式和甩刀回转式三种，最常见的是往复式切割器。

### 1. 往复式切割器

往复式切割器由动刀片、刀杆、定刀片、护刃器、压刃器和摩擦片等组成，如图 6.5 所示。动刀片固定在刀杆上，由曲柄连杆（或摆环）机构驱动，做周期性的往复运动。护刃器内固定有定刀片。工作时，割刀在作往复运动的同时随机组前进，其护刃器前尖将谷物分成小束并引向割刀，动刀片与定刀片形成剪切，将谷物茎秆切断。它是有支承切割，不需要很高的切割速度。往复式切割器结构较简单，工作可靠，适应性强，切割质量较好，能适应一般或较高作业速度（6～10 km/h）的要求，并可用于割幅大的机器上，因此，在割草机、收割机和谷物联合收割机上得到广泛的应用。往复式切割器存在的问题是割刀做往复运动，惯性力大，不易平衡，工作时振动较大，切割茎秆时茎秆有倾斜和晃动，易造成落粒损失。

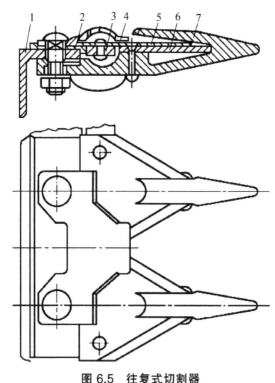

**图 6.5 往复式切割器**
1—护刃器梁；2—摩擦片；3—刀杆；4—压刃器；5—动刀片；6—定刀片；7—护刃器

（1）动刀片。

动刀片是主要切割件，为对称六边形，如图 6.6（a）所示，两侧为刀刃。刀刃的形状有光刃和齿纹刃两种。光刃切割较省力，割茬较整齐，但使用寿命较短，工作中需经常磨刀。齿纹刃刀片则不需磨刀，虽切割阻力较大，但使用较方便，在谷物收割机和联合收割机上多采用它。

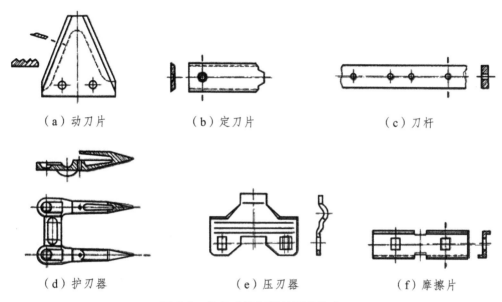

（a）动刀片      （b）定刀片      （c）刀杆

（d）护刃器      （e）压刃器      （f）摩擦片

**图 6.6　往复式切割器的零件构造**

往复式切割器中动刀片行程定为 $s$，动刀片间距离为 $t$，护刃器之间距离为 $t_0$，如图 6.7 所示。国标 GB 1209—75 标定了 $s = t = t_0 = 76.2$ mm 这一种尺寸关系，并将此尺寸关系标定了三种型式的切割器。

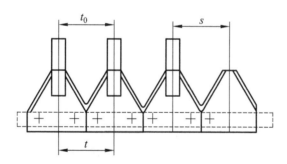

**图 6.7　往复切割器结构尺寸与行程关系**

标Ⅰ型切割器：其尺寸关系为 $t = t_0 = 76.2$ mm，动刀片为光刃，护刃器为单齿，设有摩擦片，用于割草机。

标Ⅱ型切割器：其尺寸关系为 $t = t_0 = 76.2$ mm，动刀片为齿刃，护刃器为双齿，设有摩擦片，用于收割机和谷物联合收割机。

标Ⅲ型切割器：其尺寸关系为 $t = t_0 = 76.2$ mm，动刀片为齿刃，护刃器为双齿，无摩擦片，用手收割机和各物联合收割机。

（2）定刀片。

定刀片如图 6.6（b）所示，为支承件，一般为光刃；但当动刀片采用光刃时，为防止茎秆向前滑出也可采用齿刃。国外有的机器护刃器上没有定刀片，由锻钢护刃器支持面起支承切割的作用。

（3）刀杆。

刀杆如图 6.6（c）所示，为一矩形断面的扁钢条，用以固定动刀片。在适当位置还固定有刀杆头，以便与驱动机构相连，带动刀杆做往复直线运动。

（4）护刃器。

护刃器如图 6.6（d）所示，其作用是保持定刀片的正确位置、保护割刀、对禾秆进行分束和利用护刃器上舌与定刀片构成两点支承的切割条件等。其前端呈流线型并少许向上或向下弯曲，后部有刀杆滑动的导槽。护刃器为双联，其上铆有定刀片（JL-1075 无定刀片），护刃器用螺栓固定在护刃器梁上。

（5）压刃器。

压刃器如图 6.6（e）所示，为了防止割刀在运动中向上抬起和保持动刀片与定刀片正确的剪切间隙（前端不超过 0～0.5 mm，后端不大于 1～1.5 mm），在护刃器梁上每隔 300～500 mm 装有压刃器。它为一冲压钢板或韧铁件，能弯曲变形以调节它与割刀的间隙。

（6）摩擦片。

摩擦片如图 6.6（f）所示，用螺栓固定在护刃器梁上，用以支承割刀后部使之具有垂直和水平方向的两个支承面，以代替护刃器导槽对刀杆的支承作用。当摩擦片磨损时，可增加垫片使摩擦片抬高或将其向前移动。装有摩擦片的切割器，其割刀间隙调节较方便。

## 2. 圆盘式切割器

圆盘式切割器的割刀在水平面（或有少许倾斜）内作回转运动，因而运转较平稳，振动较小。该切割器按有无支承部件来分，有无支承切割式和有支承切割式两种。

（1）无支承圆盘式切割器。

该切割器的割刀圆周速度较大，为 25～50 m/s，其切割能力较强。切割时靠茎秆本身的刚度和惯性支承。目前在牧草收割机和甘蔗收割机上采用较多，在小型水稻收割机上也采用。

在牧草收割机上多采用双盘或多组圆盘式切割器，如图 6.8（c）、（e）所示，每个刀盘由刀盘架、刀片、锥形送草盘和拨草鼓等组成。刀片和刀盘体的连接有铰链式和固定式两种。在牧草收割机上，为适应高速作业和提高对地面的适应性，多采用铰链式刀片。其刀片的形状如图 6.8（d）所示。其刃部少许向下弯曲，切割时对茎秆有向上抬起的作用。工作中每对圆盘刀相对向内侧回转。当刀片将牧草割断并沿送草盘滑向拨草鼓时，拨草鼓以较高的速度将茎秆抛向后方，使其形成条铺。在多组双盘式切割器上，为了简化机构常在送草盘的锥面上安装小叶片，以代替拨草鼓的作用。刀盘的传动有上传动式和下传动式两种。上传动式用皮带传动，其结构简单，但不紧凑；下传动式用齿轮传动，其下方设有封闭盒，结构较紧凑，是今后的发展方向。

圆盘式切割器可适应 10～25 km/h 的高速作业。最低割茬可达 3～5 cm，工作可靠性较强，但其功率消耗较大。近年来国外回转式割草机的机型发展较多，并有扩大生产的趋势。

在甘蔗收割机上多采用具有梯形或矩形固定刀片的单盘和双盘式切割器。一般刀盘前端向下倾斜 7°～9°，以利于减少茎秆重切和破头率。

在小型水稻收割机上，有采用单盘和多盘集束式回转式切割器者。多盘集束式切割器能将割后的茎秆成小束地输出，以利于打捆和成束脱粒。它由顺时针回转的三个圆盘刀及挡禾装置组成，如图 6.8（b）所示。圆盘刀除随刀架回转外自身作逆时针回转，在其外侧的刀架上有拦禾装置。圆盘刀（刃部为锯齿状）将禾秆切断后推向拦禾装置。该装置间断地把集成小束的禾秆传递给侧面的输送机构。这种切割器因结构较复杂应用较少。

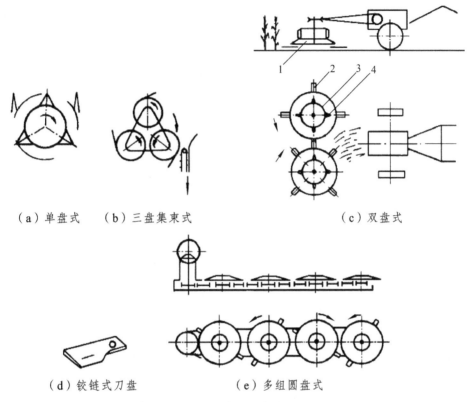

（a）单盘式　　（b）三盘集束式　　　　　　　（c）双盘式

（d）铰链式刀盘　　　　（e）多组圆盘式

**图 6.8　圆盘式切割器**

1—刀盘架；2—刀片；3—送草盘；4—拨草鼓

（2）有支承圆盘式切割器。

该切割器如图 6.9 所示，除具有回转刀盘外，还设有支承刀片。收割时该刀片支承茎秆由回转刀进行切割。其回转速度较低，一般为 6~10 m/s。刀盘由 5~6 个刀片和刀盘体铆合而成。其刀片刃线较径向线向后倾斜 $\alpha$ 角（切割角），该角不大于 30°。支承刀多置于圆盘刀的上方，两者保有约 0.5 mm 的垂直间隙（可调）。

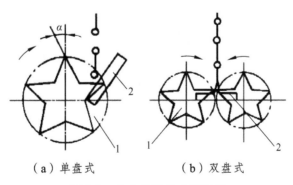

（a）单盘式　　　　　（b）双盘式

**图 6.9　有支承圆盘式切割器**

1—回转刀盘；2—支承刀片

### 3.甩刀回转式切割器

该切割器的刀片铰链在水平横轴的刀盘上,在垂直平面(与前进方向平行)内回转。其圆周速度为 50～75 m/s,为无支承切割式,切割能力较强,适于高速作业,割茬也较低。目前多用于牧草收割机和高秆作物茎秆切碎机上,如国产 4YW-2 的茎秆切碎器。

甩刀回转式切割器由水平横轴、刀盘体、刀片和护罩等组成,如图 6.10 所示。刀片铰链在刀盘体上分 3～4 行交错排列。刀片宽为 50～150 mm,配置上有少许重叠。刀片有正置式和侧置式两种。正置式多用在牧草收割机上,切割时对茎秆有向上提起的作用,刀片前端有一倾角。侧置式多用在粗茎秆切碎机上。

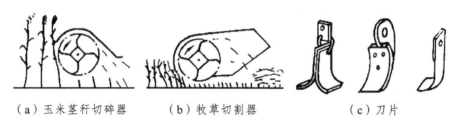

（a）玉米茎秆切碎器　　　（b）牧草切割器　　　（c）刀片

**图 6.10　甩刀回转式切割器**

收割时,割刀逆滚动方向回转,将茎秆切断并拾起抛向后方。在牧草收割机上为了有利于茎秆铺放,其护罩较长较低;在粗茎秆切碎机上为有利于向地面抛撒茎秆,其护罩较短。

甩刀回转式切割器由于转速较高,一般割幅较小为 0.8～2 m。在割幅较大的机器上可采用多组并联的结构。

用甩刀回转式切割器收割直立的牧草,因草屑损失较多,总收获量较往复式切割器减少 5%～10%。但在收获倒伏严重的牧草时,总收获量较往复式为多。

## （二）往复式切割器的驱动机构

往复式切割器的割刀驱动机构用来把传动轴的回转运动变成割刀的直线往复运动驱动机构。型式有多种,按结构原理可分为曲柄连杆机构、摆环机构和行星齿轮机构。

### 1.曲柄连杆机构

曲柄连杆驱动机构的常见形式,如图 6.11 所示。

图 6.11 中(a)、(b)为一线式曲柄连杆机构,曲柄、连杆、割刀在同一平面内运动。其中(a)为卧轴式,(b)为立轴式。特点是结构简单,但横向占据空间较大,多用于侧置割台。

图 6.11 中(c)、(d)为转向式曲柄连杆机构,其中(c)为三角摇臂式,(d)为摇杆式。特点是横向所占空间小,适用于前置式割台。

图 6.11 中(e)为曲柄滑块式连杆机构,是曲柄连杆式的一种变形,结构较紧凑,但滑块、滑槽易磨损。

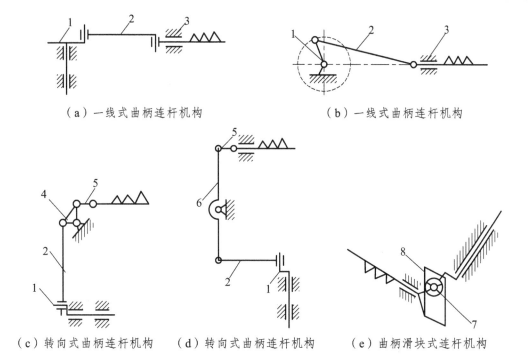

（a）一线式曲柄连杆机构　　　　　　　　（b）一线式曲柄连杆机构

（c）转向式曲柄连杆机构　　（d）转向式曲柄连杆机构　　（e）曲柄滑块式连杆机构

**图 6.11　曲柄连杆驱动机构**

1—曲柄；2—连杆；3—导向器；4—三角摇臂；5—小连杆；6—摇杆；7—滑块；8—滑槽

## 2. 摆环机构

　　摆环机构的结构与工作过程如图 6.12 所示。它由主轴、主销、摆环、摆叉，摆轴、摆杆和小连杆等组成。主销与主轴中心线有一倾角 $\alpha$。轴承装在主销上，其外为摆环，摆环外缘上有两个凸销，与摆轴的摆叉相铰接，摆轴一端固定摆杆，摆杆通过小连杆与割刀连接。工作时，主轴转动，摆环在主销上绕 $O$ 点作左右摆动，摆动范围为 $\pm\alpha$ 角。通过摆叉使摆轴在一定范围内来回摆动，带动摆杆左右摆动，再通过小连杆，带动割刀作往复运动。摆环机构，结构紧凑、工作可靠，在联合收割机上应用广泛。

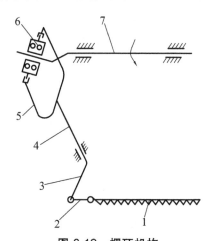

**图 6.12　摆环机构**

1—切割器；2—导杆；3—摆杆；4—摆轴；5—摆叉；6—摆环；7—主轴

### 3. 行星齿轮机构

行星齿轮驱动机构是近年来新采用的割刀驱动机构，它主要由直立的转臂轴、套在转臂上的行星齿轮、固定在行星齿轮上的曲柄及固定齿圈等组成，如图 6.13 所示。

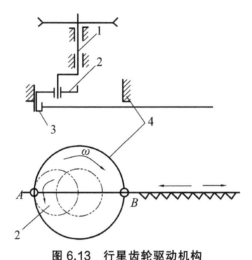

**图 6.13　行星齿轮驱动机构**
1—曲柄轴；2—行星齿轮；3—销轴；4—固定齿圈

行星齿轮机构的结构参数间有如下关系：内齿圈的齿数＝2×行星齿轮齿数；转臂长度＝曲柄长度＝1/2 行星齿轮直径，故当转臂轴转动时，行星齿轮除随转臂轴作公转外（轮心绕轴心转），还在内齿圈作用下作自转（轮绕轮心转），且自转转速为公转转速的两倍，从而曲柄端点（与刀头连接处）始终位于割刀运动直线上，割刀作纯水平方向的往复运动，无有害的垂直方向分力作用，震动和磨损比较小。

## （三）拨禾器和扶禾器

在收割机和联合收割机上装有拨禾器，其作用有三：一是把割台前方的谷物拨向切割器；二是在切割器切割谷物时，由前方扶持禾秆以防向前倾倒；三是在禾秆被切断后，将禾秆及时推落在输送器上。收割机上常用的拨禾器有拨禾轮和扶禾器，拨禾轮用于卧式割台收割机，扶禾器用于立式割台收割机。

### 1. 拨禾轮

拨禾轮的结构较简单、工作较可靠，多用于大中型收割机和联合收割机。按结构的不同，有普通式和偏心式两种。

（1）普通式拨禾轮。

普通式拨禾轮由压板、辐条、拉筋、轴和轴承、支臂及支杆等组成，如图 6.14 所示。工作时，拨禾轮绕轴旋转（旋转方向与机器的前进方向相同），其压板打在作物茎秆上，起拨禾、扶禾切割和向输送器拨送禾秆的作用。为了使压板进入禾丛后对谷物有向后拨送的作用，拨禾轮的圆周速度 $v_b$ 较机器前进速度 $v_m$ 为大，其比值 $v_b/v_m$ 为 1.2～2。

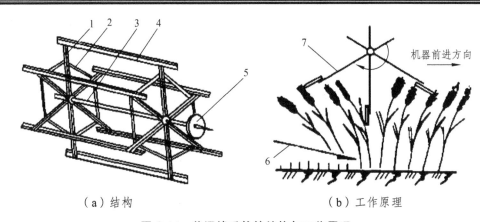

（a）结构 （b）工作原理

**图 6.14 普通拨禾轮的结构与工作原理**
1—辐条；2—拉筋；3—轮轴；4—压板；5—皮带轮；6—拨禾轮；7—收割台

拨禾轮工作时，必须适应收割各种不同高度和生长状态作物的需要。因此，拨禾轮轴的垂直高度和水平位置都能在一定范围内调节。

确定拨禾轮高度位置的原则是，压板不打在谷穗上，以免造成落粒损失；不打在已割谷物的质心处，以免将其抛掷到割台后方；也不打在质心以下，以免割下的谷物向前倾倒。在实际应用中一般是使拨禾轮压板打在被割作物谷穗以下，质心的上方，大约在已割谷物2/3 高度处，如图 6.15 所示。即

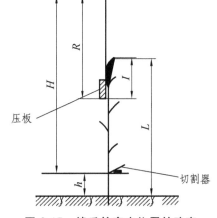

**图 6.15 拨禾轮高度位置的确定**

$$H = \frac{2}{3}(L-h) + R$$

式中 $H$ ——拨禾轮轴距切割器的垂直高度，m；

　　$L$ ——作物高度，m；

　　$h$ ——割茬高度，m；

　　$R$ ——拨禾轮半径，m。

收割直立谷物时，拨禾轮轴的水平位置一般位于切割器的正上方，这时压板对谷物的扶持及割后推进、铺放的作用范围是相等的。若将轮轴前移，压板的扶持作用范围增大而铺放作用范围减小，反之，若将轮轴后移，则压板的扶持作用范围减小而铺放作用范围增大。收割时，可以根据作物高度和生长状况的不同进行调节。收割矮秆作物时，因其质心低，铺放性能差，轮轴可适当后移并降低，以改善铺放性能；收割高秆作物时，因其质心高，铺放性能好，轮轴可适当前移并提高，以增加压板的扶持作用。收割顺向倒伏作物时，可将轮轴前移，增强扶持作用；收割逆向倒伏作物时，可适当后移，防止压板将作物推压到割台下面。

（2）偏心拨禾轮。

目前国产自走联合收割机多采用这种拨禾轮，它是在普通拨禾轮的基础上发展起来的，主要由压板、偏心调节机构、轮轴、辐条等构成，如图 6.16 所示。偏心机构装在辐盘上，与轮轴有一可改变的偏心距，主辐条和偏心辐条的外端通过曲柄相铰接，弹齿轴（压板）上装有钢丝弹齿。转动时，由于偏心机构的作用，弹齿与地面总是保持一定角度插入倒伏谷物中，

将茎秆扶起并加以梳理，切割后弹齿很容易从禾秆中抽出来，减少了对谷物的打击和挑草现象，其工作原理如图 6.17 所示。

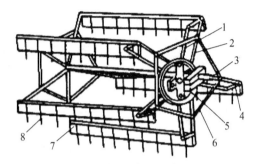

图 6.16　偏心拨禾轮的结构

1—偏心辐条；2—主辐条；3—轮轴；4—曲柄；5—偏心环；6—加强筋；7—压板；8—弹齿

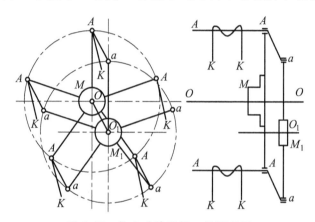

图 6.17　偏心式拨禾轮工作原理图

　　图 6.17 中 $M$ 是固定拨禾轮轴上的辐盘，$M_1$ 是调节用的偏心圆环，$A$—$A$ 为管轴，其上固定弹齿 $AK$，$M$ 的辐条与 $A$—$A$ 铰接，在管轴 $A$—$A$ 的一端伸出曲柄 $A$—$a$，$M_1$ 的辐条与 $A$—$a$ 铰接，$M$ 和 $M_1$ 的两组辐条长度相等（$AO = aO_1$），偏心距 $OO_1$（一般为 $50 \sim 80$ mm）和曲柄长度 $A$—$a$ 相等，因此，整个偏心拨禾轮由 5 组平行四连杆机构 $OO_1aA$ 组成。偏心圆环 $M_1$ 可绕轴心 $O$ 转动。当调整偏心圆环 $M_1$ 的位置，即可改变 $OO_1$ 与轴线 $OA$ 的相对位置，曲柄 $Aa$（包括和它成一体的管轴及弹齿 $AK$）也随着改变其在空间的角度。调整好所需角度后，将 $OO_1$ 的相对位置固定下来，于是在拨禾轮旋转时，不论转到哪个位置，$Aa$ 始终平行于 $OO_1$，弹齿 $AK$ 也始终保持调整好的倾角。

　　倾角调节范围一般为由竖直向下到向后或向前倾斜 30°。当顺着和横着的倒伏作物的方向收割

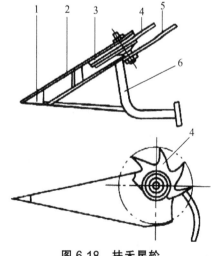

图 6.18　扶禾星轮

1—小扶禾器；2—盖板；3—防缠罩；4—扶禾星轮；
5—压禾弹簧；6—支架

时，将弹齿调到向后倾斜 15°～30°，并将拨禾轮降低和前移。收割高而密、向后倒伏的作物时，将弹齿调到前倾 15°。收割直立作物时，弹齿调到与地面垂直。

有的偏心拨禾轮，在弹齿面上还装有活动拨禾板。在收割直立作物，特别是低矮作物时，将拨禾板靠弹齿下方固定。收割垂穗作物，则将拨禾板固定在弹齿的中央和上部。在收割倒伏和乱缠作物时，将拨禾板拆掉，仅留弹齿。

偏心拨禾轮较普通拨禾轮重量大，成本高，结构复杂；但其扶禾能力强，其弹齿倾角可以调整，对倒伏作物的适应能力强（试验证明：采用偏心拨禾轮收获倒伏作物较普通拨禾轮可提高生产率 20%～30%，减少损失 40%～50%），广泛应用于大中型联合收割机上。

### 2. 扶禾器

（1）星轮扶禾器。

星轮扶禾器由扶禾星轮、压禾弹簧、扶禾架及扶禾罩等组装在一起构成，如图 6.18 所示，安装在收割机的前方。机器前进时，扶禾器插入禾丛将禾秆分开并扶持禾秆，扶禾星轮在立式割台输送带拨齿的带动下转动，它除了具有一定的扶禾作用外，主要是把谷物引向切割器起拨禾作用，并在压禾弹簧的配合下使禾秆紧靠挡板，被辗送带强制直立输送，以消除禾秆在直立输送中的散乱现象。

（2）八角轮。

它由上、下八角盘、圆柱筒体焊合而成，如图 6.19 所示。八角轮由轴上的带轮传动。当机器前进，谷物被分禾器分开后，八角轮将谷物拨向切割器以利切割。割后谷物在侧向直

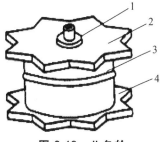

**图 6.19　八角轮**
1—轴套；2—上八角盘；3—筒体；
4—下八角盘

立输送过程中，八角轮与立式割台的输送带组成侧向输进通道，并起辅助输送作用。由于受直径的限制，八角轮只适于割幅较窄的收割机上。

### （四）输送装置

输送装置主要用来输送被切割器割下的谷物，并将其轻放到田里。

### 1. 立式割台输送装置

在立式割台收割机上，输送装置由直立的带有拨齿的上、下输送带，主、被动轴及其两侧的按禾星轮等组成，如图 6.20 所示。拨齿高度通常为 30～50 mm，由于禾秆在输送时下部阻力较大，因而下带通常比上带略宽。上、下输送带的输进速度一般是相同的，有些收割机下带的速度比上带高 10%～20%，带速一般为 1.2～1.9 m/s。输送的原则是保持割后谷物能顺利地直立输送，无零乱现象，这样才能使禾秆在排出机外时头尾整齐，并与机器前进方向约呈 90°铺放于田间。立式割台收割机的输送方式如图 6.21 所示。

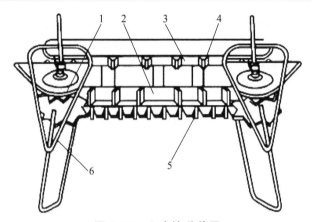

**图 6.20　立式输送装置**

1—拨禾星轮；2—下输送带；3—上输送带；4—拨齿；5—切割器；6—分禾器

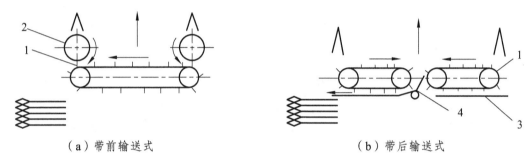

（a）带前输送式　　　　　　　　　　　（b）带后输送式

**图 6.21　立式割台的输送铺放方式**

1—输送带；2—扶禾星轮；3—后挡板；4—活门

## 2. 卧式割台输送装置

在卧式割台收割机上输送铺放装置一般由卧置前后输送带和主、从动轴及传动带轮组成。为了加强输送效果，一般在输送带上铆有木条或角铁。

前后输送带的长度是前短后长；输送速度前快后慢，所以谷物根部先着地，此时穗部仍在输送带上，谷物便产生转向。当后输送带随收割机前进至谷物根部着地处时，正好把穗部也输送到机外，作物转向约90°，条铺于田间，便于集捆或捡拾，如图6.22所示。

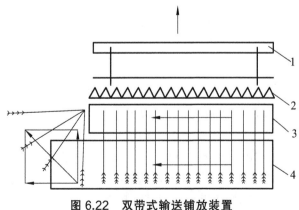

**图 6.22　双带式输送铺放装置**

1—拨禾轮；2—切割器；3—前输送带；4—后输送带

### 3. 螺旋式输送装置

　　螺旋式输送装置多用在联合收割机上，又称为割台推运器，结构如图 2.23 所示，主要由圆筒、螺旋叶片、伸缩扒指、推运器轴及调节机构组成。螺旋叶片分左右两段，焊在圆筒上，旋向相反。伸缩扒指位于推运器中间段，内端铰接在圆筒内扒指轴上，外端从圆筒上套筒穿出。推运器轴分左半轴、右半轴、短轴和扒指轴。左半轴用轴承支承在割台左侧壁上，外有带轮由传动机构驱动，内固定有圆盘与圆筒连接，右半轴外端用轴承支撑在割台右侧壁上，外端有调节手柄，内端用轴承支撑在圆盘上。短轴用轴承支撑在圆盘上。右半轴和短轴分别固定一曲柄，曲柄另一端与扒指轴固定连接。工作时，传动机构驱动左半轴转动，通过圆盘带动圆筒转动（右半轴、短轴不转）。圆筒拨动扒指绕扒指轴转动。由于扒指轴与圆筒轴不同心有一偏距，所以扒指伸出圆筒的长度在转动中有变化，即在前方时伸出长（扒指轴偏心的方向偏向前下方），以抓取作物，到后方时伸出短，以免将作物带回。割下作物由螺旋叶片从两侧向中间推进，再由扒指将作物从推运器与割台台面间向后输送至倾斜喂入室。

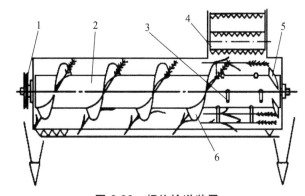

**图 6.23　螺旋输送装置**

1—传动带轮；2—螺旋推运器；3—伸缩扒齿；4—输送链耙；5—右旋叶片；6—左旋叶片

## 【任务实施】

## 一、安装与调整

### （一）切割装置的安装与调整

　　切割装置的动、定刀片是主要易损件，如图 6.24 所示。通常动刀片由专业制造厂按严格的技术要求批量生产，以保证刀片质量。一般技术要求是：刀片厚度 2.3 mm，刃部热处理宽度 10～15 mm，淬火区距安装孔边应大于 3 mm。刀片为光刃时，刃角为 19°，刃口厚度不超过 0.12 mm，使用中磨钝后，应及时磨锐。刀片为齿刃者，刃角为 25°，刃口厚度不超过 0.15 mm，每厘米刃刃长度上有 6～7 个齿，每侧连续缺损 3～4 齿，应更换新品。刀杆应平直，直线度为 0.5 mm，可在刀杆下平面和前面用钢尺靠紧进行检查，发现弯曲或扭曲应及时矫正。

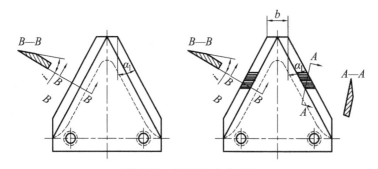

**图 6.24　动刀片技术状态**

$t$—刀片宽度；$b$—刀片顶宽；$i$—刃角；$\alpha_1$—刀片倾角

刀片在刀杆上铆接要牢固、紧密。定刀片在护刃器上的装配也要牢固、紧密。若有松动，动刀片在高速运动中，将会引起互相撞击而损坏零件。

刀杆头与传动机构的连接，既要能自由转动，又要不晃动。

切割装置的动刀片、定刀片及护刃器等零件的相互装配关系要处理好，以便干净利落地进行切割。若安装调节不当，将对切割质量和切割阻力造成很大影响，甚至会损坏机件。

### 1. 整列安装调节

此调节的主要作用是对谷物均匀分束和形成割刀运动的准确"轨道"。因此要求各护刃器尖端之间的距离应相等，且处于同一平面上。可从两侧护刃器尖拉线检查。高低及间距的偏差值，不得超过 ±3 mm；用直尺检查动刀片上平面，每 5 个刀片的偏差值，不得超过 0.5 mm。若查出偏差值超过规定，应在护刃器固定处增减垫片，进行重新安装；或用一节钢管套在护刃器尖端处进行矫正，也可用小锤轻轻敲打矫正。

### 2. 对中安装调节

此调节的主要作用是切割彻底。要求动刀片处于往复运动的极限位置时，它的中心线应与定刀片中心线相重合。其偏差值不得超过 3 mm，以便利用较高的切割速度和避免产生漏割现象，否则容易引起堵刀和损坏零件。调节办法通常是改变驱动连杆长度。

### 3. 密接安装调节

此调节的主要作用是保证切割间隙，便于顺利进行切割。要求动刀片处于往复运动的极限位置时，动刀片和定刀片前端应贴合，允许个别刀片前端略为翘起，但间隙不应超过 0.5 mm；动刀片和定刀片根部间隙不应超过 1 mm，宽幅收割机此间隙允许达到 1.5 mm，但不得超过动刀总数的 1/3。动刀片与压刃器之间的间隙通常为 0~0.8 mm，割刀前后间隙为 0.8 mm。调节方法是在护刃器或压刃器安装面上加减垫片，或用套管扳扭护刃器，或用手锤轻轻敲击压刃器和护刃器进行校正。

已调节好的切割装置，在刀头处用手抽动刀杆，应运动灵活自如，无卡滞现象。刀杆变形、护刃器梁变形、传动杆件变形，都会改变切割间隙，使调节困难，因此，在调节之前应尽可能先将以上零部件校正好。

## （二）拨禾装置的调节

### 1. 拨禾轮前、后位置和高、低位置的调节

拨禾轮的位置（高低和前后）可以调节，其调节机构根据机型的不同有机械式、液压式和液压－机械式三种。按调节方式的不同可分为分别调节式和联动调节式。

分别调节式是拨禾轮高低、前后调整分别进行。调整比较简单，拨禾轮的轴承安装在支架上，支架与收割台的管轴是铰接。当支架绕铰链旋转时，拨禾轮轴相对于切割器的高度改变，而将拨禾轮轴的轴承沿支架移动时，即可调整沿前后方向相对于切割器的位置。

拨禾轮高低位置调整，可在操纵台上利用液压操纵手柄来实现。它通过拨禾轮两侧的升降油缸，使支架绕管轴上下摆动，从而改变拨禾轮高低位置。

拨禾轮前后位置调整，是靠移动拨禾轮轴承在支架的位置来实现的。调整时，应先松开 V 带张紧轮（或者张紧链轮），将 V 带取下，然后拆除穿在支架上的固定螺栓，前后移动拨禾轮到所需位置，重新固定螺栓。调整中应注意保证左右两侧拨禾轮轴固定位置一致，调整后应保持 V 带适当的紧度（或者链条的紧度）。

有的高低位置的调整是通过改变拨禾轮支臂对支承架的位置来完成的，如图 6.25 所示。

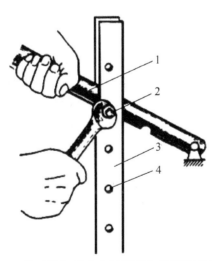

**图 6.25　拨禾轮机械式高低调整机构及调整示意图**
1—拨禾轮支臂；2—调节螺栓；3—支撑架；4—调节孔

联动调节式以东风-5 联合收割机为例。调整时，拨禾轮的前后位置和高低位置调节联动，即当拨禾轮高低位置改变时，其水平位置也随之改变。这样可使拨禾轮在各位置时，能与收割台保持一定的相对位置关系。

联动调节机构常见的如图 6.26 所示，由支架、双臂杠杆、拉杆、支杆、油缸及张紧机构等组成。拨禾轮轴承通过滑块空套在支架上，支架与油缸的柱塞铰链，并可绕轴 $O$ 摆动。双臂杠杆用轴 $A$ 铰接；在支架上，一端 $B$ 与拉杆铰接，而拉杆的前部用夹箍固定，并与滑块铰接在一起。双臂杠杆另一端 $C$ 与杆铰接，杆的下端 $O$ 与收割台侧壁铰接。

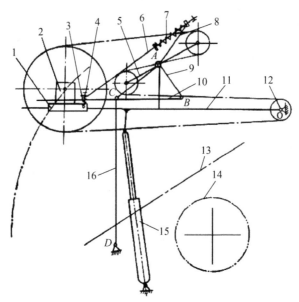

**图 6.26　拨禾轮联动调节机构**

1—滑块；2—轴承座；3—卡簧；4—螺钉；5—三角皮带张紧轮支杆；6—前后单独调节杆；7—弹簧；8—支杆；
9—双臂杠杆；10—拉杆；11—支臂；12—铰链轴；13—割台侧板上缘；
14—螺旋推运器；15—油缸；16—拉杆

当油缸中进入压力油时，柱塞将支架绕轴 $O$ 顶起，拨禾轮向上抬起。此时与支架铰接的双臂杠杆的铰接点 $A$，也同时绕轴 $O$ 向上转动。由于杆与收割台侧臂的铰接点 $D$ 是固定不动的，因而 $A$ 与 $D$ 之间的距离增大，使双臂杠杆绕点 $A$ 逆时针方向转动，同时拉动拉杆使滑块和支架向后滑动，拨禾轮后移。当油缸的油管与回油管相通时，支架在拨禾轮重量作用下，绕 $O$ 点向下转动，拨禾轮位置降低。与此同时，$A$ 点也下降，$A$ 与 $D$ 之间距离缩短，使双臂杠杆绕 $A$ 点顺时针方向转动，推动拉杆将滑块沿支架向前推，拨禾轮前移。由此可见，由于联动机构的作用，使拨禾轮升起时，同时向后移动，而拨禾轮下降时，同时向前移动。

拨禾轮联动机构还连带一套链条自动张紧机构，由张紧链轮、张紧轮支架、顶杆和弹簧等组成。两个张紧链轮装在张紧轮支架的两端。弹簧装在顶杆上，用来保持传动链所必需的张力。当拨禾轮位置下降时，拨禾轮前移，传动链被拉紧，这时，由于同时拉动顶杆，带动张紧轮支架绕 $A$ 点作逆时针方向转动，又使链条放松，这样就保持了传动链原来的紧度。同理，当拨禾轮位置抬高时，拨禾轮后移，传动链放松，由于同时推动顶杆，带动张紧轮支架绕 $A$ 点作顺时针方向转动，又使链条拉紧。

在一般情况下，拨禾轮前后位置不用单独调整，在拨禾轮升降时，其前后位置就自动相适应地调好了。必要时，在非工作状态也可以单独调整，松开顶杆夹箍（两侧），将拨禾轮两侧的支套沿支臂前后移动到所需的位置，再将两侧夹箍锁紧即可。

### 2. 拨禾轮的转速调节

机械式调节机构有：更换链轮、更换带轮或调节带轮直径等。

液压式可实现无级变速，使用较方便，在大、中型谷物联合收割机上采用较多。东风-5

型联合收割机的拨禾轮液压无级变速器由主动带轮、被动带轮和 V 带等组成，如图 6.27 所示。各带轮均由两个带盘构成，其中一个为可动式，另一个为固定式。在主动带轮的轴心处设有油缸。当油缸进油时，柱塞移动并通过螺栓带动可动盘作轴向移动，使其工作直径增大，这时带紧度增大，迫使被动带轮的可动盘克服弹簧压力作轴向移动，因此工作直径相应变小，借此改变传动比。由于柱塞移动距离不同，可获得多种速比，因而可实现无级变速。

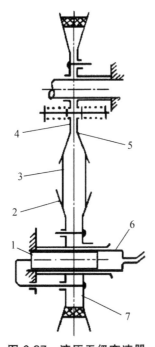

**图 6.27 液压无级变速器**

1—柱塞；2—主动轮固定盘；3—皮带；4—被动轮可动盘；
5—被动轮固定盘；6—油缸；7—主动轮可动盘

## （三）输送装置的安装与调节

输送带技术状态应完好，如有严重毛边和拉长现象，将影响谷物直立输送的质量。拨齿在带上的铆接要牢固，各拨齿之间的距离应相等，各拨齿的齿高应一致。两带轮立轴应保持中心线平行，不能有弯曲变形。

上、下输送带和拨禾星轮的技术状态及它们之间的相互安装关系，直接影响谷物直立输送的质量。

### 1. 输送带的安装高度位置调节

下输送带的主要作用是克服割刀上表面对茎秆的摩擦阻力，因此，其安装位置应尽量接近于割刀，通常取下输送带拨齿中心线到割刀上表面的距离为 50 mm 左右。

上输送带的主要作用是克服茎秆惯性力，因此，其安装高度应随作物高度不同而改变，通常要求上输送带的拨齿能扶持在作物自然高度的 1/3 ~ 2/5 处。

### 2. 输送带的安装紧度调节

输送带的张紧度应适当，若因带拉长等原因而变松时，带将打滑，降低输送速度，甚至失去输送作用，不能工作。通常在输送带被动带轮轴上设置调节丝杠，用以调节带紧度。

调节输送带紧度时，要注意上、下一致，上紧下松或上松下紧都会使输送质量恶化，造成放铺紊乱和增加割台损失。

### 3. 拨禾星轮位置调节

拨禾星轮配合输送带放铺谷物，通常要求拨禾星轮下平面与上输送带的拨齿大体相平。上输送带调节高低位置时，拨禾星轮高低位置也应随之调节。

拨禾星轮与输送带之间的距离，应根据作物的稀密程度适当调节，通常作物丰产密度大时，此输送间隙应调大一些。

### 4. 输送带的前倾调节

此调节是指输送带上拨齿相对于下拨齿的倾斜度，实际是调节上输送带的前后位置，通常作物稠密时或顺作物倒伏方向收割时，应加大前倾。作物稀疏或矮小时，可适当后倾。

## （四）往复式切割器的安装技术要求

（1）各护刃器应在一个平面上，误差小于 0.5 mm（用拉线法检查）。刀杆总成应平直，误差小于 0.5 mm。

（2）刀杆前后间隙 $W \leqslant 0.8$ mm，刀片与护刃器舌间间隙 $X = 0.4 \sim 1.2$ mm。可用摩擦片 $M$ 上下，前后位置调整。

（3）切割间隙 $Y \leqslant 0.8$ mm，可用压刃器调整。

（4）割刀处于往复行程极限位置时，动刀片中心线与护刃器尖中心线重合，误差<5mm。若不符，可断开割刀与球铰的连接，转动球铰，改变连杆长度调整。

## （五）螺旋推运器的调整

为保证能很好地输送作物，不使作物在割台上堆积和堵塞，推运器有如下调整。

### 1. 螺旋叶片与割台台面的间隙

此间隙一般为 10～20 mm。喂入量大时，应大些，反之则减小。此间隙可用固定在割台侧壁上的轴承支撑板调整。调整时，松开固定螺栓，拧动调节螺栓，使支撑板上下移动，改变推运器与台面的相对位置，调好后，再用固定螺栓固定。调整时，左右两边同时调整，以保持推运器与台面平行。

### 2. 伸缩扒指的调整

扒指与割台台面间间隙，可根据工作情况不同调整，一般为 10 mm。喂入量大时，间隙应大；喂入量小时，间隙应小，但不得小于 5 mm。此调整可用右侧调节手柄调整。调整时，松开固定螺栓，扳动手柄，带动右半轴及曲柄转动，改变扒指轴位置，即改变扒指与台面间间隙。调整后，紧固固定螺栓。

### 3. 传递扭矩大小调整

螺旋推运器左端设有安全离合器，用以控制传递扭矩大小，以防超载损坏零部件。传递扭矩的大小，可用离合器弹簧力调整。弹簧压缩，传递扭矩增大；反之减小。合适的扭矩，应保证推运器能正常工作，且负荷过大或遇异物时，能自动切断动力。

## 二、收割机常见故障及其排除

### 1. 切割质量差

造成收割机切割质量差的主要原因有：

① 切割间隙太大；② 刀刃磨钝；③ 割刀堵泥；④ 前进速度过高，负荷太大；⑤ 前进速度过低，二次切割；⑥ 分禾器太向外，割幅边留茬高；⑦ 分禾器太向里，压边行。

对应的故障排除方法：

① 调节切割间隙；② 磨锐刃口或更换刀片；③ 清除堵塞或调低拖板；④ 降低前进速度；⑤ 加大油门；⑥ 校正分禾器；⑦ 校正分禾器。

### 2. 割台输送不良

割台输送不良的故障原因主要有：

① 作物倒伏倾斜；② 作物密度太小；③ 前进进度太慢；④ 切割间隙大，刃口钝；⑤ 拨禾星轮能力弱（间隙、高低、转速）；⑥ 上输送带能力弱；⑦ 输送带打滑、太松；⑧ 输送带有油污，打滑；⑨ 输送带轴、拨禾星轮轴缠草；⑩ 上输送带高度不够；⑪ 拨禾星轮不转；⑫ 杂草多，晨露未干。

对应的故障排除方法：

① 沿倒伏侧向收割；② 加大前进速度；③ 加快前进速度；④ 调节切割装置；⑤ 加大星轮的作用；⑥ 加大前倾量；⑦ 张紧带；⑧ 去油污，打带蜡；⑨ 清除堵塞；⑩ 调高上转送带；⑪ 排除传动故障；⑫ 待作物稍干后再割。

### 3. 放铺质量差

收割机放铺质量差主要表现为根部不齐（根差），上下层交叉过大（角差）和禾秆倾斜（斜差）。故障主要原因有：

① 拨禾星轮及上、下带输送能力太强；② 输送不良；③ 未全幅切割；④ 切割、分禾质量差；⑤ 穗头向前倾，上输送能力弱；⑥ 穗头向后倾，上输送能力强，下输送能力弱。

对应故障的排除方法：

① 减小油门；② 调好拨禾星轮位置；③ 全幅工作；④ 调好切割器和分禾器；⑤ 加大上输送带前倾量，恢复上输送带紧度；⑥ 减小上输送带前倾量，恢复下输避带紧度。

## 【任务拓展】

### 一、谷物收获方法

谷物收获包括收割、集捆、运输、脱粒、分离和清粮等作业，可以用不同的方法来完成。目前我国采用的机械化收获方法有以下三种。

#### 1. 分段收获法

用多种机械分别完成割、捆、运、堆垛、脱粒和清选等作业的方法，称为分段收获法。如用收割机将谷物割倒，然后用人工打捆，运到场上再用脱粒机进行脱粒和清选。这种方法所用的机械构造较简单，设备投资较少，劳动生产率较低，收获损失较大。

#### 2. 联合收获法

用联合收割机在田间一次完成切割、脱粒和清选等全部作业的方法，称为联合收获法。这种方法可以大幅度地提高劳动生产率，减轻劳动强度，并减少收获损失。但也存在下列问题。

（1）由于谷物在禾秆上成熟度不一致，脱下的谷粒中必有部分是不够饱满，因而影响总收获量。

（2）由于适时收获的时间短（5~7 d），机器全年利用率低，每台机器负担的作业面积小。为了克服上述缺点，有的地区采用两段联合收获法。

#### 3. 两段联合收获法

此法先用割晒机将谷物割倒并成条地铺放在高度为 15~20 cm 的割茬上，经 3~5 d 晾晒使谷物完成后熟并风干，然后用装有拾禾器的联合收割机进行捡拾、脱粒和清选。

（1）优点：

① 由于作业时间较联合收获法提前 7~8 d，可使机器全年作业量提高近 1 倍。

② 由于谷物的后熟作用，使绝大部分谷粒饱满、坚实、色泽一致，提高了粮食等级并增加了收获量。

③ 由于收回的籽粒含水量小（接近安全水分），且清洁率高，显著地减轻了晒场的负担。

（2）缺点：

由于两次作业，机器行走部分对土壤破坏和压实程度增加；油料消耗较联合收获法增加 7%~10%；当收获期逢连阴雨时，谷物在条铺上易发霉、生芽。

### 二、谷物收获的农业技术要求

谷物收获的农业技术要求是谷物联合收割机使用和设计的依据。由于我国谷物种植面积很广，种类也很繁多，而且各地区自然条件有差异，栽培制度亦各不相同，所以对于谷物收获的农业技术要求也不一样，概括起来主要有以下几点：

### 1. 适时收获，尽量减少收获损失

适时收获对于减少收获损失具有很大意义。为了防止自然落粒和收割时的振落损失，谷物一到黄熟中期便需及时收获，到黄熟末期收完，一般为 5～15 d。因此，为满足适时收获减少损失的要求，收获机械要有较高的生产率和工作可靠性。

### 2. 保证收获质量

在收获过程中除了减少谷粒损失外，还要尽量减少破碎及减轻机械损伤，以免降低发芽率及影响储存，所收获的谷粒应具有较高的清洁率。割茬高度应尽量低些，一般要求为 5～10 cm，只有两段收获法才保持茬高 15～25 cm。

### 3. 禾条铺放整齐、秸秆集堆或粉碎

割下的谷物为了便于集束打捆，必须横向放铺，按茎基部排列整齐，穗头朝向一边；两段收获用割晒机割晒，其谷穗和茎基部需互相搭接成为连续的禾条，铺放在禾茬上，以便于通风晾晒及后熟，并防止积水及霉变；捡拾和直收时，秸秆应进行粉碎直接还田。

### 4. 要有较大的适应性

我国各地的自然条件和栽培制度有很大差异，有平原、山地、梯田；有旱田、水田；有平作、垄作、间套作；此外，还有倒伏收获、雨季收获等。因此，收获机械应力求结构简单、重量轻，工作部件、行走装置等适应性强。

## 三、谷物收获机械的型号

按照中华人民共和国机械行业标准——农机具产品型号编制规则（机械工业部 1997 年 6 月 20 日发布，1998 年 1 月 1 日起实施，JB/T 8574—1997），谷物收获机械的型号依次由分类代号、特征代号和主参数三部分组成，分类代号和特征代号与主参数之间，以短横线隔开。若是改进产品还应有改进代号。4LZ-2A1 型号如图 6.28 所示。

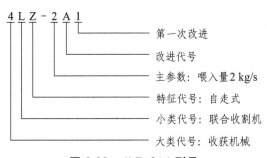

**图 6.28　4LZ-2A1 型号**

（1）分类代号：由产品大类代号和小类代号组成。

① 大类代号：由数字组成。按农机具产品型号编制规则的规定，收获机械的大类代号为 4。

② 小类代号：以产品基本名称的汉语拼音文字第一个字母表示。按照此编制规则，收割

机的小类代号为 G；联合收割机的小类代号为 L。

（2）特征代号：由产品主要特征（用途、结构、动力型式等）的汉语拼音文字第一个字母表示。为简化产品型号，在型号不重复的情况下，特征代号应尽量少，个别产品可以不加特征代号。

（3）主参数代号：用以反映农机具主要技术特性或主要结构的参数，用数字表示。

（4）改进代号：改进产品的型号在原型号后加注字母"A"表示，称为改进代号。如进行了几次改进，则在字母"A"后加注顺序号。

# 任务二　谷物脱粒机的结构与维修

## 【任务分析】

脱粒机是将籽粒从割后的作物茎秆上脱下，或是脱粒后还能进行分离、清粮的机器。在熟悉脱粒机结构的基础上，学会脱粒机的正确安装调整，并能对脱粒机进行故障排除。

## 【相关知识】

### 一、脱粒机的种类

脱粒机分为全喂入式和半喂入式两大类。全喂入式脱粒机将谷物全部喂入脱粒装置，脱后茎秆碎乱，耗用功率小，但生产率较高。半喂入式脱粒机工作时茎秆尾部被夹住，但由穗部进入脱粒装置、耗用功率小，并可保持茎秆的完整性，但生产率受到夹持输送机构的限制，茎秆的夹持要求严格，否则会造成损失。

### （一）全喂入式脱粒机

全喂入式脱粒机按谷物通过脱粒装置的方式不同，分为切流型和轴流型两种。

谷物进入脱粒装置后，沿滚筒圆周切线方向移动。脱粒后茎秆沿圆周切线方向抛出的称为切流型，又称普通滚筒式脱粒机。它配备有纹杆滚筒式或钉齿滚筒式脱粒装置，按机器性能完善程度分为简式、半复式和复式三种。简式一般只有脱粒装置，脱粒后大部分籽粒与碎茎秆，颖壳混杂，小部分籽粒与茎秆棍在一起，需人工清理。半复式有脱粒、分离和清粮等装置，脱下的籽粒与茎秆、颖壳等分开。复式除有脱粒、分离和清粮等装置外，还设有复脱、复清和分级装置并配有颖壳收集、茎秆运集等装置。

谷物进入脱粒装置后，在沿滚筒圆周切线方向作回转运动的同时，也沿滚筒轴线方向移动，即谷物沿滚筒做螺旋运动的称为轴流型。它的特点是在脱粒的同时便可以将籽粒与茎秆几乎完全分开，所以不必再设分离装置。工作时，谷物由一端喂入，茎秆则从另一端或其侧面排出，脱下的籽粒从凹板筛孔中分离出来。

## （二）半喂入式脱粒机

半喂入式脱粒机也有简式和复式之分。简式只有脱粒装置，复式则有脱粒、清粮、复脱装置和夹持输送机构。半喂入式脱粒机普遍用于脱水稻，其脱粒装置多为弓齿滚筒。

## 二、脱粒机的一般结构和工作原理

脱粒机一般包括以下主要部分：脱粒装置、分离装置、清选装置、传动装置和机架及行走轮等，如图 6.29 所示。其中，脱粒装置、分离装置、清选装置是脱粒机械的三大组成部分。

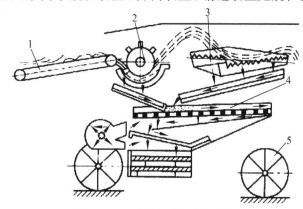

**图 6.29　脱粒机的一般结构**
1—输送装置；2—脱粒装置；3—分离装置；4—清选装置；5—行走轮

脱粒机械的工作原理是：被割谷物经脱粒机械的喂入口进入由脱粒滚筒和凹版组成的脱粒装置进行打击和搓擦后，短脱出物通过栅格状凹版进入由清选筛和风机组成的清选装置进行清选；长脱出物则进入分离装置进行茎秆与籽粒的分离，长茎秆被排出机外，而籽粒等短脱出物则通过分离装置上的筛孔进入下方的清选装置进行清选；在风机和清选筛的联合作用下，颖壳等细小轻杂物被吹出机外，干净的籽粒经由籽粒收集装置进入集粮装置。

## 三、脱粒机的主要工作装置

## （一）脱粒装置

### 1. 脱粒装置的工作原理

脱粒装置是脱粒机的核心部分。它不仅在很大程度上决定了机器的脱粒质量和生产率，而且对分离清选等也有很大影响。

为了使谷粒脱离穗轴，可以有多种方法来实现，主要有四种。

（1）打击。

由工作部件（如钉齿或纹杆）打击穗头使谷粒产生振动和惯性力而破坏它与穗轴的连接。脱粒效果取决于打击速度的大小和打击机会的多少。

（2）梳刷。

当工作部件很窄，在谷穗之间通过时，就形成了梳刷脱粒。实际上它也是打击。通常在梳刷中茎秆不动或做少量的纵向运动。

（3）揉搓或搓擦。

它是指谷层在挤压状态下在层内出现挫动而使谷粒脱落，发生在钉齿或纹杆滚筒的脱粒间隙中。脱粒效果取决于揉搓的松紧度（强度），也就是间隙的大小和谷层的疏密。

因为打击脱粒必须要有部件与谷粒间较大的相对速度这样一个条件，所以这种脱粒通常出现在茎秆静止（如半喂入式）或运动速度很低（如纹杆、钉齿滚筒的喂入口处）的时候。而揉搓则不同，它发生在已经获得较大运动速度（如在脱粒间隙的后段）的谷层内部，由于相对揉搓而脱粒。

（4）碾压。

脱粒元件对谷穗的挤压造成脱粒，在碾压过程中会使谷粒与穗柄之间产生横向相对位移，而通常谷粒与穗轴的抗剪能力是较弱的，上述相对位移就形成了剪切破坏其连接。

此时碾压会造成相邻谷层之间的移动，这也能破坏谷粒的连接力。因此，用辊子碾压铺在场院的谷层进行脱粒是有效方法之一。

以上几种方法相互组合都可以达到脱粒的目的，其效果有所不同，常用的有三种组合。用高的打击速度和揉搓，经较短的脱粒过程，如单滚筒脱粒装置；用由低到高的打击速度，揉搓强度由小到大，脱粒过程较长，如双滚筒脱粒装置；用较低的打击速度和揉搓，脱粒过程很长，如轴流滚筒脱粒装置。

### 2. 脱粒装置的种类

根据作物是否通过脱粒装置可分为全喂入式和半喂入式两类。全喂入脱粒装置中谷物整株都进入并通过脱粒装置，脱粒时谷粒一脱落下来就与茎秆掺混在一起，所以用此装置脱粒的谷物还得有专门的机构把谷粒从茎秆中分离出来，或把此装置做得使它本身就具有此功能。

全喂入脱粒装置按作物沿脱粒滚筒运动的方向又可分为切流式与轴流式两种。

切流式脱粒装置中，作物喂入后沿滚筒的切线方向进入又流出，在此过程中在滚筒与凹板之间进行脱粒，属此类型的有纹杆滚筒、钉齿滚筒和双滚筒脱粒装置。

轴流式脱粒装置中谷物在作旋转运动的同时又有轴向运动，所以谷物在脱粒装置中运动的圈数或路程比切流式多或长。使它能在脱粒的同时进行谷粒的分离，脱净率高而破碎率低。

半喂入脱粒装置只有谷物的上半部分喂入脱粒装置，茎秆并不全部经过脱粒装置，从而可免去分离装置，茎秆保持完整和整齐。

### 3. 脱粒装置的构造

脱粒装置是脱粒机的主要工作装置，通常由高速旋转的滚筒和静止的凹板组成。滚筒和凹板间保持一定间隙，谷物通过这一间隙时靠滚筒上脱粒元件的冲击、揉搓、碾压或梳刷作用使谷粒从茎秆上脱下，并让尽可能多的籽粒从凹板筛孔漏下，以减轻分离装置的负担。

按脱粒元件的形式不同，脱粒装置通常分为纹杆滚筒式、钉齿滚筒式、弓齿式和轴流滚筒式等。

（1）纹杆滚筒式脱粒装置。

纹杆滚筒式脱粒装置由纹杆滚筒与栅格式凹板所组成，为传统的切流型。

① 纹杆滚筒结构。由纹杆、辐盘、支承圈和滚筒轴等组成，如图 6.30（a）所示。

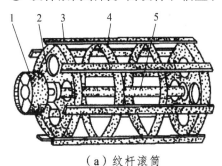

（a）纹杆滚筒　　　　　　　　　　　　（b）栅格式凹板

**图 6.30　纹杆滚筒式脱粒装置**

1—传动带盘；2—辐盘；3—纹杆；4—支承圈；5—滚筒轴；6—舌板；7—吊环螺杆；
8—横格板；9—细筛条；10—粗筛条；11—弧形侧板

纹杆上开有与滚筒切线方向成 30°夹角的纹路，通常有左旋和右旋两种。安装时，相邻两根纹杆的纹路应相反，以免脱粒时谷物向一端集中，保证滚筒负荷均匀。纹杆有 A 型和 D 型，如图 6.31 所示。A 型用于老式滚筒，辐盘为圆形，有纹杆座，纹杆用螺栓固定在杆座上；D 型用于现用滚筒上，用螺栓直接固定在多角辐盘上。纹杆在滚筒上呈偶数安装，其数目取决于滚筒直径，直径等于或小于 450 mm 的滚筒装 6 根；直径为 500～600 mm 的滚筒装 8 根。纹杆长度规定为 500 mm，700 mm，900 mm，1 200 mm，1 300 mm 和 1 500 mm 等系列尺寸。

纹杆滚筒分开式和闭式两种。开式的纹杆之间为空腔，抓取能力强，对不均匀喂入较适应。闭式的纹杆装在封闭的薄壁圆筒上，转动时形成的空气涡流小，消耗功率少，茎秆不易缠绕。开式应用较多。

② 凹板结构。凹板多为整体栅格式，由弧形侧板、横格板和穿在横格板孔中的细筛条等组成，如图 6.30（b）所示。四根吊环螺杆将整个凹板固定在机架上。

凹板包围滚筒的角度（即凹板圆弧所对的圆心角，叫凹板包角）多数采用 100°～120°，少数在 150°以上。栅格式凹板的特点是分离籽粒的能力较强。

③ 纹杆滚筒式脱粒装置的工作过程。谷物进入脱粒装置，即受到纹杆的多次冲击，多数籽粒在凹板前端被脱下。随着脱粒间隙逐渐减小，以及靠近凹板表面的谷物运动较慢，而靠近纹杆的谷物运动较快等原因，谷

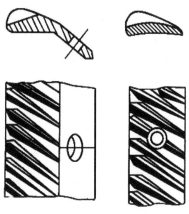

（a）D 型纹杆　　（b）A 型纹杆

**图 6.31　纹杆的形状**

物受到的揉搓作用愈来愈强，呈起伏状态向出口移动，同时产生高频振动，脱下其余的籽粒。在脱粒过程中，前半部以冲击为主，后半部以揉搓为主，80%左右的籽粒可从凹板筛孔中分离出来，其余籽粒夹杂在茎秆中，从出口间隙抛出。

（2）钉齿滚筒式脱粒装置。

钉齿滚筒式脱粒装置由钉齿滚筒与钉齿凹板所组成，如图6.32所示。

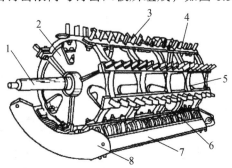

**图6.32　钉齿式脱粒装置**
1—滚筒轴；2—辐盘；3—滚筒钉齿；4—齿杆；5—支承圈；6—凹板钉齿；7—栅格板；8—侧板

① 钉齿滚筒。它由滚筒钉齿、齿杆、辐盘、支承圈和滚筒轴等组成，如图6.33所示。

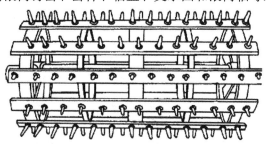

**图6.33　钉齿滚筒**

滚筒两端的辐盘用键和滚筒轴连接在一起，辐盘上有缺口用来安装齿杆。滚筒钉齿用螺母固定在齿杆上，并在整个滚筒上按螺旋线均布排列，与凹板钉齿相间交错。滚筒中部有2~3个支承圈，用来支承齿杆。

脱粒机上常用的钉齿有刀形齿、楔形齿和杆形齿等多种，如图6.34所示。刀形齿薄而长，抓取和梳刷脱粒作用强，对喂入不均匀的厚层作物适应性好，打击脱粒的能力也比楔形齿强。由于其梳刷作用强，齿侧间隙又大，使脱壳率降低，这是刀形齿脱水稻的一个优点。

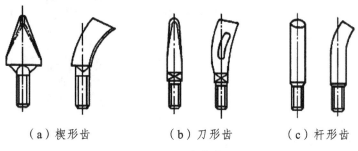

（a）楔形齿　　　　　（b）刀形齿　　　　　（c）杆形齿

**图6.34　钉齿的类型**

此外，由于齿薄，侧隙大，齿重叠量小，功率消耗比楔形齿低。楔形齿基宽顶尖，纵断面几乎呈正三角形，齿面向后弯曲，齿侧面斜度大，脱潮湿长秆作物不易缠绕，脱粒间隙的调整范围大。

② 钉齿凹板。它由凹板钉齿、栅格板、侧板等组成，如图 6.35 所示。凹板上钉齿类型与滚筒钉齿相同，钉齿排数为 4~6 排。排数多，脱粒能力强，但谷粒破碎及能耗增大。通常装 4 排已可满足脱粒要求，凹板上钉齿配置在滚筒钉齿齿迹线中间。为了避免在滚筒与凹板入口处造成阻塞，入口处凹板上第一排钉齿比其他排的钉齿数减少一半，使谷物能通畅地进入滚筒。

**图 6.35 钉齿凹板**
1—凹板调节器；2—侧板；3—凹板；4—漏种格

③ 钉齿滚筒式脱粒装置的工作过程。谷物被滚筒钉齿抓进脱粒装置后，凹板钉齿对谷物有阻滞作用，在滚筒钉齿的冲击、梳刷、挤压和揉搓等作用下脱粒，其中冲击和梳刷起主要作用。通常，在凹板第二排钉齿处已脱下多数籽粒，未脱净的谷物在凹板钉齿阻滞下，继续受到冲击而脱粒。

脱粒间隙是指滚筒钉齿与凹板钉齿间的齿侧间隙以及滚筒钉齿齿顶与凹板面间的齿端间隙。

钉齿滚筒式脱粒装置抓取谷物能力强，对不均匀喂入有较强的适应性，脱粒能力强，对较潮湿谷物有较好的适应性；但装配要求要高，成本高，茎秆断碎多，凹板分离率低，功耗大。

（3）弓齿式脱粒装置。

弓齿式脱粒装置由弓齿滚筒和凹板组成，如图 6.36 所示。

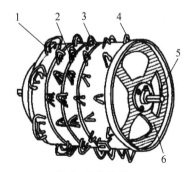
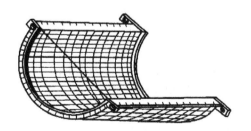

（a）弓齿滚筒　　　　　　　　　　　　　（b）编织筛网式凹板

**图 6.36 弓齿式脱粒装置**
1—梳整齿；2—滚筒体；3—加强齿；4—脱粒齿；5—滚筒轴；6—辐盘

① 弓齿滚筒，由滚筒体、滚筒轴和弓齿等组成。

滚筒体由薄钢板卷成闭式圆筒，为了便于喂入，圆筒一端做成锥形，圆筒上有冲孔，用以安装弓齿。弓齿按螺旋线排列在滚筒体上。弓齿分为梳整齿、加强齿和脱粒齿三种，如图 6.37 所示。梳整齿齿顶圆弧较大，用以梳整谷穗和起导向作用，安装在喂入口处。脱粒齿齿顶圆弧最小，脱粒作用最强，安装在滚筒体末端。加强齿齿顶圆弧介于梳整齿和脱粒齿之间，安装在滚筒体中段。

（a）梳整齿　　　　（b）加强齿　　　　（c）脱粒齿

图 6.37　弓齿的形状

② 凹板多为编织筛网式，它由钢丝编织的筛网和弧形加强板组成。筛网的有效面积大，所以这种凹板的分离能力很强。但是筛网易变形，只适于半喂入方式的脱粒机。

弓齿式脱粒装置消耗功率小，脱出茎秆完整，可再利用；但需要人工整理待脱谷物，生产率低，且易产生脱不净和夹带损失，主要用于脱水稻。

（4）轴流滚筒式脱粒装置。

轴流滚筒式脱粒装置由滚筒、凹板和带有螺旋形导板的顶盖组成，如图 6.38 所示。

① 滚筒，有圆柱形和圆锥形两种。上多装有杆齿、叶片齿和板齿等，并按螺旋线排列在齿板上，纹杆一般是沿滚筒轴向安装的。圆柱形轴流滚筒的长度以 1 200 ~ 1 400 mm 为宜，经试验证明：如小于此值会使分离性能降低，茎秆的夹带损失增加。圆柱形滚筒直径与圆锥形滚筒的大端直径（齿端处）一般为 550 ~ 650 mm，圆锥形滚筒的小端直径不小于 300 mm，锥度为 10° ~ 15°。滚筒锥度可使谷物轴向移动加快，并使圆周速度逐渐增加，籽粒脱下而不易破碎。

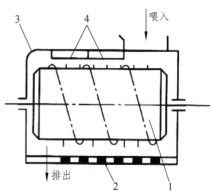

图 6.38　轴流滚筒式脱粒装置
1—滚筒；2—凹板；3—顶盖；4—导板

② 凹板，有栅格式、冲孔式和编织式三种，而以栅格式效果最好，其结构与纹杆滚筒的凹板相似。凹板包角较大，一般在180° ~ 240°，与圆锥形滚筒相配的凹板带有锥度，但小于滚筒锥度，以保证入口间隙大于出口间隙。凹板一般是固定的，所以滚筒与凹板间的间隙多为安装间隙。

③ 顶盖，内设有导板，它控制轴向推运谷物的速度。导板在顶盖的螺旋升角为20° ~ 50°，导板高度一般为 50 mm 上下，导板与滚筒间隙多为 10 ~ 15 mm。

④ 轴流滚筒式脱粒装置的工作过程。谷物进入滚筒与凹板之间作轴向螺旋运动，受到脱粒元件的反复冲击和揉搓作用，随着脱粒间隙沿轴向由大变小，谷物的运动速度加快，冲击和揉搓作用也逐渐加强，从过程开始即脱下多数籽粒，并在脱粒的同时即进行分离。籽粒以及颖壳、碎茎秆等由凹板筛孔漏下，茎秆从滚筒末端轴向或从侧壁切向排出。通常，谷物在

滚筒前半部就能实现脱粒和大部分籽粒的分离，滚筒后半部则继续对籽粒进行分离，所以轴流滚筒的长度要较长才行；若长度小于 1 200 mm，分离效果会变差。

轴流滚筒式脱粒装置的脱净率高、破碎率低、对易脱的作物和难脱的作物均有较好的适应性，分离率高，可以不另设分离装置；但是功率耗用大，茎秆破碎严重，加重了清选装置的负担。

（5）双滚筒脱粒装置。

双滚筒脱粒装置是由两个不同类型脱粒滚筒组合在一起，完成脱粒工作的，如图 6.39 所示。谷物脱粒的难易程度相差悬殊，所以用一个滚筒一次脱净的方法是与谷物的脱粒特性不相适应的。因为这时作用于全部谷粒的机械强度相同，易于脱粒的饱满谷粒早已脱下甚至已经受到损伤和破碎时，不太成熟的谷粒尚不能完全脱下。对于易破碎的大豆和水稻来说，这种情况更为明显，存在着脱净与破碎之间的矛盾。

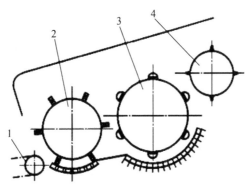

**图 6.39　双滚筒脱粒装置**
1—输送带；2—钉齿滚筒；3—纹杆滚筒；4—逐稿轮

当用配备栅格状凹板的两个滚筒脱粒时，就可使上述矛盾解决得好一些。转速较低的第一个滚筒把成熟得好、饱满易脱的籽粒先脱下来，并使其在第一滚筒的凹板上尽可能先分离出来；未脱下的谷粒和茎稿一起进入转速较高、间隙较小的第二滚筒，使之完全脱粒。这样就避免了在初期早已脱下的谷粒再次受到高速滚筒的打击所造成的破碎。

以上就是形成双滚筒脱粒装置的依据。同时由于凹板总面积的增加使得谷粒分离率增高了，有利于降低分离机构的分离损失，从而可扩大机器的生产率。

通常第一滚筒为钉齿滚筒。它有较强的抓取能力，对喂入不均匀的适应性强。它将谷层拉薄、拉匀，再喂入第二滚筒。第二滚筒常为纹杆式。在这样的条件下脱粒性能较好，把谷粒脱净又不致使茎稿过于断碎。有时在二滚筒之间加个中间轮，它既可增强第二滚筒以前的分离能力，又可使谷物流从前滚筒出来进入后滚筒时得以平滑过渡。

## （二）分离装置

### 1. 对分离装置的要求

谷物经脱粒装置脱粒后变成由长稿、短稿、颖壳和谷粒等组成的混合物，称为脱出物。通常从栅格状凹板里可分离出 70%～90%的谷粒和部分颖壳、短稿，并随即被引导到清选装置上。在剩下的脱出物中以长茎稿占体积最大，应立即被分离出来并送出机外，完成这一作业的装置称为分离装置。

对分离装置的要求是在把长稿分离出去时不允许将谷粒裹带出去（一般控制在 0.5% ～ 1.0%以下）。由于这一要求不易达到，分离机构已成为收割机上最薄弱的环节。其次，逐稿器对负荷量很敏感。当滚筒脱出物稍超过额定进入量或茎稿潮湿、杂草增多，均会使谷粒损失率急剧增加。而在收获水稻时比收获麦类作物损失更大。第三个特点是某些逐稿器为键式，其体积庞大。为了减少谷粒损失，在大型的联合收割机上其长度已达 4.5 m，致使机器庞大臃肿。

### 2. 工作原理

分离装置种类较多，按其工作原理大致可为两类：

第一类为利用抛扬的原理进行分离，这是一种常用的分离方法。当分离机构对茎稿层抛扬时，由于谷粒相对质量密度较大，茎稿的飘浮性能较好，从而使谷粒通过松散的茎稿层分离出来。采用这种原理的有键式逐稿器和平台式逐稿器，它们通称为逐稿器。

第二类为利用离心力原理进行分离。脱出物通过线速度较高的分离筒时，依靠离心力把谷粒从稿层中分离出来。

### 3. 分离装置的构造

（1）键式逐稿器。

它包括双轴四键式、五键式、六键式、二键式和单轴五键式等几种，而以双轴四键式应用最广，如图 6.40 所示。它由两根曲轴和一组键箱组成。键和曲柄形成平行四连杆机构，键面各点作与曲拐相同的圆周运动。曲轴转动时相邻的键上下抖动，键面上的茎稿被抛送，在此过程中谷粒穿过稿层与键面筛孔而漏下。为了加强分离作用，在键的上方前部和中部悬吊两块挡帘以阻拦稿草，延长键面对稿草的抖动时间，同时防止谷粒被脱粒滚筒抛出机外。

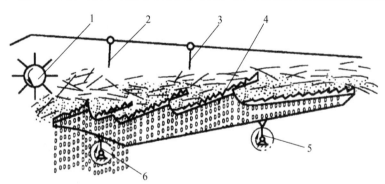

**图 6.40　键式逐稿器**

1—逐稿轮；2—前挡帘；3—后挡帘；4—键箱；5—后曲轴；6—前曲轴

键面通常为阶梯状，形成落差以促进分离，常用 2 ～ 5 个阶面，键长 3 ～ 5 mm。键面有各种形状和结构不同的筛孔。键面上具有各种鳞片、折纹、凸筋等凸起，以阻止脱出物沿键面向下滑移，并增强抛送能力。键体两侧多立齿，高出键面，支托稿草，并可防止当机器横向倾斜时稿草往一侧集中。

（2）平台式逐稿器。

它由一块具有筛孔分离面的平台、摆杆和曲柄连杆机构组成。平台的前后端支承或悬吊在摆杆上，由曲柄连杆机构来回摆动，如图 6.41 所示。平台上各点按摆动方向作近似直线的往复运动，稿层受到台面的抖动与抛扬，谷粒从稿层中穿过。它的结构简单，具有相当的分离能力，但较键式为低。适合在稿层较薄的条件下工作，大多用于直流型联合收割机和中小型脱粒机上。分离面有平面和阶梯面两种。后者阶梯尺寸和落差高度较键式的略小。台面具有阶纹、齿条、齿板，用以增强分离推逐能力。

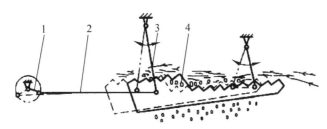

**图 6.41　平台式逐稿器**
1—曲柄；2—连杆；3—吊杆；4—平台

平台式逐稿器结构简单，制造方便，但抖动能力不强，分离效果较差。

## （三）清选装置

经脱粒装置脱下、分离装置分出的谷物中，混有断、碎茎秆和颖壳、尘土等细小杂余。清选装置的功用是把凹板和分离装置分离出来的籽粒及其混杂物中的颖壳、碎茎秆、尘土等清除，得到清洁的籽粒。对联合收割机清选装置的要求是：清选出的谷粒清洁度在98%以上；清选损失在 0.5%以下。

对谷粒进行清选的方法很多，有风机选法、筛选法和风扇筛子组合式清选法。

### 1. 风机清选

风机清选是利用风扇产生的气流，以一定的压力和方向，吹向谷粒混合物，利用谷粒混合物中的各成分所具有的空气动力学特性的不同进而进行分离的清选法。所用的主要装置是离心风机。

### 2. 筛子清选

筛选法是使混合物在筛面上运动，由于混合物中各种成分的尺寸和形状不同，就有可能把混合物分成通过筛孔和通不过筛孔的两部分，以达到清选的目的。

目前，脱粒机和联合收割机上应用的筛子有编织筛、鱼鳞筛和冲孔筛三种。这三种筛子各有优缺点，需根据工作要求和制造条件来选用。

编织筛用铁丝编织而成，如图 6.42 所示。它制造简单，对气流阻力小，有效面积大，对风扇的通风阻力小，所以生产效率高，一般用作上筛。其缺点是：孔形不准确，且不可调节，主要用来清理脱出物中较大的混杂物。

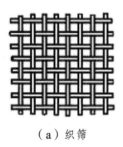

（a）织筛

（b）编筛

图 6.42　编织筛

　　鱼鳞筛有两种，一种是冲压而成的鱼鳞条片组合式，如图 6.43（a）所示。筛孔尺寸是可调的，这样在使用中不更换筛子，就能满足不同谷物清选的需要，应用较广泛，但制造复杂。另一种是在薄铁板上冲出鱼鳞状孔，称整体冲压式，如图 6.43（b）所示。其筛孔尺寸不能改变，工作的适应性差一些，但制造简单，便于生产。鱼鳞筛分离谷物的精确度和编织筛相仿，它的最大优点是不易堵塞，克服了编织筛易被长茎秆堵塞的缺点，所以更适于作清选装置的上筛。

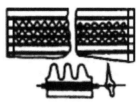

（a）条片组合式

（b）整片冲压式

图 6.43　鱼鳞筛

　　冲孔筛是在薄铁板上冲制孔眼而成，如图 6.44 所示。常用的孔眼形状有圆孔和长孔两种，筛子孔眼尺寸一致，分离谷物较精确。因谷粒和混杂物都有长、宽、厚这三个基本尺寸，所以利用它们的三个尺寸差异就可以进行清选。圆孔筛可使谷粒按宽度分选；长孔筛可使谷物按厚度分选。冲孔筛的筛片坚固耐用不易变形，但有效面积小，生产效率低，不适合负荷大的分离作业，一般用作下筛比较适合。

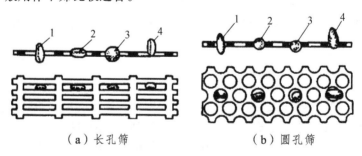

（a）长孔筛　　　　　　　　　　　　（b）圆孔筛

图 6.44　冲孔筛

### 3. 风扇筛子清选

　　风扇筛子清选是利用筛子清选和风扇清进相配合，以达到清选的目的。一般由风扇和 2~3 个筛子组成。风扇安装在筛子下面，清除脱出物中较轻的混杂物。筛子的作用除将尺寸较大的混杂物分出去以外，主要是支承和抖松细小的脱出物，并将脱出物摊成薄层，以利风扇的气流清选和增加清选的时间。

目前联合收割机常用的清选装置如图 6.45 所示，主要由阶梯抖动板、上筛、下筛、尾筛和传动机构等组成。

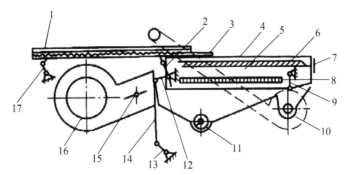

图 6.45 筛子－风机组合式清选装置

1—阶梯抖动板；2—双臂摇杆；3—梳齿筛；4—筛箱；5—上筛；6—尾筛；7—后挡板；8—下筛；9—摇杆；
10—杂余推运器；11—谷粒推运器；12—驱动臂；13—曲柄；14—连杆；
15—导风板；16—风机；17—支撑摇杆

工作时，阶梯抖动板和筛子一起作往复运动，把从凹板和逐稿器上分离出来的细小脱出物输送到上筛前端。在阶梯抖动板的末端，装有栅状筛，当脱出物进入上筛的瞬间，栅状筛将较长的茎秆架起，使谷粒首先同筛面接触，提高清选效果。风扇装在筛子的前下方，它产生的气流经过扩散后吹到筛子的全长上，将轻混杂物吹出清选装置外。尾筛作用是将混在茎秆中的杂余和未脱净的穗头分离出来，由杂余螺旋推运器收集，以便再次脱粒。上筛和下筛均是鱼鳞筛，其倾斜度可以调整。两个筛子的谷粒经滑板进入谷粒搅龙中。

阶梯抖动板与上筛架由连接销连接，组成一个部件。筛架由两个纵向侧壁和横梁组成，在侧壁上固定有密封用的橡胶条，防止谷粒从筛架的侧面漏出。下筛架是用薄铁板制成的箱体。下筛用螺钉固定在筛架上，改变螺钉的固定位置，则可改变下筛倾斜角度。

## （四）输送装置

输送装置用来输送作物、茎秆、谷粒、颖壳等物料。气流筛子式清选装置清选前后物料的输送有两类：一类是谷粒混合物输送机构，它是将凹板和逐稿器分离出的谷粒混合物输送到清选装置上筛的前端进行清选；另一类是谷粒和杂余输送机构，它是将清选后的谷粒和杂余分别输送到机器的不同部位。一般将水平和倾斜输送装置称为输送器，垂直输送装置称为升运器。

完成清选前谷粒混合物输送的输送机构有两种结构型式：一种是阶梯抖动板输送，另一种是螺旋搅龙输送。阶梯抖动板的结构如图 6.45 中 1 所示，板面为阶梯状，用来承接、初步分离和向筛子输送谷粒的混合物。阶梯板与筛架固定到一起前后摆动，当向前摆动时，落在板上的谷粒混合物相对板面向后运动，过一个台阶，当其向后摆动时，由于受台阶的阻挡而停留在板上不动。因此，阶梯板每摆动一次，谷粒混合物就越过台阶，完成水平或倾斜向上的输送。螺旋搅龙输送机构常设在凹板及逐稿器下方，在机器宽度方向横向并列若干个螺旋输送器，每个螺旋轴的两端分别带有左旋和右旋叶片，转动时向中间输送，其前段输送从凹板分离下来的谷粒混合物，其后段往前输送从逐稿器分离下来的谷粒混合物。它代替了凹板下的阶梯抖动板和逐稿器键箱下的滑槽式抖动滑板。螺旋搅龙输送机构输送的均匀，可提高清选质量，减少振动，但结构复杂，目前应用较少。

谷粒和杂余的输送也有两种形式：一种是螺旋式输送器也称螺旋推运器，一般用于谷粒或杂余的水平输送；另一种为刮板式输送器（也称刮板式升运器）和斗式升运器，主要是将谷粒或杂余倾斜或接近垂直方向的升运。

### 1. 螺旋推运器

螺旋推运器主要由外壳、螺旋杆、轴承和传动装置组成，如图 6.46 所示。螺旋杆是由轴和焊在轴上的螺旋叶片组成有，其结构简单、紧凑，工作可靠，对物料的输送适应性强，但输送时容易使物料破碎，当谷物潮湿或有茎秆时易造成堵塞，要求喂入均匀，功率消耗比刮板式大。

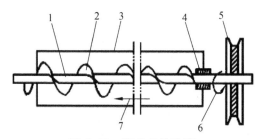

**图 6.46　搅龙式输送器**
1—轴；2—螺旋叶片；3—外壳；4—轴承；5—皮带轮；6—搅龙转动方向；7—输送方向

为了防止杂余推运器或复脱器堵塞后损坏机体，在推运器的皮带轮上装有安全离合器。

螺旋推运器工作时，螺旋杆由皮带轮带动，轴上的螺旋叶片就把进入推运器的运送物沿外壳底部向另一端推运，使之排出。螺旋推运器按叶片旋向可分为左旋和右旋两种，根据叶片的旋向或螺旋轴的转向不同可确定被送物的移动方向。有时左右旋并用，可将物料向中间收集运送或向两端分配物料。

在联合收割机和多数复式脱粒机的谷粒推运器、杂余推运器和复脱器的轴端都装有安全离合器。这类离合器都是与皮带轮组装在一起，靠轴向弹簧的预紧力压紧主动齿盘和被动齿盘。当推运器负荷较大时，齿盘扭矩所产生的轴向分力不足以克服弹簧弹力，主、被动齿盘仍然被压紧并一起转动。当推运器堵塞时，齿盘扭矩急剧增大，它所产生的轴向分力也随之增大，当超过弹簧的预紧力时，便使主动齿盘和被动齿盘脱开，螺旋推运器停止转动。以避免螺旋叶片和复脱器叶片损坏。

### 2. 刮板式升运器

刮板式升运器主要由固定橡胶刮板的升运链（钩形链或滚子链）和升运管组成，如图 6.47（a）所示。升运管也称壳体，为薄钢板焊接结构，由中间隔板将升运管分为两条矩形管道和链条上的刮板配合完成输送工作。升运器除有橡胶刮板外，有的还装有几个金属刮板，它对潮湿作物有清理作用。刮板式升运器的输送能力随倾角的增大而降低，刮板与管底的磨损比较快。

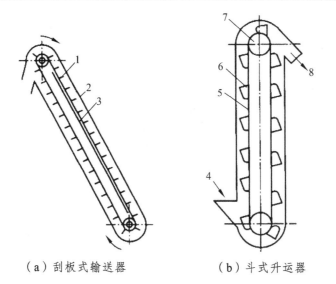

（a）刮板式输送器　　　　　　　（b）斗式升运器

**图6.47　刮板式输送器及斗式升运器**

1—刮板；2—外壳；3—隔板；4—喂入口；5—平带；6—升运斗；7—带轮；8—排出口

刮板式升运器工作时，物料从下端由螺旋推运器推入，由回转的刮板将物料刮送升运，在外壳上端经排料口卸出。根据传动方向的不同，可分为上刮式和下刮式两种。上刮式：物料由刮板经过中间隔板的上方刮送出去。在出口处物料由上向下倾倒，卸料较干净，但容易在链条和链轮处夹碎物料，仅在垂直升运时应用。下刮式：物料由刮板经过下面的外壳刮运，从外壳的上端送出，由于升运速度，必须在出口处留一定的开口长度，否则卸不出料又会将料带回。为保证卸料干净，升运器倾角一般不大于45°。联合收割机上大都采用下刮式。

### 3.斗式升运器

斗式升运器主要用于升运比较清洁的谷粒，由升运斗、平带、带轮、外壳及隔板等构成，如图 6.47（b）所示。升运斗以一定间距固定在平带上，由带轮带动，使升运斗由下方或侧面舀取物料，当斗升至上方顶部反转时，将物料倾倒出来。

脱粒机的喂入端常用的输送装置有带式输送器和链板式输送器等。

（1）带式输送器。

带式输送器装在脱粒机的喂入端，用来输送谷物，由帆布、涂腔帆带或橡胶带制成，由主动带轮带动工作。为了防止谷物在带上滑动和帆布下垂，带面上钉有木条或金属条。

（2）链板式输送器。

链板式输送器装在脱粒机的喂入端，用来输送谷物，由两根绕在主动和被动链轮上的链条及固定在链条上的木板条构成。木板条的下面装有固定不动的底板，以支托谷物，防止链板卡住影响输送。

## 四、脱粒机的工作过程

复式脱粒机的结构和性能比较完善，现以丰收-1100 复式脱粒机为例介绍脱粒机的工作过程，如图 6.48 所示。

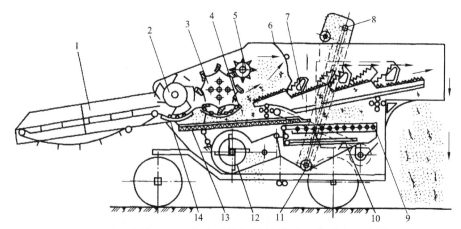

**图 6.48 丰收-1100 复式脱粒机的结构及工作过程示意图**

1—自动喂入装置；2—前滚筒；3—后滚筒；4—凹板；5—逐稿轮；6—挡帘；7—逐稿器；8—升运器；
9—鱼鳞筛；10—冲孔筛；11—谷粒推运器；12—风机；13—阶梯板；14—第一凹板

该机主要由自动喂入装置、脱粒装置、分离装置、清选装置、输送升运装置、杂余处理装置和传动机构等组成。工作时，谷物由人工放到自动喂入装置的输送槽上，由输送链送入脱粒装置，经两个滚筒脱粒。脱粒后的长茎秆从滚筒和凹板间排出，经逐稿轮和逐稿器分离夹杂在其中的谷粒，茎秆被逐出机外。滚筒脱下的谷粒及杂余混合物，从凹板筛孔漏下，和由分离装置分离出来的谷粒一起落到阶梯板上，经阶梯板进入第一清粮室，在风机和两层筛子作用下被清选。从筛孔筛下的谷粒，由谷粒推运器和升运器送至除芒器，除芒后进入第二清粮室（不需除芒时直接进入第二清粮室），进行清选和分级，从出粮口流出。清粮室清出的杂余，轻的被吹出机外，断穗等较大杂余，从筛尾落入杂余推运器，送往复脱器再次脱粒，然后被抛送回阶梯板，重新参与清选。

其工作流程如图 6.49 所示。

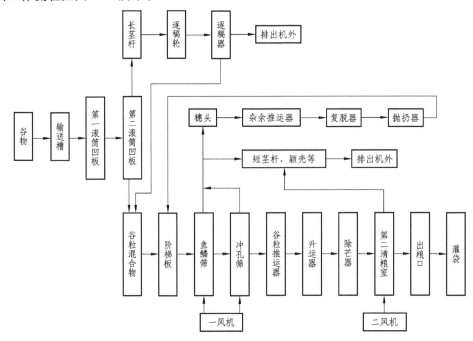

**图 6.49 脱粒机工作流程**

## 【任务实施】

### 一、脱粒机的整机安装

#### （一）脱粒机安放场地的选择

脱粒机安放的场地必须平坦、坚实、干燥、运输方便、操作安全，并有足够的面积堆放作物及脱出物，避免过多的移动机器。此外脱粒场应有防火设施及夜间脱粒用的照明设备。

#### （二）脱粒机在场地上的安装

脱粒机放到场上后，应使整机保持水平，如机器有行走轮应加以固定，以防机器移动。在安放脱粒机时，还应注意本地区在脱粒季节的风向，使脱粒机喂入口朝迎风（或略有偏斜）的方向安装，这样脱粒机排出的茎秆及颖壳等杂物易于与谷粒脱离，否则将影响出草。

脱粒机的动力，应根据所在地的条件确定。在供电方便的地区，可使用电动机；如无供电条件可使用内燃机或拖拉机动力带动脱粒机工作。一些厂家生产的脱粒机都附有安装电动机的机座，将电动机固定好以后，即可用平带或 V 带驱动脱粒机工作。用内燃机做动力时，应先将其固定在基座上，再用传动带与脱粒机相连。

脱粒机所需动力机的功率，应严格按照使用说明书规定选用，如脱粒功率不足，将影响机器正常工作；如选用得过大，将影响脱粒工作的经济性，并造成能源的浪费。

### 二、脱粒机的调节

#### （一）喂入装置的调整

带有喂入装置的脱粒机，应对传动装置张紧度进行调节。调节的方法由被动轴上的调节螺钉来完成，使输送带或链条两侧的张紧度一致。若被动轴调节到最低位置时，链条仍然过松，可将链条取下一节，然后用螺钉调节。

#### （二）脱粒装置的调节

**1. 滚筒转速的调节**

滚筒的转速和脱粒间隙是影响脱粒质量的重要因素；滚筒转速决定了工作部件（纹杆、钉齿、弓齿）脱粒时的线速度，又称脱粒速度。脱粒速度大，对作物的打击大，脱净率和分离率提高，谷粒的破碎和碎秆增多，功耗加大，反之则小。因此在使用中经常调节脱粒滚筒的转速和脱粒间隙，以适应不断变化着的作物的状态，如湿度、成熟度和植株密度等。如收获不同种类、品种的作物，那就更得调节了。正常情况下各种作物的脱粒速度如表 6.1 所示。

表 6.1　各种作物的脱粒速度与脱粒间隙

| 作　物 | 小麦 | 大豆 | 水稻 | 玉米 | 高粱 | 谷子 |
|---|---|---|---|---|---|---|
| 脱粒速度/m·s$^{-1}$ | 27~32 | 10~14 | 24~30 | 10~16 | 12~22 | 24~28 |
| 入口间隙/mm | 16~22 | 20~30 | 20~30 | 34~45 | 20~30 | 15~20 |
| 出口间隙/mm | 4~6 | 8~15 | 4~6 | 12~22 | 4~6 | 2~4 |

滚筒转速的调节通常有两种方法：

①　在脱粒机上更换带轮直径。为了适应这一需要，工厂生产的脱粒机，配有不同尺寸的带轮供用户更换，例如丰收-100 型脱粒机用更换中间轴带轮和滚筒带轮来改变滚筒转速，如表 6.2 所示。

表 6.2　更换滚筒与中间带轮后的滚筒转速

| 滚筒转速/r·min$^{-1}$ | 滚筒直径/mm | 中间轴带轮直径/mm | 带型号及长度/mm |
|---|---|---|---|
| 1 150 | 282 | 462 | C　3 607 |
| 1 050 | 282 | 424 | C　3 607 |
| 570 | 424 | 315 | C　3 608 |

②　在联合收割机上普遍采用 V 带无级变速的方法，这种方法的原理是通过改变带轮的槽宽尺寸，使传动胶带位于带轮上不同直径处工作，以调节主动轮和从动轮之间的传动比来改变滚筒的转速。图 6.50 所示为一种机械式无级变速机构。调节时，先松开锁紧螺钉，转动调节手轮，即可经手轮螺纹套，十字套和动盘螺钉，改变动盘与定盘的距离，从而改变带轮直径。

**2. 脱粒间隙的调节**

脱粒间隙是决定脱粒质量好坏的关键因素之一。间隙小时可提高脱净率，但碎茎等杂余增加，功率消耗大，生产率降低，间隙大时可提高生产率，却易产生脱粒不净，增加了谷粒损失。因此，脱粒间隙调节的原则是在保证脱净的前提下，采用较大的间隙比较有利。

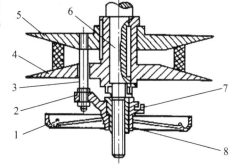

图 6.50　滚筒无级变速装置
1—调节手轮；2—十字套；3—动盘螺钉；
4—定盘；5—动盘；6—滚筒轴；
7—锁紧螺钉；8—手轮螺纹套

脱粒间隙不是一次调好就可以永远不变的，在使用中应根据作物品种、含水量、杂草量等具体情况，随时进行调节。如难脱的麦类作物和小粒作物，间隙要调小一些，含水量大时也要把间隙调小一些，为了提高生产率和减少谷粒损失，甚至早、中、晚也应相应地调整脱粒间隙。表 6.1 为脱不同作物时脱粒间隙的参考值。

进行脱粒间隙调节时，必须保持入口间隙大、出口间隙小的规律，还必须保持左右两侧间隙一致，否则脱粒机将产生脱净率低、破碎率高的后果。另外，还需注意滚筒纹杆、凹板横格条的磨损情况，以及横格条的变形情况，若磨损、变形严重，应及时予以修复。

脱粒间隙的调整也有两种方法：一种是凹板不动移动滚筒；另一种是滚筒不动移动凹板。后者调节简便，应用较广。

　　移动凹板有分别调节法和联动调节法。

　　分别调节法的调节机构装在滚筒的两侧，对入口间隙和出口间隙分别进行调节，常见的结构如图 6.51 所示。这种调节方法机构简单，但调节费时。联动调节只需将调节手柄装在脱粒装置的一侧，调节时，只要移动调节手柄带动连杆机构，即可使整块凹板作相应移动，以改变进出口脱粒间隙。这种调节机构虽然较复杂，但使用方便，谷物联合收割机多采用这种调节机构，如图 6.52 所示。

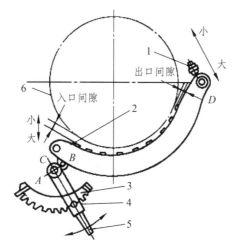

**图 6.51　分别调整凹板间隙机构简图**
1—出口间隙调整螺母；2—凹板；3—定位齿板；4—定位螺钉；5—入口间隙调整手柄；6—滚筒

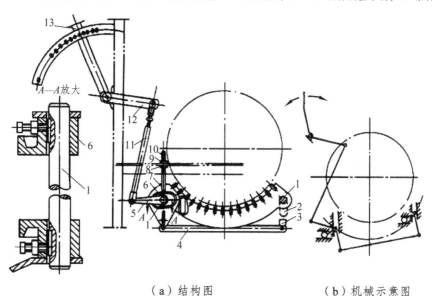

（a）结构图　　　　　　　　　（b）机械示意图

**图 6.52　凹板间隙联动调节机构**
1—轴；2—长槽；3、5—转臂；4—拉杆；6—偏心轮；7—悬板；8、9—螺母；
10—螺钉；11、12—连杆；13—手柄

　　另外，为了防止滚筒堵塞和能清理滚筒与凹板间的茎秆，目前在联合收割机上广泛采用了快速凹板与滚筒间隙调整机构。图 6.53 所示是其中一种，由图可以看到，凹板是由两对吊

杆通过支承轴、支承臂相连，由吊杆和凹板连接处壁上的导向孔定位。扳动驾驶台上的操纵杆，拉杆绕下支承轴回转，通过调整螺母与螺母方套拉动拉杆，使支承臂绕固定在机壁上的支承轴上下转动一个角度，使两对吊杆带动凹板沿导向孔移动，从而改变滚筒与凹板间隙。

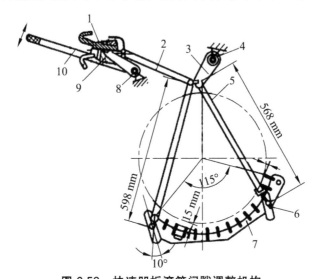

**图 6.53 快速凹板滚筒间隙调整机构**
1—调整螺母；2—拉杆；3—支承臂；4—支承轴；5—吊杆；6—调整螺母；7—凹板；
8—支承轴；9—螺母方套；10—操纵杆

这种机构能对凹板进行三项调整：凹板小轴与吊杆位置的调整，拧动吊杆与凹板小轴的调整螺母，可以改变滚筒与凹板间隙；拉杆长度的调整，拧动调整螺母可改变拉杆的长度，可在 40 mm 范围内获得不同的脱粒间隙；快速放大脱粒间隙，提起操纵杆，可在滚筒发生超负荷的瞬间使滚筒与凹板间隙突然放大到 60 mm，以防止滚筒堵塞。

**3. 清选装置的调整**

清选装置的调整主要是提高谷粒的清洁度。

（1）筛子的安装调节。

如风扇筛子式清选装置的第一层筛子多采用可调节的鱼鳞筛，扳动筛尾的筛孔调节手柄，即可改变筛孔大小。第二层多采用冲孔圆孔筛。第二层冲孔筛的调整，应根据作物种类的不同进行更换。如脱麦类作物。一般选用 8～10 mm 孔径的筛子；脱大豆选用 13～16 mm 孔径的筛子。脱粒机出厂时，都配有不同孔径的筛子，供用户选用。对于尾筛则筛的筛孔小或倾角小，可用调节手柄调大筛孔或筛尾向上安装。但尾筛筛孔太大、筛角太大，又会增大杂余搅龙负荷，增加谷粒破碎率，因此，应多次调整，以获得合适的位置。

为了保证筛面具有最好的通过能力及分离质量，鱼鳞筛孔的大小应适度。如筛孔开度不够或风量过大，谷粒不能及时从筛孔落下，将随轻质杂物一同排出机外，造成谷粒损失；反之如筛孔过大或风量过小，混杂物随谷粒过筛太多，降低了谷粒的清洁度。因此，风扇与筛子应配合调整，才能获得较好的清选效果。风量的调节方法是调节进风口处风门开度的大小来控制出风量。

（2）风扇的调节。

① 风量调节。风扇应保证产生足够的气流，以确保把谷粒混合物吹散，并使颖壳，碎草

飘浮起来，排出机外。通常风量调节的原则是：只要谷粒不被吹出，风量应尽可能放大些。但是如果风量过大，谷粒将被吹出机外而造成损失，同时大量谷粒拥入杂余搅龙，也会增大破碎率。风量调节的办法常见的有两种，一种是用插板改变风扇两侧的进风口大小；另一种是改变风扇轴上无级变速带轮的直径，带轮直径调小，风速增加。

② 风向调节。就是用来调节气流吹向鱼鳞筛的部位的，应使前端气流大，以便摊匀谷物混合物，帮助筛子清选，后部气流要小些，以防止将谷粒吹出，在负荷较轻时，宜多吹向中部。风向的调节主要是改变导风板的方向，如图 6.54 所示。

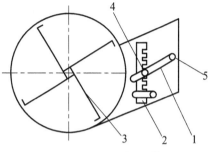

**图 6.54  导风板调节**
1—导风板；2—调节齿板；3—风扇叶；
4—小轴；5—转轴

### 4. 输送装置的调整

装有输送装置的脱粒机还应对升运器刮板链条的张紧度进行调整。上下移动被动链轮，可改变链条张紧程度。张紧度应以刮板能上、下摆动 30° 为宜。

## 三、脱粒机故障排除

脱粒机在工作中常见故障主要有碎粒太多、滚筒堵塞、脱粒不净、滚筒发出噪声、逐稿器堵塞、清洁室谷粒流失、谷粒不干净、杂余搅龙内谷粒太多和喂入链不转或跳齿。

### 1. 碎粒太多

故障原因：① 喂入不均；② 滚筒转速高；③ 脱粒间隙太小；④ 搅龙间隙不合适；⑤ 谷粒大量进入杂余搅龙复脱。相应的排除方法：① 均匀连续喂入；② 适当降低滚筒转速；③ 调节到合适脱粒间隙；④ 校正变形处；⑤ 调节好清洁装置。

### 2. 滚筒堵塞

故障原因：① 茎秆湿而长；② 挡帘过低；③ 喂入量不均，成堆喂入；④ 喂入量太大；⑤ 滚筒转速选择太低；⑥ 传动带打滑。相应的排除方法：① 晾晒后脱粒；② 调高挡帘；③ 均匀连续喂入；④ 降低喂入量；⑤ 适当调高转速；⑥ 调紧传动带。

### 3. 滚筒发出噪声

故障原因：① 纹杆固定螺钉松动；② 凹板变形；③ 脱粒间隙调节过小；④ 轴承损坏；⑤ 滚筒不平衡。相应的排除方法：① 紧固纹杆固定螺钉；② 检修凹板；③ 适当调大间隙；④ 更换轴承；⑤ 进行静平衡试验。

### 4. 逐稿器堵塞

故障原因：① 传动带打滑；② 挡帘太低；③ 作物太潮湿。相应的排除方法：① 用张紧轮调紧传动带；② 调高挡帘；③ 晾晒后脱粒。

### 5. 清洁室谷粒流失

故障原因：① 风力太强；② 筛孔太小；③ 尾筛或挡板太低。相应的排除方法：① 减小风量或调节风向；② 适当调大筛孔；③ 调高尾筛或挡板。

### 6. 谷粒不干净

故障原因：① 风力太小或风向不合适；② 风扇传动带打滑；③ 筛孔太大；④ 尾筛或挡板太高；⑤ 脱粒过度；⑥ 驱动曲柄转速过低；⑦ 脱粒机逆风向安放；⑧ 谷粒太潮湿、杂草多。相应的排除方法：① 调大风量或调节风向；② 调紧或换新带；③ 适当调小筛孔；④ 调低尾筛或挡板；⑤ 降低脱粒速度或加大脱粒间隙；⑥ 调紧传动带；⑦ 调整脱粒机安放方向；⑧ 晾晒后再脱粒。

### 7. 杂余搅龙内谷粒太多

故障原因：① 筛孔堵塞；② 鱼鳞筛孔开度小；③ 风力太强。相应的排除方法：① 经常清理筛面；② 调大筛孔；③ 调小风量和调节风向。

### 8. 喂入链不转或跳齿

故障原因：① 喂入链太松；② 喂入链轴缠草；③ 安全弹簧太松。相应的排除方法：① 调节喂入链紧度；② 清理缠草；③ 调节安全弹簧至适当紧度。

## 【任务拓展】

### 一、脱粒机械作业要求

在收获作业中，脱粒是一项繁重的劳动。无论在单季或多季作物地区，它与秋翻地或下季作物的耕种争夺着劳力。用人工脱粒，劳动强度大，花费的劳动量较多，生产率低，脱粒过迟会降低收获量和谷粒品质。因此实现脱粒作业机械化，才能改善劳动条件，提高劳动生产率，确保丰产丰收。

对脱粒机要求脱得净，谷粒破碎少或不脱壳（如水稻），并尽量减轻谷粒暗伤，这对种用谷粒尤为重要，否则影响发芽率。此外，要求生产率高，功率耗用低，并且有脱多种作物的通用性。个别地区有的作物茎秆是副业的原料（如水稻），要求保持完整。

谷粒的脱净率要求在98%以上，谷粒破碎率在全喂入式上要求低于1.5%，在半喂入式上低于0.3%，至于总损失率要求分别低于1.5%与2.5%，清洁率要求不低于98%。

### 二、脱粒机的使用检查

脱粒是收获上作中的关键环节，只有做到及时脱粒，才能保证丰产丰收。因此，脱粒机在整个脱粒季节，应尽量做到不出故障或少出故障，这是及时完成脱粒工作的重要条件。

（一）脱粒机的安装检查

脱粒机在使用前一定要对其技术状态进行检查，确认各部分的安装正确，运转灵活后才能投入使用。检查内容有以下几方面：

#### 1. 脱粒装置的安装检查

（1）检查脱粒装置各元件（如纹杆、钉齿）是否磨损。如磨损严重，使脱粒间隙达不到规定要求时应更换。

（2）检查滚筒间隙调节机构有无锈蚀，调节部分转动是否灵活。

（3）检查滚筒轴承，如有损坏应更换。

（4）检查滚筒传动带轮的紧固情况。

（5）如为纹杆式脱粒装置，还应检查凹板横格板的磨损情况，如磨损严重，可将凹板调头使用。脱粒滚筒更换零件后，必须对滚筒进行静平衡试验。因滚筒是高速旋转的工作部件，如不平衡，将产生很大的离心力，且这种离心力随滚筒的转动而改变方向，因而造成机器的强烈振动，并加速轴承的磨损。因此，不论对滚筒进行何种修理（如更换纹杆、钉齿或焊修某些零件等），都应重新平衡。有条件的地方，可将滚筒放在简易平衡台架上做静平衡试验。

#### 2. 分离和清造装置的检查

（1）检查分离装置的技术状态是否完好。如键式逐稿器应检查各键的间距是否一致，有无相碰撞现象；键体是否破损等。

（2）检查分离装置传动部分的技术状态。如键式逐稿器应检查曲柄轴是否完好，木轴瓦是否磨损，轴承运转是否灵活。

（3）检查清选装置的技术状态是否完好。如风扇筛子清选装置应检查风扇叶片及外壳有无破损，筛架、筛片、悬吊架等有无损坏，运转是否灵活，紧固件有无松动等。

（4）检查各输送装置的技术状态，应使其各部分无擦碰现象，并能灵活转动。

（二）脱粒质量检查

脱粒机正式作业 2~3 min 后，即应对脱粒质量进行检查，如达不到规定要求，需及时进行调整，使脱粒质量达到规定指标。脱粒质量指标主要包括：脱净率、破碎率、含杂率（或清洁率）、总损失率等项目。简式脱粒机主要检查脱净率和破碎率；半复式和复式脱粒机，可检查总损失率、破碎率和谷粒含杂率。一般脱粒机脱净率应大于 99%；破碎率应小于 0.7%；含杂率应小于 2%（上述指标是在作物适脱的情况下给出的）。

三、脱粒机的使用

（一）脱粒作业的操作要点

（1）脱粒机工作时，要求喂入适量、均匀、连续，以保证脱粒质量和生产率。若喂入太多，脱粒装置超负荷。滚筒转速降低，脱粒不净，甚至滚筒堵塞不转，反而降低了生产率；喂入太少，不但生产率降低，有时也会产生脱粒不净的现象。喂入手应在作业前进行操作训练。

（2）脱粒装置的调节是一项综合工程。要满足脱得干净、谷粒破碎少、茎秆破碎少、功率消耗低、生产率高等要求，必须对喂入量、脱粒间隙、脱粒速度进行综合调节。例如，茎秆中发现有的谷穗未脱净，而粮仓中又发现破碎率大，此时，独立地分析往往不易迅速解决问题，若把喂入不匀、喂入量过大、转速高间隙大、转速低间隙小、间隙不均匀以及作物含水量太大等可能产生以上矛盾的因素综合起来考虑，就有可能更快地找出原因，提高脱粒质量。

（3）清选装置的调节也是一项综合工程。筛孔大小、筛子倾角、风量大小、风向位置以及筛子的振动频率，都会在调节中互有影响。甚至脱粒装置的工作状况，也会影响到清选装置的工作质量，同样清选装置的工作状态，也会影响输送装置等的工作。所以，一旦出现某种影响质量的现象，往往要反复进行多项调节，才能获得满意的结果。如搅龙堵塞，除本身原因（如转速不足）外，也可能是风量小、筛孔太大及脱粒装置产生杂余太多等原因。

（4）脱粒机工作期间，要经常检查各紧固件是否有松动或丢失现象，要按说明书规定，定期对各轴承注润滑油。作业结束后，应清除机器内外的积存脏物，并进行妥善保管。

（二）使用注意事项

为确保脱粒机正常作业，安全生产，工作人员必须遵守下列安全操作规则。

（1）操作人员要熟悉机器的构造、性能，要掌握安全操作方法；要掌握提高脱粒质量的各项安装、调节方法。

（2）开车前，机器的传动部分必须加设防护罩；机器的技术状态完好。作业机组应规定统一的联络信号，机器启动前应发出信号，待机器运转正常后，才能开始喂入。喂入谷物要均匀、连续，要注意谷物中不要混有石头、镰刀、工具、螺钉等硬物，以免损坏机器和造成人身伤害事故。

（3）机器在运转时，不准挂传动带、注油、清理和排除故障，发现滚筒、逐稿器、搅龙等堵塞，应迅速停车清理，不准在传动状态下进行清理。

（4）脱粒现场周围不应堆放杂物，避免杂物混在谷物中进入机器，造成机器损坏或人身伤害事故。

（5）脱粒机工作场地，要注意防火工作。

# 任务三　谷物联合收割机的结构与维修

## 【任务分析】

谷物联合收割机是在田间一次完成切割、脱粒、分离和清选等项作业，以直接获得清洁谷粒的机器。在掌握谷物联合收割机结构的基础上，学会谷物联合收割机的正确安装调整，并能对谷物联合收割机进行故障排除。

## 【相关知识】

谷物联合收割机是将收割机和脱粒机通过中间输送装置连接在一起，可以行走的谷物收获机械。一般由收割台、脱粒部分（包括脱粒、分离和清选装置）、输送装置、行走装置和操纵机构组成。因此，联合收割机主要工作部件的构造及工作原理与恒割机和脱粒机相同。随着我国农业机械化程度的不断提高，联合收割机在收获作业中的比重必将逐步加大。在国外许多工业发达的国家，其谷物收获都是用联合收割机完成的。

## 一、谷物联合收割机的分类

### （一）按动力供给方式可分为牵引式、自走式和悬挂式三种

#### 1. 牵引式

由拖拉机牵引并由其动力输出轴供给动力进行工作，多数是较小的机型，如新疆-2.5联合收割机；也有仅由拖拉机牵引，而本身具有发动机供给动力进行工作的，如GT-4.9B联合收割机。牵引式联合收割机优点是造价低，且拖拉机可全年充分利用；缺点是机组较长，机动性较差，收割时不能自行开道。

#### 2. 自走式

本身具有发动机，既能供给动力进行工作，又能供给动力用于行走，如久保田系列联合收割机。自走式联合收割机的优点是结构紧凑、机动性好、生产效率高，收割时能自行开道和进行选择性收获；缺点是造价高，发动机不能全年充分利用。

#### 3. 悬挂式

是将联合收割机悬挂在拖拉机上，收割台位于前方，脱粒机位于后方，中间输送装置在一侧，如珠江-2.5联合收割机。悬挂式联合收割机的优点是造价较低，机动性较好，收割时能自行开道，拖拉机可全年充分利用；缺点是装卸费工，整体性差，驾驶时视野受限制。

### （二）按谷物喂入方式可分为全喂入式和半喂入式

#### 1. 全喂入式

将谷物全部喂入，进行脱粒、分离和清粮。按谷物通过脱粒滚筒的方式不同，又可分为切流型和轴流型两种。联合收割机的传统型式是切流型，目前大部分仍是这种型式；但国内外也有部分联合收割机采用轴流型，它可以省去逐稿器，且通用性较好。

### 2. 半喂入式

用夹持输送装置夹住谷物茎秆，只将穗部滚筒，并沿滚筒轴线方向进行脱粒。由于茎秆不进入脱粒装置，功率消耗低，且保持了茎秆的完整性；但脱粒时对茎秆的整齐度要求高，影响机器的生产率。半喂入式装置主要用于小型水稻联合收割机。

## 二、联合收割机的一般构造和工作过程

现以新疆-2.5 型和北京 4LZ-2.5 型谷物联合收割机为例，说明联合收割机的一般结构与工作过程。

## （一）牵引式联合收割机

新疆-2.5（4LQ-2.5 型）谷物联合收割机由东方红-75 或铁牛-55 拖拉机牵引，并由拖拉机动力输出轴供给动力进行工作，它本身没有发动机。

### 1. 一般结构

新疆-2.5（4LQ-2.5 型）谷物联合收割机由收割台、倾斜输送器、脱粒部分、行走部分、操纵系统、动力输入传动装置和牵引底架等组成，如图 6.55 所示。

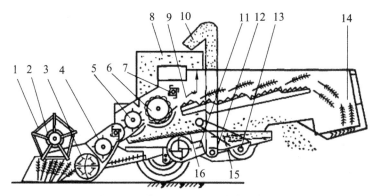

**图 6.55　新疆-2.5 谷物联合收割机**

1—拨禾轮；2—切割器；3—收割台推运器；4—倾斜输送器；5—钉齿滚筒与凹板；6—纹杆滚筒与凹板；7—逐稿轮；
8—粮箱；9—逐稿器；10—升运器；11—风机；12—籽粒推运器；13—杂余籽粒推运器复脱器与抛扬器；
14—集草器；15—清粮筛箱；18—抖动板

### 2. 工作过程

机器收获时，在拨禾轮的扶持作用下谷物被切割器所切割，并在拨禾轮的推进作用下倒在收割台上，推运器将割下的谷物推集到收割台中部，经伸缩耙齿送入倾斜喂入器，并在两个喂入轮均匀输送下将谷物送入脱粒装置，经钉齿滚筒初步脱粒，再经纹杆滚筒脱粒，籽粒等脱出物（颖壳、碎茎秆等）通过两个滚筒的凹板筛孔落到抖动板上、长茎秆及其夹杂物被逐稿轮抛到逐稿器上。

落到抖动板上的籽粒等脱出物，在移动过程中有一定的分离作用，然后进入清粮室。籽粒等脱出物在清粮室筛子和风机气流的配合作用下，籽粒穿过筛孔下落至籽粒推运器，经升运器入粮箱，而颖壳、碎茎秆等轻杂物则被排出机外；未脱净的穗头则通过下筛后段筛孔落入杂余推运器，被送至复脱器脱粒，复脱后由抛扬器抛至抖动板，再次进入清粮室。

抛到逐稿器上的长茎秆及其夹杂物，在逐稿器的作用下，夹在其中的籽粒等小杂物通过键面筛孔，沿键底滑落至抖动板上，与穿过两个滚筒凹板筛孔的籽粒等脱出物，一起进入清粮室；长茎秆则被排出落到集草箱。当茎秆聚集到一定重量，集草箱便自动打开，茎秆即堆放在田间。

## （二）自走式联合收割机

### 1. 一般结构

北京 4LZ-2.5 型自走式联合收割机由割台、倾斜输送器、脱粒装置、分离清选装置、发动机、传动和行走机构、液压系统、电气设备及操纵驾驶系统等构成，如图 6.56 所示。

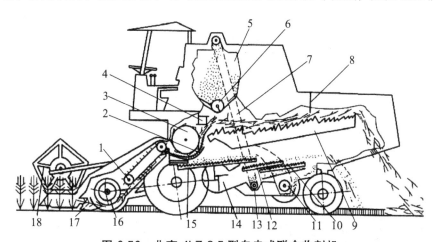

**图 6.56 北京 4LZ-2.5 型自走式联合收割机**
1—倾斜输送器；2—凹板；3—纹杆滚筒；4—逐稿轮；5—粮箱；6—粮食搅龙；7—谷粒升运器；8—挡帘；
9—键式逐稿器；10—下筛；11—杂余处理装置；12—上筛；13—谷粒推运器；14—风机；
15—阶梯板；16—割台推运器；17—切割器；18—偏心拨禾轮

### 2. 工作过程

作业时，偏心拨禾轮把作物向后拨送，并协助切割器把谷物割下，通过割台推运器和倾斜输送器将作物送至脱粒装置，在纹杆滚筒和凹板的作用下脱粒。大部分的细小脱出物（谷粒、颖壳、短碎茎秆）经凹板筛孔落到阶梯板上。而长茎秆中夹带着少部分细小的脱出物经逐稿轮送往逐稿器上进行分离，其中的少部分细小脱出物穿过逐稿器键面经滑板落到阶梯板上，长茎秆被抛出机外；阶梯板上的大部分细小脱出物向后输送至上、下筛，在风机的配合下，谷粒穿过上、下鱼鳞筛孔，落到谷粒推运器中，推运器将谷粒向一端集中由谷粒升运器送到粮箱中，粮箱装满可通过卸粮搅龙将其排入接粮车中。未脱净的断穗被风机吹送到筛子末端，落入杂余推运器中被送至复脱器进行复脱后，被抛扔到阶梯板上重新参与清选，质量轻的颖壳和短茎秆被风机吹出机外。

## 三、联合收割机主要工作装置

联合收割机的割台、脱粒装置、分离清选装置与收获机械的割台及脱粒机的脱粒装置、分离清选装置的结构与工作原理基本相同，此处不再赘述。

### （一）拾禾器

拾禾器是两段收获作业中安装在联合收割机割台上用以捡拾谷物条铺的一种装置。按照结构的不同，它可分为弹齿式、伸缩扒指式和齿带式三种。

#### 1. 弹齿式拾禾器

由带弹齿的滚筒拾禾。由于齿有弹性，对谷物的冲击作用较小，因而落粒损失较少。但其弹齿横向间距较大，在谷物矮小、条铺稀薄时常出现少许漏拾现象。其幅宽一般为 2～3 m，多用于麦收拾禾作业。

如图 6.57 所示为一种弹齿式拾禾器。它由滚道盘、主轴、曲柄、滚轮、滚筒圆盘、管轴、弹齿及罩环等构成。四根带弹齿的管轴装在滚筒圆盘上，管轴绕主轴心转动，同时还自转。管轴左端固定有曲柄，曲柄头部装有滚轮，滚轮在滑道内滚动。弹齿之间有薄铁板制的固定不动的罩环，弹齿在相邻两环的缝隙内运动，进行拾禾作业。

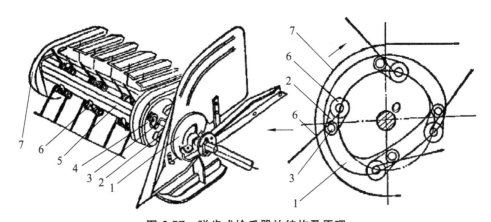

**图 6.57　弹齿式拾禾器的结构及原理**
1—滚道盘；2—曲柄；3—滚轮；4—滚筒圆盘；5—管轴；6—弹齿；7—罩环

工作时，主轴顺时针转动，管轴随滚筒圆盘公转，曲柄滚轮在半月形的滚道中滚动（滚道盘固定不动）。当滚轮沿直滚道滚动时，可带动管轴作反时针转动，弹齿收缩到罩环内部；当滚轮由直滚道向弧形滚道滚动时，又带动管轴顺时针自转，弹齿伸出，而这时弹齿的位置正好在拾禾器的前下方，因而能向上捡起作物条铺，并向后送给收割台螺旋及扒指。在将作物送至罩环尾部时弹齿又缩回,避免回挂作物。

### 2. 伸缩扒指式拾禾器

其构造与联合收割机割台螺旋输送器的伸缩扒指机构相同。它由扒指式拾禾滚筒、侧挡板和机架等组成。滚筒由主轴、转筒、偏心轴和扒指等构成,如图6.58所示。其扒指机构如图6.59所示,偏心轴位置不变,工作时也不转动,扒指一端空套在偏心轴上,扒指另外一端从滚筒上的孔中伸出,由滚筒带动其转动。

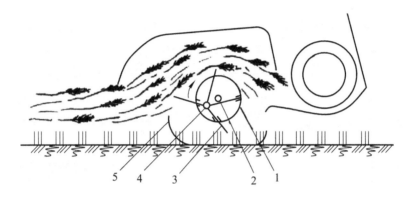

**图 6.58　扒指式拾禾器**

1—转筒;2—主轴;3—扒指;4—偏心轴;5—滑脚

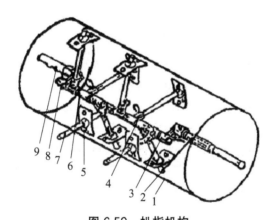

**图 6.59　扒指机构**

1—撑龙圆筒;2—长轴;3—左拐臂;4—调节轴;5—伸缩杆导套;
6—伸缩杆轴套;7—伸缩杆;8—右拐臂;9—短轴

当主轴带动转筒沿滚动方向回转时,其偏心轴位置不动,而空套在偏心轴上的扒指在转筒带动下绕偏心轴转动。由于偏心轴位于滚筒的前下方,则扒指由下方向前上方转动时伸向滚筒外面的长度增大,以利于挑送禾铺。当由后方向下方回转时,则扒指伸出转筒外面的长度缩小,以防向下方带草。

扒指式拾禾器的扒指为刚性,强度较大,拾禾时对谷物的冲击作用较大,所以一般多用于捡拾玉米秆。其转速与弹齿式拾禾器相同,拾禾宽度一般较弹齿式为大。

### 3. 齿带式拾禾器

齿带式拾禾器由齿带、前辊轴、中辊轴、后辊轴和仿形轮等组成，如图 6.60 所示。

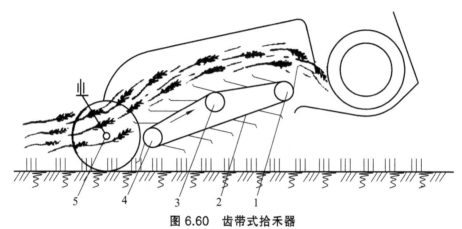

图 6.60　齿带式拾禾器

1—后辊轴；2—齿带；3—中辊轴；4—前辊轴；5—仿行轮

拾禾时，齿带逆滚动方向回转，由固定在胶带上的弹齿将禾铺挑起并送向割台。该拾禾器的特点是：由于前辊轴直径小（约 100 mm），弹齿横向间距较小（6～7 mm），因而拾禾较干净利索，落粒损失较少。其齿带速度根据机器作业速度的不同可以调节，一般为 0.2～1.8 m/s。拾禾器的幅宽一般较弹齿式为大，为 2～3 m 或 3～4 m。

## （二）割台的升降和仿形装置

联合收割机作业时，要随时调节割茬高度，要经常进行运输状态和工作状态的相互转换。所以，割台必须能很方便地升降。现代联合收割机都采用液压升降装置，操作灵敏省力，一般要求在 3 秒钟内完成提升或下降动作。为避免割台强制下降造成的损坏和适应地形的需要，割台升降油缸均采用单作用式油缸。因此，割台是靠自重将油液从油缸压回储油箱而下降的。当油泵停止工作时，只要把分配阀的回油路接通，割台就能自动降落。这一点在使用安全上十分重要，需要将支撑支好，以免割台突然下降造成事故。国外有些联合收割机，在通向油缸的管道上安装单向阀，当油泵停止工作时，单向阀关闭，割台就能停留在原有位置上。

为了提高联合收割机的生产率，保证低割和便于操纵，现代联合收割机都采用仿形割台，即在割台下方安装仿形装置，使割台随地形起伏变化，以保持一定高度的割茬。目前，生产上使用的割台仿形装置有机械式、气液式和电液式三种。

### 1. 机械式仿形装置

机械式仿形装置就是在割台上安装平衡弹簧，将割台的大部分重量转移到机架上，使割台下面的滑板轻轻贴地，并利用弹簧的弹力，使割台适应地形起伏。

图 6.61 为联合收割机割台升降和仿形装置。割台的升降由油缸完成。在油缸的外面装有一个平衡弹簧，弹簧的一端顶在缸体的挡圈上，另一端顶在卡箍上。卡箍由螺栓固定在顶杆

上。顶杆活套在柱塞里面。这样，割台的重量大部分通过平衡弹簧转移到脱粒机架上，使割台的接地压力只保持在 300 N 左右，即用一手掀起分禾器能使割台上下浮动。在顶杆上有三个缺口，可以改变卡箍的固定位置，用它来调整割台接地压力的大小。这种仿形装置，结构简单，它只能使割台纵向仿形，不能横向仿形。工作时，割台可以贴地前进，也可以通过油缸将割台稍稍抬起，使之离地工作。当遇到障碍物或过沟埂时，平衡弹簧帮助割台抬起，起到上下浮动的作用。

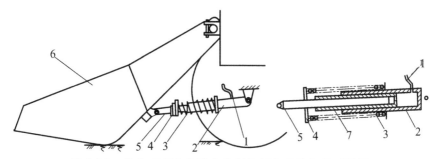

**图 6.61　北京 4LZ-2.5 联合收割机割台升降和仿形装置**
1—油管；2—缸体；3—平衡弹簧；4—卡箍；5—顶杆；6—割台；7—柱塞

图 6.62（a）为东风-5 联合收割机割台升降和仿形装置。割台的升降靠油缸来完成。割台的仿形靠割台（即框架）围绕固定在倾斜输送器支架上的铰链的转动来完成。由于铰链是球铰，所以割台能够纵向仿形，也能横向仿形。为了限制割台在水平面内的转动，在倾斜输送器支架上装有滚轮，顶在割台管梁的挡板上，因而保证了割台的正确前进方向。左右两组平衡弹簧的上端固定在倾斜输送器壳体上。其下端通过拉杆与割台铰接在一起。这样，割台的大部分重量就转移到壳体上，以减小滑板对地面的压力。

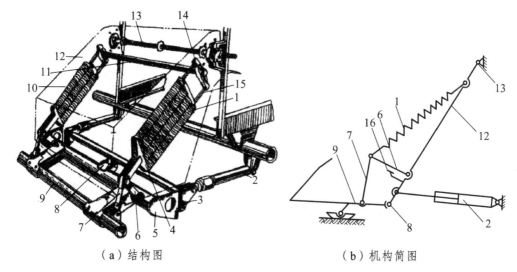

（a）结构图　　　　　　　　　　　（b）机构简图

**图 6.62　东风-5 联合收割机割台升降和仿形装置**
1—左平衡弹簧；2—油缸；3—滚轮；4—弹簧下支架；5—挡板；6—摇杆；7—拉杆；8—球铰；9—割台框架；
10—右平衡弹簧；11—弹簧支轴；12—倾斜输送器壳体；13—倾斜输送器挂接轴；
14—弹簧上支架；15—弹簧调节螺栓；16—支板

图 6.62（b）是东风-5 联合收割机割台升降和仿形机构简图，油缸不是直接顶在割台上，而是顶在倾斜输送器的支架上，并且在输送器壳体上铰链摇杆和固定支板。摇杆的上端与平衡弹簧的下端铰接在一起。这样，当割台在工作位置时，油缸和倾斜输送器的壳体是固定不动的。收割台的重量主要由球铰和平衡弹簧来支承，而且在摇杆和固定支板之间保持一定的间隙，以满足割台仿形的需要。当收割台围绕球铰作纵向仿形时，平衡弹簧随之伸长或缩短，摇杆也绕其后端作上下浮动。当收割台围绕球铰作横向仿形时，一边平衡弹簧伸长，另一边平衡弹簧缩短，割台上的挡板沿壳体上的滚轮上下滑动。需要升起割台时，使高压油进入油缸中，油缸的柱塞将倾斜输送器的壳体绕挂接轴向上顶起，固定在其上面的支板和球铰也随之升起；收割台在本身重量作用下，开始围绕球铰向下转动，平衡弹簧伸长，摇杆的上端也向下转动；当摇杆转至和支板相碰时，割台和倾斜输送器壳体就变成一体，一起向上升起达到运输位置为止。如不需要仿形时，可在支板上固定一个垫块，消除支板与摇杆之间的间隙，并使割台略向上升起，使仿形滑板离开地面。在长距离运输时，为避免割台跳动，可用螺栓把摇杆固定在支板上，使之成为一个整体。

**2. 气液式仿形装置**

近年来，国外已有较多的联合收割机采用气液仿形装置来代替弹簧仿形装置。气液仿形装置如图 6.63 所示，就是在割台油缸的油管处并联蓄能器，蓄能器内充以气体，利用气体的可压缩性使割台起到缓冲和仿形作用。割台上常用的蓄能器是气囊式，如图 6.64 所示，它将气体储存在耐油的薄胶囊内，油液则在囊外，两者完全隔开。为了减轻蓄能器内胶皮的氧化，多用干氮气来充填。由于胶囊惯性小，吸收振动的效果很好，而且有结构紧凑、使用方便等优点，所以获得广泛的应用。但蓄能器会使割台的提升滞后，这是因为液压油进入提升油缸之前进入了蓄能器，特别是割台降落在地面上时，蓄能器内的油液全部排空，因此提升的时间滞后要更长一些。

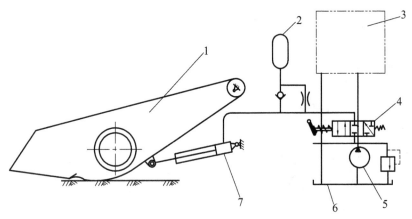

**图 6.63　气液式仿形装置**
1—割台；2—蓄能器；3—液压系统其他部分；4—手动分配阀；5—泵；6—油箱；7—油缸

为使蓄能器具有适当的功能，其气体的预装压力必须小于液压提升压力的正常值，一般为其 70%左右。预装压力是指蓄能器内油液全部排空时干氮气的压力，一般先由工厂充填好。在工作过程中，蓄能器内的气体受压后，其压力与液压提升系统的压力是相互平衡的。一般蓄能器的最大压力可以达到 2 000 N/cm²。在使用或储存时勿使其温度超过 149 °C。这种仿形装置工作平衡可靠，但胶囊和壳体的制造较困难，造价较贵。

### （三）电液式自动仿形装置

最近国外生产的联合收割机，一部分已经采用电液式割台高度自动仿形装置，如美国的 JD-7700 联合收割机和加拿大的 MF-760 联合收割机等。其工作原理是在割台下面安装传感器，通过连杆将信号传递到电器开关，进而控制电磁阀，使液压油进入油缸或回油，完成割台的自动升降。

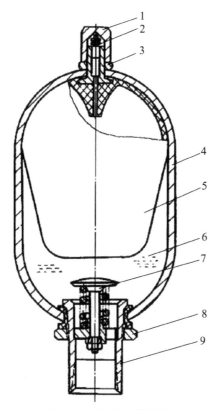

**图 6.64　气液式蓄能器**
1—护罩；2—气嘴；3—螺母；4—壳体；5—胶囊；6—油液；7—阀；8—螺母；9—接头

图 6.65 为 JD-7700 联合收割机挠性割台的自动仿形装置。传感轴为通轴，位于割台下方，其长度略大于割台宽度，该轴铰接在割台底架上。传感轴上焊有六个传感臂，分别压在浮动四杆机构的前吊杆上。在传感轴的左端有一短臂，通过拉簧使传感臂始终压在前吊杆上。当仿形滑板升降时，浮动四杆机构的前吊杆带动传感臂上下摆动，因而传感轴也就随着扭转。在传感轴的右端焊有一支板，支板通过一个球铰与拉杆相连，拉杆中间有一个调节螺套。转动螺套可使拉杆伸长或缩短。拉杆的上端与摇杆相连，摇杆的另一端固定着控制凸轮。凸轮的上方为上升开关，下方为下降开关。当传感臂和传感轴转动一定角度时，通过拉杆、摇杆和控制凸轮可以分别接通上升开关或下降开关。

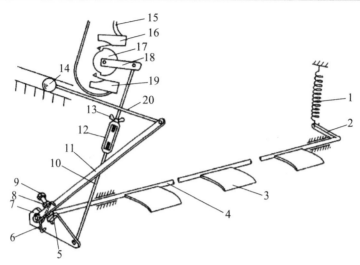

**图 6.65　电液式割台自动仿形装置**

1—拉簧；2—短臂；3—传感臂；4—传感轴；5—挡片；6—扭簧；7—支板；8—螺母；9—调节螺钉；10—拉杆；
11—支杆；12—调节螺套；13—翼形螺母；14—指示球；15—电线；16—上升开关；
17—控制凸轮；18—摇杆；19—下降开关（可调）；20—杆

为了使驾驶员能够直接观察到割台的浮动范围，在割台的右侧壁上安装一个指示球。在传感轴的右端空套着一支杆。支杆上端与指示球相连。支杆下端焊一螺母。调节螺钉依靠扭簧的扭力作用始终顶在支板的挡片上。当支板摆动时，支杆也就随着前后摆动。指示球就前后移动指示出割台的浮动范围。通过调节螺钉可以调节指示球的初始位置。

挠性割台工作时，由于地形起伏变化，仿形滑板也就随之升降。当仿形滑板上升时，通过浮动四杆机构的前吊杆使传感臂上升，传感轴也随之转动。支板推动拉杆向上，控制凸轮逆时针方向转动，此时接通上升开关，使电磁阀发生动作，液压油就进入割台油缸，使割台升起。割台升起少许的过程，仿形滑板和浮动四杆机构下降，传感臂受拉簧的作用而向下摆动。此时拉杆拉动控制凸轮顺时针转动而切断电路，割台不再上升。

割台过高或割台前方遇到凹陷地形时，六组仿形滑板均下降，传感臂受拉簧的作用略向下摆动，因而拉动拉杆向下，使控制凸轮顺时针转动，此时接通下降开关，使电磁阀发生动作，割台下降。

### （四）联合收割机的中间输送装置

联合收割机中连接结割台和脱粒机的倾斜输送器，通常称为过桥或输送槽。它的作用是将割台上的谷物均匀连续地输送到脱粒机。全喂入式联合收割机上采用链耙式、带式和转轮式三种；半喂入式联合收割机上采用的是夹持输送链。

#### 1. 全喂入式联合收割机的倾斜输送器

全喂入式联合收割机的倾斜输送器，用于自走式、牵引式和半悬挂式联合收割机上的都是短的过桥，用于全悬挂式联合收割机上的是长的输送槽。

如图 6.66 所示，联合收割机的倾斜输送器。它由壳体和链耙两部分组成。链耙由固定在套筒滚子链上的许多耙杆组成。耙杆呈 L 形，其工作边缘做成波状齿形，以增加抓取谷物的能力。两排耙杆相互交错排列。为使链条正常传动，在下部被动轴上装有自动张紧装置。支架是固定在壳体侧壁上的。弹簧通过螺母把输送器的被动轴自动张紧。调节螺母可改变弹簧的压紧情况，使链耙处于正常的张紧状态。为适应谷物层厚度的变化，避免堵塞，通过弹簧使输送器被动轴可以上下浮动。当谷物层变厚时，被动轴被谷物层顶起，压缩弹簧起自动调节作用。链耙的正常张紧度可在被动轴下方测量。耙杆与底板的间隙为 15～20 mm，此时链耙中间的耙杆与底板稍有接触。

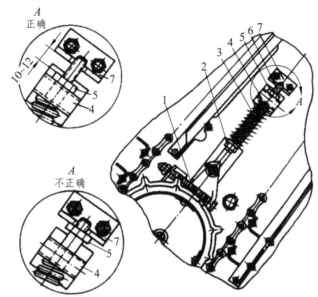

**图 6.66　东风-5 联合收割机的倾斜输送器**
1—弹簧；2—螺母；3—弹簧；4—支架；5—螺母；6—张紧螺钉；7—角钢

为了简化结构，国内外有许多联合收割机的链耙输送器已不用弹簧自动张紧装置。图 6.67 所示联合收割机的链耙输送器，链耙由主动轴上的链轮带动，被动辊为一圆筒。为了使

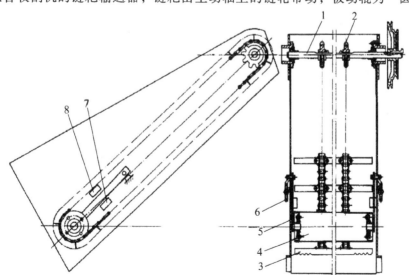

**图 6.67　北京 4LZ-2.5 联合收割机的倾斜输送器**
1—主动轴；2—链轮；3—耙杆；4—被动辊；5—浮动杆；6—调节螺栓；7—下限位板；8—上限位板

链条不致跑偏，在圆筒上焊有筒套来限制链条。被动辊可自由转动，工作时靠链条与圆筒表面的摩擦来带动圆筒转动。被动辊是浮动的，浮动杆可绕其上铰接点转动，由上、下限位板来限位，上下浮动范围约 100 mm。当喂入的谷物层增厚时，被动辊被顶起；当谷物层减薄时，被动辊靠自重下降。为使输送链耙保持适当紧度，在壳体的两侧壁上安有调节螺栓，可使被动辊前后调节 20 mm。输送链耙的紧度可用手从链耙中部提起检查，其高度以 20～35 mm 为合适。若调至极限位置时，用手提起链条中部的高度超过 40 mm，则需要去掉一个链节。

为了保证链耙的输送能力，必须合理配置其相互位置和选择运动参数。为使耙杆顺利地从割台抓起谷物，链耙下端与割台螺旋之间的距离 $t$ 要适当缩小（见图 6.68 和表 6.3），以便及时抓取谷物，避免堆积在螺旋后方，造成喂入不匀。为使谷物顺利喂入滚筒，倾斜输送器底板的延长线应位于滚筒中心之下。通常认为从滚筒中心到底板延长线的垂直距离为滚筒直径的 1/4 为宜。为此，要适当选取 $h$ 值和 $\alpha$ 角，一般 $\alpha$ 角不超过 50°。链耙的运动速度应与割台的输送速度相适应，一般应逐级递增，即链耙速度应大于伸缩扒指外端的最大线速度，扒指外端的线速度又应大于割台螺旋的横向输送速度。这样才可使谷层变薄，保证输送流畅。试验表明，适当提高链耙的速度（从 3 m/s 增加到 5～6 m/s），可以减少脱粒功率的消耗，并能使脱粒损失下降和提高凹板的分离率。此外，有的联合收割机倾斜输送器传动上增设了反转减速器（如 E-516），可使割台各工作部件逆向传动，驾驶员不离开座位即可迅速排除割台螺旋和输送链耙之间的堵塞。倾斜输送器壳体要有足够的刚度，以防扭曲变形。壳体本身及其相邻部件的交接处的密闭性要好，以防漏粮和尘土飞扬。

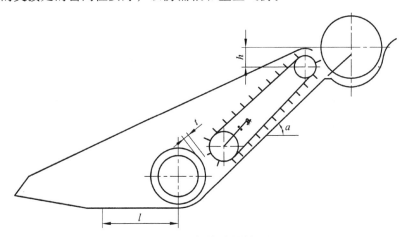

图 6.68　倾斜输送器的配置

表 6.3　倾斜输送器的参数

| 机　型 | $l$/mm | $t$/mm | $\alpha$/° | $H$/mm | 链耙速度 $v$/m·s$^{-1}$ |
|---|---|---|---|---|---|
| 东风-5 | 500 | 60～170 | 51 | 108 | 3.2 |
| 丰收-3.0 | 400 | 30 | 48 | 110 | 3.34 |
| 北京 LZ-2.5 | 400 | 30～60 | 44.5 | 108 | 2.6 |
| E-512 | 352～380 | 55～120 | 42 | 80 | 4.86 |
| MF-510 | 330～355 | 45～105 | 37 | 196 | 2.9 |
| JD-7700 | 345，446.2，548.2 | 6～32 | 34 | 117 | 2.12 |

实践表明，链耙输送器的工作可靠，输送能力较强，只要谷物被耙杆抓取，就能被强制输送。其缺点是喂入不很均匀，链耙重量大，造价较贵。

近来有少数联合收割机采用了转轮式输送器。它由一个或数个连续排列的转轮组成。图 6.69（a）牵引式联合收割机的倾斜输送器。它由两个转轮组成。相邻转轮的最小间隙为 15 mm，转轮与底板的间隙为 10～35 mm。转轮有 2～6 个叶片或齿杆，轮径为 300～500 mm，其线速度为 10～15 m/s。上轮的线速度应略大于下轮的线速度。由于转轮的转速较高，转轮叶片对谷物的拨动每分钟达一两千次之多，因而提高了喂入的均匀性，同时起到部分脱粒作用，可以提高凹板的分离率。若输送距离较短时，可采用一个转轮，使结构和传动简化。

加拿大福格森公司的新产品 MF-760 是从 MF-510 联合收割机发展而来。它将链耙式输送器改为转轮式输送器，由五个转轮组成如图 6.69（b）所示。每个转轮都有两个或四个叶片，两个橡胶叶片和两个金属叶片互相垂直安装。试验证明，这种转轮式输送器重量轻、故障少、结构简单，也容易修理。在收获干的谷物时，只用两个橡胶叶片；收获潮湿作物时，增加到四个叶片。使用中，橡胶叶片会产生磨损，一般使用一年后更换叶片，特别是最前面的两个叶轮，磨损较厉害，但总的说来还是有利的。

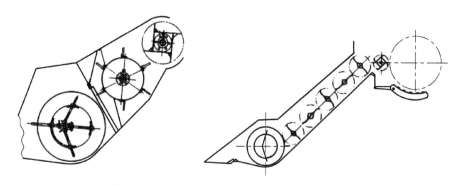

（a）4LQ-2.5 型联合收割机输送器　　　　　　　（b）MF-760 型联合收割机输送器

**图 6.69　转轮式输送器**

全悬挂式联合收割机因受拖拉机的限制，割台配置在拖拉机的前方，而脱粒机配置在拖拉机的后方，所以其中间输送装置都很长，常称为输送槽，如图 6.70 所示。槽内装有链耙式或带式输送器。带式输送器采用特制的宽胶带，或用帆布带在其底部两边各镶上一普通平皮带，以增加帆布强度。带上每隔 300～320 mm 装一高为 40～50 mm 的角铁耙杆。为适应谷物层厚薄变化，下被动辊也是浮动的，由上、下限位板限位。为保证谷物易于进入耙杆工作区内，下限位板应确保耙杆进口处与槽底有 15～20 mm 间隙，浮动臂一般为 300～500 mm；输送带的速度也应逐级递增，一般为 2～3 m/s；耙杆下端外缘与割台螺旋的间隙为 60～70 mm；其上端外缘与脱粒滚筒齿顶的间隙为 10～30 mm。输送带由张紧轮来张紧。

割台升降时，其回转中心与输送槽的回转中心是不同的。割台围绕前悬挂架上某支承点回转，而输送槽中绕其上主动轮中心回转。因此，输送槽的前端都搭接在割台出口的底板上。当割台升降时，输送槽前端与割台底板之间必然产生相对滑移，在配置时应注意使两者不能互相干涉或产生漏缝，以保证谷物的正常输送。

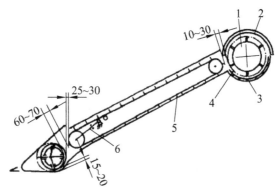

**图 6.70　输送槽位置的配置**
1—滚筒；2—导板；3—凹板；4—滚筒齿迹圆；5—链耙或带耙；6—浮动臂

### 2. 半喂入式联合收割机的夹持输送装置

半喂入式联合收割机只将谷穗喂入滚筒脱粒，它能保持茎秆的完整性。因此，对谷物输送装置的要求较高，不仅要保证夹持可靠、茎秆不乱，而且要在输送过程中改变茎秆的方位和使穗部喂入滚筒的深度合适。现有的半喂入联合收割机上采用的夹持输送装置基本上能满足这些要求。

卧式割台联合收割机上的夹持输送装置由夹持链、压紧钢丝和导轨等组成，如图 6.71 所示。夹持链一般采用带齿的双排滚子链，如图 6.72 所示，导轨槽为一弧形封闭导轨，夹持链在导轨槽内回转，因此，在导轨槽的两头安装链轮。为使导轨槽紧凑，工作行程和空行程的导轨应尽量靠近，并且每隔 200 mm 焊有连接板使之构成整体。在导轨工作行程一侧有由数根吊环固定的夹紧钢丝固定架。压紧钢丝一端由螺钉安装在固定架上，另一端靠钢丝的弹力压在夹持输送链的链套上，压紧钢丝连续不断地分布在整个导轨上，以适宜的压力压紧。禾秆就在这些压紧钢丝支持下，由夹持输送链的链齿拨送。

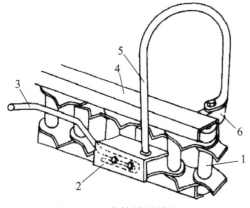

**图 6.71　夹持输送装置**
1—夹持链；2—钢丝固定架；3—压紧钢丝；
4—导轨；5—吊环；6—连接板

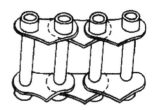

**图 6.72　夹持链**

立式割台的夹持输送装置一般为两段输送，也是采用双排齿的滚子链。但是由于不需要作弧形轨道输送，因此不需要导轨，只有带滚子的支架支承，夹持链两端也就用不着滚子。

半喂入联合收割机中间输送装置的输送速度应逐级递减，这与全喂入式是不同的，即脱粒夹持链的速度应等于或略小于输送夹持链的速度，输送夹持链的速度应小于割台输送链的速度。这样，在两输送链交接时能保持茎秆的整齐，否则将会扯乱茎秆，影响输送质量。据国内近年的试验认为，割台输送链的速度为 1 m/s 左右，夹持输送链的速度为 0.8 ~ 1 m/s，脱粒夹持链的速度为 0.8 m/s 左右为宜。

## （五）联合收割机的自动控制和监视装置

联合收割机发展中的一个重要问题，就是要不断地提高机器的生产率。提高生产率的途径除了不断改进工作部件的性能外，还有加大作业幅宽、加大前进速度和提高机器工作的可靠性三个方面。目前世界上大型谷物联合收割机的喂入量已达到 8 ~ 10 kg/s，其割幅已超过 7 m。这样庞大的机型，因受到运输条件的限制，已经达到极限，因而侧重于加快机器前进速度和提高机器工作的可靠性。随着联合收割机速度的提高，驾驶员的劳动强度和精神负担也随之增加。由于田间条件的复杂而多变，要使联合收割机始终保持最理想的喂入量，以发挥机器的最大效能，单靠驾驶员的操作经验是达不到的。因此，必须采用自动控制和监视装置。

现代联合收割机都备有封闭的驾驶室和空调设备，因此驾驶员就完全和工作部件隔离了。为了人身安全，防止事故，联合收割机的各传动部件都设有安全护罩，大部分工作部件都是在封闭的壳体中工作，从外表是无法观察其工作状态的。为了及时掌握工作情况，也必须采用自动控制和监视装置。同时，由于科学技术的发展，近代技术已开始应用到农业机械上来。在联合收割机上装备自动控制和监视装置也就成为必然的发展趋势。近几年来，国外已有许多联合收割机安置了自动控制和监视装置。

### 1. 联合收割机的自动控制装置

联合收割机的自动控制装置主要有喂入量自动控制装置、割台高低自动控制装置、脱粒机自动调平装置和自动操向装置等。

（1）喂入量自动控制装置。

收获季节的田间作物情况是经常变化的，甚至在同一天中的同一田块，作物生长的情况也不相同的。因此，联合收割机工作过程中，必然引起各工作部件负荷的变化。试验表明，当喂入量超过额定值后，谷粒损失急剧增加。损失增加最快的是逐稿器的分离损失，这就说明逐稿器是限制联合收割机生产率的主要工作部件。因此，应当取逐稿器上方茎稿层厚度作为喂入量自动调节的参数。

但是，这将使传感信号滞后 4 ~ 5 s，因而不能及时调节联合收割机的前进速度。从控制损失的角度来看，最理想的自动控制方式是根据联合收割机的损失来自动调节前进速度。但是这将使滞后时间更长，而且感受元件也比较复杂。由此可见，喂入量的控制应尽可能与割台的工作部件联系起来。目前应用比较广泛的方法是把自动控制系统与倾斜输送器链耙的浮动量联系起来。由试验得知，倾斜输送器链耙的浮动量和喂入量成正比，而且影响比较大。所以目前许多国家的联合收割机上，都用它作为自动调节喂入量的传感参数，其信号大约滞后 0.4 s。

图 6.73 为一种液压式喂入量自动调节装置。它通过倾斜输送器链耙的浮动，自动控制行走无级变速器，改变机器行走速度，达到联系自动控制联合收割机喂入量的目的。谷物流厚

度传感器是一个弯曲的滑板，压在倾斜输送器的下链条上。滑板上端通过钢丝与弹簧缓冲器相连。弹簧缓冲器与滑阀连接，液压油缸则与行走无级变速器的支臂铰接。当联合收割机的喂入量增大时，谷物层厚度加大，传感器滑板被顶起，拉动滑阀向右移动，打开通向液压油缸下腔的油路，让高压推动柱塞，使无级变速器支臂向上方摆动，以降低前进速度。反之，当传感器滑板下降低于正常位置时，在弹簧的作用下，分配器滑阀向相反方向移动，高压油进入上腔，无级变速器支臂向下摆动，以增加前进速度。利用手杆可以调节需要控制的喂入量大小，它能使传感器滑板处在一个正常位置。

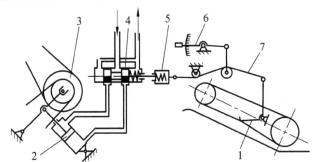

**图 6.73　液压式喂入量自动控制装置**

1—传感器滑板；2—油缸；3—行走无级变速器；4—滑阀；5—弹簧缓冲器；6—手杆；7—钢丝

（2）自动操向装置。

为了减轻驾驶员的劳动强度，有些联合收割机开始采用自动操向装置，如 E-516 联合收割机、日本的井关和久保田联合收割机等。工作时，驾驶员不必转动方向盘，联合收割机便可沿着作物边缘前进。在直接收获时，可以利用侧面未收割作作的边缘，作为预先给定的操向控制线；在分段收获时，可以利用禾铺作为操向的依据。

图 6.74 所示为 E-516 联合收割机的自动操向装置，在割台的左分禾器处安装一个悬臂。

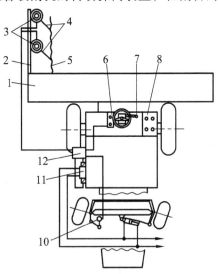

**图 6.74　联合收割机自动操向装置**

1—割台；2—悬臂；3—传感器；4—触杆；5—未割作物侧边；6—反馈传感器；7—电磁阀；8—放大调节器；
9—油管接头；10—悬臂升降调节器；11—手动操向和自动操向转换手杆；
12—触杆和未割侧边距离的调节器

在悬臂上固定着操向用的传感器和传感器相连的触杆，触杆沿未割作物行移动。由于未割作物的茎秆只能承受较小的负荷，因此要在触杆受到很小的力时，便可以作用到传感器，起到操向作用。为此，一般都是把传感器信号放大以后才控制电磁阀，进而控制转向油缸自动操向。为了避免作物稀密对触杆产生影响引起误差，采用两个前后配置的触杆。

### 2. 联合收割机的监视装置

现代大型联合收割机上都设有监视装置。发动机的监视仪表早已成为标准设备，但是联合收割机的工作质量监视和和工作部件监视还处在发展阶段。现介绍联合收割机上几项主要的监视装置。

（1）谷粒损失监视装置。

联合收割机使用中的基本要求，是在保证谷粒损失低于允许范围的情况下，充分发挥机器的生产效率。但是，只凭驾驶员的经验估计机器的负荷和工作质量，这个要求是难以达到的。为了测定谷粒损失，需要花费很大的劳动量，而且测定值是不连续的。因此，早在 20世纪 60 年代许多国家就开始研究联合收割机的谷粒损失监视装置。

谷粒损失监视装置由传感器和仪表两部分组成。传感器固定在逐稿器或筛子的出口处，仪表安置在驾驶员附近的适当位置，两者用导线连接起来。图 6.75 为压电式传感器的结构，传感器感受元件是塑料膜片，膜片安装在传感器体内的阻尼垫上，在膜片下方专门的圆形凹入部分粘贴着压电元件（压电晶体片）。当谷粒冲击膜片时，膜片就传播声波，声波对压电元件起作用，在压电元件的导线上就出现呈快速衰减振动的电压。这个电压信号通过导线传给仪表盒的输入端，压电元件给出的电压信号的幅度决定于谷粒对膜片的冲击力量。碎稿对膜片的冲击所引起的信号比谷粒信号要弱得多，通过仪表可以滤掉碎茎稿的冲击信号。

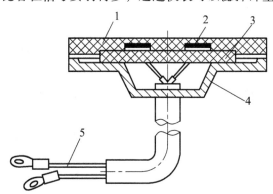

**图 6.75 谷粒损失监视装置的传感器**
1—塑料膜片传感器；2—压电晶体片；3—阻尼垫；4—传感器体；5—导线

仪表部分由滤波放大器、鉴别器、调节器、频率-电压转换器和读数指示器等组成，其工作原理可用方框图表示，如图 6.76 所示。

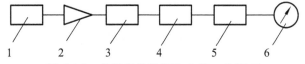

**图 6.76 谷粒损失监视仪表的工作原理**
1—传感器；2—滤波放大器；3—鉴别器；4—调节器；5—频率-电压转换器；6—读数指示器

传感器输出的电压信号，首先由滤波放大器进行放大。松软的茎秆和颖壳撞击所产生的是低频小振幅信号，时间较长；而硬的谷粒撞击所产生的是高频大振幅信号，持续时间较短。谷粒撞击传感器后，产生 40 Hz 左右的信号，而滤波放大器只对 40 Hz 左右的信号起放大作用，又一次滤波并放大某规定振幅的电压信号，因此可以去掉杂物的信号而只保留谷粒的信号。由谷粒产生的信号进入调节器，经过整形变成一具有固定持续时间的方波信号，再经过频率-电压转换器，把不连续的方波信号变成连续的模拟电压，再通过指示仪表显示出读数。仪表上的输出电压，代表了单位时间内谷粒撞击传感器的平均频率，也就反映了单位时间内的谷粒损失。

传感器在逐稿器和筛子后部的安装方法如图 6.77 所示，传感板安装倾角为 45°。

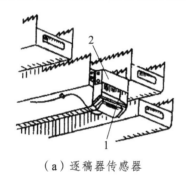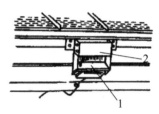

（a）逐稿器传感器　　　　　　　　　　（b）清粮筛传感器

**图 6.77　传感器的安装部位**
1—传感板；2—导谷槽

上述谷粒损失监视装置只能记录单位时间的损失量。它受作物产量和机器前进速度等因素的影响，容易造成误差，需要经常标定。1972 年苏联设计试制了能够指示损失率的监视器，它采用四个传感器。两个装在逐稿器的后方；一个装在筛子后面；另一个则纵向安装在鱼鳞筛的下面，其长度等于筛子的长度。它可以反映单位时间内收获的总谷粒量。把谷粒损失传感器和总谷粒量传感器的测定值通过积分电路相除，即可得出损失百分数。1974 年美国和西德均研制了能够指示单位面积谷粒损失的监视器，把联合收割机的速度转换成电量输入到电路中，然后再用损失量除以机器速度，便可得到单位面积的损失量。

目前谷粒损失监视器的应用虽然还不够普遍，但是它是联合收割机发展的一个必然趋势。据一些国家统计，采用监视器后谷粒损失可以降低 0.5%，效率可提高 10%，因此，每台联合收割机一年就可多收很多粮食。据苏联统计，监视器的成本约两年的时间就可以收回。

（2）工作部件转速的监视装置。

联合收割机工作部件的正确转速，是保证工作质量和效率的关键。某些部件的工作情况，通过转速的变化就可以了解。所以，现代联合收割机的关键部位（如逐稿器、滚筒、杂余螺旋和谷粒升运器等）的轴上都装有转速监视器。采用转速监视器后，可以防止部件堵塞和损坏，提高使用可靠性、工作质量和工作效率。目前采用的转速监视器多为电磁式。它可以在转速低于额定转速的 10%～30%时，发出声光信号，预报发生故障的部件。

转速监视装置由传感器和仪表两部分组成。传感器安装在所需监视的传动轴上，仪表安置在驾驶室内合适的位置，两者用导线连接起来。传感器由灵敏的干簧管和永久磁铁组成。永久磁铁利用卡箍固定在旋转轴上，随轴一起传动，干簧管则固定在靠近转轴的机架上，如

图 6.78 所示。旋转轴每转一圈，永久磁铁就接近一次干簧管，两个簧片就接触一次，使输入电路短路一次，便产生一个脉冲。为了保护干簧管，通常将其密封在硬橡胶内。

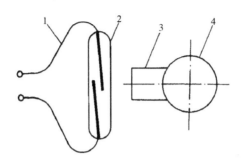

**图 6.78　转速监视传感器简图**
1—导线；2—干簧管；3—永久磁铁；4—旋转轴

仪表部分由输入电路、积分电路、电压比较器、电子开关、指示器和声响器组成，其工作原理可用方框图表示，如图 6.79 所示。

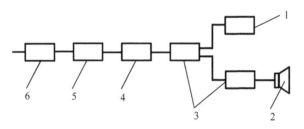

**图 6.79　转速监视仪表的工作原理**
1—指示器；2—声响器；3—电子开关；4—电压比较器；5—积分电路；6—输入电路

当轴的转速正常时，传感器将脉冲信号送到输入电路，经积分电路将不连续的方波信号改变为连续的模拟电压，然后送入电压比较器。此时，输入的电压与电源电压相差不大，经电压比较器输出电压不能使电子开关导通，因此，指示器和声响器不起作用。当被监视轴的转速下降 20%时，输入的电压下降，经电压比较器输出的电压足以使电子开关导通，因此可使指示灯发亮，并使声响器发出声音。驾驶员就可以及时采取措施，使联合收割机保持正常工作。

（3）工作部件监视装置。

联合收割机上某些工作部件如逐稿器、粮箱、杂余螺旋、谷粒升运器和复脱器等，其上都装有信号装置，用以防止堵塞，提高效率。

图 6.80 所示为逐稿器信号装置。它安装在脱粒机顶盖上。传感片受到绕在轴上的扭簧的作用，经常压在开关触点上，此时电路断开。当逐稿器上方茎稿增多时，传感片受到压缩而向上方倾斜，传感片的上端不再压缩开关触点，因而使电路接

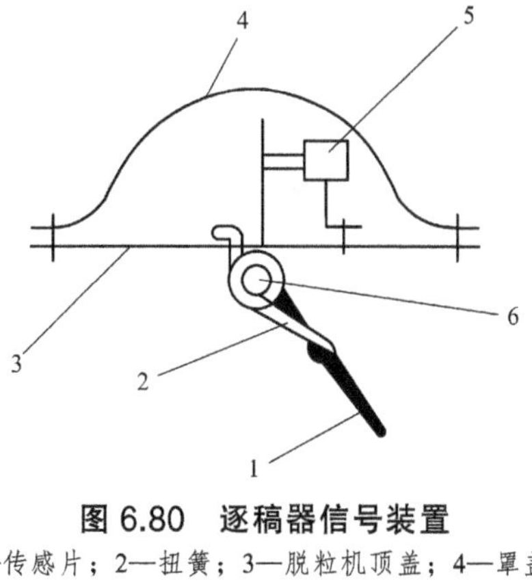

**图 6.80　逐稿器信号装置**
1—传感片；2—扭簧；3—脱粒机顶盖；4—罩盖；
5—开关触点；6—轴

通，驾驶室内的逐稿器堵塞信号灯发亮，同时发出声响。

图6.81为粮箱信号装置。一个塑料制的传感器固定于粮箱盖内。在塑料壳体内有可动触点、压缩弹簧、固定触点和调节螺钉，可动触点固定在传感片上，传感片铰接在轴上，一端露出塑料壳体之外。当粮箱快要充满时，谷粒由上向四周落下，对传感片有一个侧向力，使它顺时针方向旋动，克服弹簧的压力，使可动触点与固定触点接触，此时电路闭合，驾驶室的信号灯发亮，同时发出声音报警。粮箱卸粮时，谷粒量减少，传感片的压力消失，弹簧使传感片恢复原位，与调节螺钉接触，此时电路断开，信号灯熄灭。

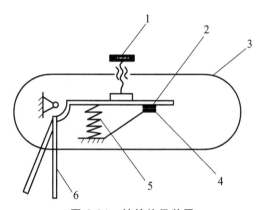

**图6.81　粮箱信号装置**

1—调节螺钉；2—可动触点；3—塑料壳体；4—固定触点；5—弹簧；6—传感片

此外，在谷粒螺旋和杂余螺旋轴端的安全离合器上，也有信号装置。当超负荷时，安全离合器打滑，安全离合器的活动齿盘连同皮带轮毂可沿轴向移动一小段距离，使电路接通，驾驶室信号灯发亮。

## 【任务实施】

### 一、收割台的安装及拆卸

#### 1. 收割台的安装

（1）将收割台拖车放在平地上，放下支承轮，插上安全销，转动曲柄使顺梁与地面平行，放松收割台与拖车的连接。

（2）主机开向收割台，使倾斜输送器的前上端对准收割台中心，将倾斜输送器上端固定轴置于固定板之间，这时操纵液压分配器手柄升起倾斜输送器，使固定轴进入导向板销孔内挂钩的终点处。

（3）操纵液压分配器手柄，慢慢升起倾斜输送器，使倾斜输送器的下部销孔与收割台的销孔对准，插上销子并锁定。然后将收割台升到最高位置。向后倒车，收割台即脱离了拖车。

（4）将收割台传动链装在链轮上，调好并带上安全护罩，然后把调整拨禾轮转速的钢索固定在支架上并调紧。

（5）将液压油管接到快速接头上，再把其他相关的连接处接合，即完成了割台的安装。

## 2. 收割台的拆卸

收割台拆卸装到拖车上时，与连接时的顺序相反，但还要注意以下几点：

（1）拨禾轮应调至一定高度并锁定。

（2）收割台往拖车上放时，应使收割台升到最高位置，同时要使推运器中间那根拨杆对准拖车上的指示器，再慢慢降落收割台，使拖车上的止板必须和拖车上的顶板相接触，最后固定好收割台。

（3）当收割台固定到拖车上时，在倒车之前，必须降下倾斜输送器，使倾斜输送器固定轴脱离收割台挂钩后再倒车。待固定轴安全脱离挂钩后，升起倾斜输送器，防止它与拖车轮子相撞。

## 二、切割器的调整及使用

由于不同机型的割刀驱动机构也不相同，而切割器的调整及使用与其驱动机构的调整关系密切，下面选择几种有代表性的机型进行介绍。

### 1. 东风 ZKB-5 和 4LZ-5 型刚性割台切割器的调整和使用

（1）割刀行程处于左右极限位置时，动刀片与定刀片中心线应重合，其偏差不大于 3 mm。调整的方法是：用手转动传动部分，使割刀行程处于极限位置。松开木连杆前端的螺栓，改变木连杆与调节齿板的相对长度，使动刀片和定刀片中心线重合后，再将螺栓紧固。

（2）所有定刀片的工作面应处于同一平面内，所有护刃器尖端应等距，且在同一直线上，其偏差不大于 3 mm。如不符合要求时，可加减垫片来调整，或校正护刃器的形状。

（3）动刀片与定刀片前端应贴合，后端间隙不大于 1.5 mm。如个别刀片前端未贴合时，其最大间隙也不得超过 0.5 mm。动刀片与压刃器之间，应保持 0.5 mm 的间隙，可用增减垫片或校正压刃器形状来达到。

（4）球头摇臂的中心位置，影响刀杆在刀槽中前后两侧间隙，若间隙不一致，将会造成刀杆导向槽一侧的过度磨损。调整时，取下螺母上的开口销，松开螺母，移开球头摇臂轴在支架斜向长孔的位置，使割刀在运动时，刀杆在导向槽中的两侧间隙相同，以减少刀头导向槽的磨损。

（5）球头连接夹板的紧度应适宜。太松，球头在工作中会产生敲击声；太紧，会加速接触球头的磨损。调整的办法是用螺母将弹簧压紧，再将螺母退回 1/3 圈左右。

### 2. JL1065 和 JL1075 切割器的调整和使用

与前面介绍的东风型基本相同。只是该类型的割刀由曲柄连杆和三角摆臂驱动，故该类型在切割器使用中除要满足上述要求外，还应注意三角摆臂的使用及维护。

在修理该部分时，要注意三角摆臂不得有过度磨损痕迹。连杆端和刀头球铰必须紧固，不得有损坏。传动轴上的球轴承、曲柄连杆的球轴承、三角摆臂上的锥形滚子轴承不得有过度磨损，必要时更换。

### 3. E512 和 E514 切割器的调整和使用

与东风型对切割器的要求基本相同。但由于该型的切割器由摆环机构驱动，故应注意刀杆球头和球头夹板在安装和使用的特定要求。

切割器的割刀行程为 86.2～90.2 mm，即割刀越过护刃器中心线两侧 5～7 mm，以减少刀片根部的负荷，摇臂上的球型连接销有三道凹口，用来调整割刀的行程。

刀杆头部导向板与导向夹板之间的间隙最大为 1 mm，用增减垫片的方法调节间隙。刀杆球头和球头夹板的紧度应调整适当。

## 三、螺旋推运器的调整及使用

（1）螺旋叶片与割台底板之间的间隙一般为 10～20 mm，作业时可根据作物的疏密程度做相应的调整。可通过上下移动割台两侧壁上的调节螺栓来调整间隙，但必须注意调整时要保持推运器两端间隙一致。

（2）收割台推运器拨杆与收割台底面的间隙，用收割台右侧壁外面的拨杆调节手柄来调整。拨杆与收割台底面之间隙一般为 10～15 mm，最小不能小于 6 mm。当收获作物密度大或进行拾禾作业时，间隙应增大。

（3）螺旋推运器叶片与割台后壁下边的刮草板的间隙，一般为 5～10 mm。通过刮草板的长孔调节。

（4）螺旋推运器与割台两侧壁的间隙应该一致，可通过推运器左端窗口内传动轴头的锁紧螺母进行调整。

（5）注意各机型螺旋推运器安全离合器最大滑转扭矩的差异。

## 四、谷物联合收割机的维护和技术保养

正确的、有计划的技术保养和修理，是实现联合收割机优质、高效、低耗、安全生产的重要技术保证，是延长机器使用寿命的重要技术措施。

## （一）谷物联合收割机的技术保养

谷物联合收割机的技术保养，包括作业期间每日的技术保养（称班保养）和作业季节结束后的全面的技术保养和维修。

**1. 新疆-2 型谷物联合收割机的班保养（同类型收割机可参考执行）**

班保养是每天作业结束后进行的技术保养。主要内容如下：

（1）发动机的班保养应根据柴油机的使用说明书进行。应特别注意发动机空气滤清器的堵塞情况和水箱散热器堵塞情况，并给予彻底清理。空滤器和散热器是联合收割机作业过程中极易污染堵塞的工作部件，除在班保养时必须彻底清理外，在作业过程中，也应注意检查。视具体情况，一旦积尘较多，发生堵塞应承时清理。

（2）彻底检查和清理联合收割机各部件的缠草，以及颖糠、麦芒、碎茎秆等堵塞物。尤其应注意清理拨禾轮、切割器、喂入搅龙缠堵物，凹板前后脱谷室三角区，上下筛间两侧堵塞物，发动机座附近沉降物等。特别注意清理变速箱输入皮带积泥，以免破坏其平衡。

（3）检查和杜绝漏粮现象。进行必要的封、挡、堵、接，确保颗粒归仓。

（4）检查各紧固件状况，包括对各传动轴轴承座（特别是驱动轮桥左右半轴轴承座）、紧定锥套螺母和固定螺栓、偏心套、发动机动力输出皮带轮、过桥第一输出皮带轮、摆环箱输入皮带轮、第一分配搅龙双链轮端面的固定螺栓、筛箱驱动臂和摇杆轴承座固定螺栓、转向横拉杆球铰开口销、无级变速皮带轮栓轴开口销、行走轮固定螺栓和发动机机座固定螺栓状况的检查。

（5）检查护刃器和动刀片有无磨损、损坏和松动情况以及割刀间隙情况。

（6）检查倾斜输送器链条的张紧程度。

（7）检查"V"形传动带的张紧度，过松过紧都会缩短其使用寿命。

（8）传动链条张紧度应适当，当用力拉动松边中部时，链条应有 20～30 mm 挠度。

（9）检查液压系统油箱油面高度，以及各接头有无漏油现象和各工作元件间的工作情况。

（10）检查制动系统的可靠性，变速箱两侧半轴是否窜动（行走时有无周期性碰撞声）。

**2. 悬挂式谷物联合收割机的班保养**

（1）拖拉机班保养。与悬挂式谷物联合收割机匹配的拖拉机，除按拖拉机使用说明书要求的班保养和号保养内容进行保养外，应特别注意发动机水箱散热器的除尘保养和防尘改装，保证发动机工作时的正常散热冷却。水箱散热器的除尘应随堵随除。由于作业时环境空气灰尘极大，空气滤清器也应每班清洗。注意进气管道的密封、严防漏气造成发动机缸筒、活塞的早期磨损。

（2）收割机班保养。保养开始前，彻底清除收割机各部件的积泥、尘土和缠草。

班保养除按要求对收割机各部件进行正常润滑外，应特别注意负荷大、振动大、转速高及易磨损的零部件的技术状态和固定情况。

① 检查易松动的紧固件和连接件。如割台搅龙调节装置的固定螺栓；各传动轴端的止动螺栓；割刀传动机构各连接部的螺栓；输送带耙齿固定螺栓；输送带调整机构；拨禾轮调整装置；护刃器总成固定螺栓及动、定刀片的铆钉，割台主轴左、右轴承座紧固螺栓；割刀输送齿条固定螺栓等。

② 检查润滑各易磨损运动副的技术状态。如切割器的动刀片和定刀片的磨损、润滑，割台搅龙的伸缩拨指导套磨损，拨禾轮偏心机构的滚轮润滑。

③ 检查紧固滚筒纹杆（钉齿）的紧固情况和纹杆（钉齿）的磨损情况，是否有变形损坏。

④ 检查输送带是否有跑偏现象，必要时调整。

⑤ 检查各传动皮带，链条的张紧情况和磨损程度。

⑥ 对各润滑点按规定加注润滑油。

⑦ 检查紧固前后支架与拖拉机的连接固定螺栓，后支架与脱粒机的连接紧固螺栓及悬挂机构的拉杆锁紧螺母。

⑧ 检查钢丝绳的松紧度，调整后紧固卡头紧固螺栓。

⑨ 检查各焊接件是否有脱焊、裂缝现象，并及时修复、校正变形损坏的零件。

⑩ 保养结束，启动发动机，中速运转听有无异常响声；升降割台检查液压系统是否有故障；检查各部件运转是否正常，有无摩擦、碰撞响声等。发现问题，及时排除。

### 3. JL1605 型谷物联合收割机的技术保养

（1）班保养内容：

① 清理水箱及其旋转罩；② 指示灯亮时，清理空气滤清器；③ 检查冷却水位，不足时添加；④ 检查积水器，必要时清理；⑤ 检查燃油滤清器，排放沉淀油；⑥ 检查液压油油位，不足时添加；⑦ 检查油底壳机油，不足时添加；⑧ 检查冷凝器；⑨ 添加主燃油；⑩ 按润滑表内容，润滑各点。

（2）首次工作 25 h 后的保养内容：

① 紧固转向臂连接螺栓紧固情况；② 检查并紧固纹杆螺栓；③ 检查并调整制动器。

（3）首次工作 100 h 后的保养内容：

① 更换液压油滤清器，更换液压油；② 更换油底壳机油；③ 更换齿轮箱润滑油（边减速器及变速箱）。

（4）每工作 100 h 的保养内容：

① 检查蓄电池电解液密度，加蒸馏水；② 更换发动机油底壳机油；③ 检查齿轮箱油位，不足时添加；④ 检查制动器储油罐油位；⑤ 按润滑表要求润滑各点。

（5）每工作 200 h 的保养内容：

① 更换主燃油滤清器滤芯（元件）；② 更换机油滤清器滤芯（元件）；③ 检查蓄电池电解液密度，加蒸馏水；④ 检查并调整离合器间隙；⑤ 检查并调整制动器；⑥ 检查并调整手制动器。

（6）每工作 500 h 的保养内容：

① 更换齿轮箱润滑油（变速箱和边减速器）；② 更换液压油和液压油滤清器；③ 按润滑图表润滑各点。

（7）收割作业季节结束后的保养内容：

① 卸下所有传动皮带，放到室内保管；卸下所有传动链条，清洗、涂油保管；② 卸下割刀放在平整处，在护刃器和割刀上涂油保管；③ 彻底清理水箱及旋转罩；④ 彻底清理所有搅龙及升运器；⑤ 彻底清理粮箱及卸粮搅龙；⑥ 彻底清理阶梯板和筛子；⑦ 润滑所有润滑点；⑧ 润滑所有可调螺栓螺纹、安全离合器的棘齿并放松弹簧；⑨ 润滑液压油缸推杆表面，并将其收缩至缸筒内；⑩ 润滑所有无油嘴的支承点和铰接点；⑪ 将收割机支垫起来，轮胎放气，冬季应卸下放于室内保管；⑫ 给机器上脱滚的部位补刷油漆。

（8）收割季节结束后发动机的保养：

① 更换机油滤清器元件：先清理滤清器周围的油污、灰尘和杂物。逆时针方向拧下滤清器元件，不再使用。更换新的滤清器元件，一定要保证完全清洁。装配时注意先将元件拧至与座之间的密封胶圈刚刚被挤紧，然后将元件拧进 1/2～3/4 转即可，不要拧得过紧。安装结束后启动发动机，检查有无渗漏，必要时，可再拧紧一些。

② 电磁输油泵的清理：清洁输油泵表面，将上部的吸油管折曲，阻止输油。然后用手拧下下端盖及垫片。清洗各零件，更换新的圆筒形滤芯（圆筒形滤芯不能清洗，如堵塞，就应更换滤芯）。清理完后按原样装复输油泵。

③ 积水器的清理（为专用选择件）：关闭发动机，拧松积水器下端的排气塞。用手把住下端的底盘，拧掉上端的固定螺栓。分解各零件进行清洗，注意只能用柴油清洗。需要时更换密封胶圈。清理后按原样装复积水器。

④ 更换柴油滤清器元件：清洁滤清器表面，尤其是底座。用手向里压下指状弹簧片，摘掉弹簧片挂钩，拿下滤清器元件。将新元件单孔的一端对准底座上的弹簧稳钉装上，然后挂上弹簧片，挂紧挂钩，装配时应注意，弹簧稳钉孔中绝对不能掉入灰尘杂物。

⑤ 燃油系统排气：更换滤清器后，燃油箱油全部用完后，拆卸油管、喷油嘴或输油泵后，发动机长时间怠速运转后均要求给燃油系统排气。

油箱装满油后，将启动开关拧至预热位置（2 位置），开动电磁泵。松开积水器顶端排气螺塞，直至放完气泡后，立即拧紧螺塞；松开燃油滤清器底座上的排气螺塞，直至放完气泡后，立即拧紧螺塞；如果还不能启动，则再松开喷油嘴油管，在大油门位置，启动马达，直至油管处放出气泡后，再拧紧油管。

⑥ 水箱清理：清扫旋转罩，卸下中间轮至旋转罩的传动皮带。拧下两个手柄，向上折起旋转罩，并用撑杆支住。用刷子清理水箱外部，或用压缩空气从水箱背面向外喷刷，也可用压力不大的水流喷刷，清洗后原样装复。冬季作业，启动发动机前要检查旋转罩是否能够自由转动，防止淋霜冻结。

⑦ 干式空气滤清器的清理：只有当红色指示灯亮时，才清理空气滤清器元件。首先彻底清扫壳体，并用布擦干净滤清器壳体和涡流增压器。然后取出主、副滤芯用压缩空气从里向外吹刷滤芯。如滤芯很脏，则用水洗刷（可在水中加少量无碱性洗剂，不能用油或强碱性洗剂清洗），洗后晾干。在田间，可暂用轻轻怕打滤芯的办法清理（临时性处理）。洗净的滤芯，用灯伸进滤芯筒内，观察有无不均匀的伤痕，确定修理或更换。按原样装复时，要特别注意各密封垫圈的技术状态，要绝对保证它们完好、干净、装配位置正确。

## （二）谷物联合收割机的润滑

润滑是给机器的各运动副定期或不定期地加注润滑油，达到减少摩擦阻力、减少摩擦功率消耗、保护零部件、延长机器使用寿命的目的。

### 1. 润滑油的选用

（1）齿轮油。联合收割机动力传动齿轮转速较低，负荷较大，一般选用农业机械常用的 HI-30 号齿轮油。

（2）机械油。联合收割机一般选用的机械油为 N32、N46、N60 等号；农业机械常用的机械油一般有 N15、N32、N46、N60 四个牌号。

（3）润滑脂（黄油）。润滑油脂有软硬之分，硬度太大，内摩擦损失大，硬度太小则承受压力能力差，容易产生渗漏和甩油现象。联合收割机用油一般选用 ZG-3、ZD-2H 号。发动机及拖拉机的润滑油按其使用说明书进行选择。

### 2. 谷物联合收割机润滑的具体要求和注意事项

（1）必须严格按照联合收割机使用说明书要求的周期、油脂和部位进行润滑。

（2）润滑油应放在干净的容器内，并能防止尘土入内。油枪等加油器械要保持洁净。

（3）注油前必须擦净油嘴、加油口盖及其周围零部件。

（4）经常检查轴承的密封情况和工作温度。如发现密封性能差、工作温度升高，应及时采取措施：一是及时润滑，缩短相应的润滑周期；二是根据需要随时修复、更换密封件。

（5）所有装在外部的传动链条，每班均应润滑，润滑时必须停车进行，应先清除链条上的油泥而后用毛刷刷油润滑。

（6）各拉杆活节、杠杆机构活节应滴机油润滑。

（7）所有木轴承应在装配前用 120~130 ℃ 的机油浸煮 2 h 以上。然后涂上适量的黄油后安装。

（8）行走离合器分离轴承必须拆卸后进行润滑，一般每年一次。

（9）变速箱试运转结束后清洗换油，以后每周检查一次，每年更换一次油。

（10）液压油箱每周检查一次油面，每个作业季节完后应清洗一次滤网，每年更换一次液压油。

（11）联合收割机检修时，应将滚动轴承拆卸下来清洗干净并注入润滑脂。

（12）凡使用黄油的润滑部位，每次润滑应加满，不允许敷衍了事。

（13）"轴承位置及润滑表"规定的润滑周期，如与作业量实际不符，可按实际情况调整润滑周期。

## （三）易损零部件的维护保养

### 1. V 形皮带的使用保养

联合收割机上常用的 V 形带有普通 V 形带、联组 V 形带、齿型 V 形带等。普通 V 形带按其断面尺寸的不同叉分为 A、B、C、D、E 等各种型号，应用最多的是 C 形和 V 形带。V 形带中还有一种活节带，收割机上现已很少应用。

使用中正确的调整是提高 V 形带传动效果和延长使用寿命的至关重要的保证措施。

（1）装卸 V 形带时应首先将张紧轮固定螺栓松开，不得硬将传动带撬下或逼上。必要时，可以转动皮带轮将胶带逐步盘下或盘上，但因胶带制造公差同题，不要太勉强，以免破坏胶带内部结构和拉坏轴。必要时，可先卸下一个皮带轮，套上或卸下 V 形带后再把皮带轮安装好。一般联组 V 形带应先卸下皮带轮后装卸 V 形带。

（2）安装皮带轮时，同一回路中带轮轮槽对称中心面（对于无级变速皮带轮、动盘应处于对称中心面位置）位置度偏差不大于中心距的 0.3%（中心距小于 1 m 时，允许偏差为 2 ~ 3 mm；中心距大于 1 m 时，允许偏差为 3 ~ 4 mm）。

（3）要经常检查调整传动皮带的张紧程度，新 V 形带使用的前两天易拉长，更要注意及时检查调整。皮带过紧影响皮带使用寿命，对轴和轴承都有影响；皮带太松，则易产生打滑现象，使皮带严重磨损甚至烧坏，更关键的是由于皮带太松打滑，不能按要求传递功率。另外，太松打滑使其工作部件转速下降，严重影响作业质量，粮食损失增加，甚至造成堵塞，使作业不能正常进行。因此，驾驶人员必须高度重视对传动皮带松紧度的调整。

（4）两根以上 V 形皮带组合使用时，装配前应先检查每根皮带的标准长度是否一致。同组皮带周长之差不允许超过 8 mm。作业中需要更换时，应同时更换一组，不允许单根换新，也不允许新旧搭配使用。

（5）注意 V 形带的清洁，不允许沾黄油、机油等油污，发现沾污应及时清洗。用汽油擦洗时，一定要注意防火。也可用肥皂水、碱水或清洗剂清洗，清洗后晾干再用。

（6）传动皮带作业时的正常温度不超过 60 ℃。检查方法是，停止工作后，立即用手触摸传动皮带，应能在其上停留 1 min，而无烫手的感觉。否则，应查明原因，及时排除。

（7）V 形带两侧面是工作面，正常装配时，带底面与带轮槽底有一定的间隙，如带底面与槽底接触，说明 V 形带或皮带轮已磨损超限，应当更换新件。

（8）皮带轮转动时，不允许有过大的摆动。否则，应查明原因，及时排除故障。

（9）皮带轮缘有缺口（铸件）或变形张口（冲压件）时，应及时修复或更换新品。

（10）每季作业结束后，对联合收割机进行保养时，应将张紧轮松开，使所有传动皮带处于松弛状态，或将传动皮带卸下挂在通风干燥处保管。

### 2. 链条的使用保养

联合收割机上常用的传动链条主要是套筒滚子链、齿形链和钩形链等。链传动突出优点是传递动力能力强，传动比恒定和能在高温和较恶劣的条件下工作。

链传动的主要故障表现是链条、链轮的疲劳破坏、磨损和链条铰链胶合等。为防止故障的产生和延长其使用寿命，在使用和维护中应注意以下内容。

（1）在同一传动回路中的链轮应安装在同一平面上，其轮齿对称中心面位置度偏差不大于中心距的 0.2%。

（2）链条的张紧度应适中，过紧易增加磨损，过松易产生冲击和跳动而缩短其使用寿命。一般情况下，以靠链条松边的中部垂直方向上有 20 ~ 30 mm/m 的活动余量为宜。链条使用磨损后伸长，靠张紧调整装置已不能达到张紧要求时；可拆去两个链节继续使用。若链条在工作中经常出现耙齿或跳齿现象，说明节距已增长到不能继续使用的程度，应更换新链条。更换新链条时，应注意检查链轮的磨损程度，若链轮也磨损严重，应同时更换新链轮。若链轮轮毂左右对称，为延长使用寿命，可经常换面使用。

（3）安装链条时，应将链条绕缠到链轮上，以便联结链节。联结链节应从链条内侧向外穿，以便从外侧装联结板和锁紧固件。拆卸时，可用锤子轻轻轮换敲打同一连接板上的两个连接销，抽出销子，卸下链条。若链销头铆毛已变粗，应先挫平后再拆卸。

（4）链条应按时润滑，以提高使用寿命。润滑油必须加到销轴与套筒的配合面上，作业中的润滑一定要在停车的状态下进行，以免发生危险。最好的办法应当是定期拆下链条，用煤油清洗干净，晾干后放到机油中或加有润滑脂的机油中加热浸煮 20～30 min，冷却后取出滴干多余的油并将表面擦净待用。如不热煮，可在机油中浸泡一夜效果也很好。对链条的清洁润滑是延长其使用寿命的有效方法。

（5）新旧链条不能在同一链条中混用，以免因新旧节距误差而产生冲击，扭伤链条。

（6）收割季节结束后，机器存放时，应卸下链条，清洗涂油装回原处，最好用纸包好垫放在干燥处。链轮表面清理后，涂抹油脂防止锈蚀。

**3. 轮胎的使用保养**

自走式联合收割机所装配的充气轮胎，基本上都是低压胎。轮胎的正确使用和保养对提高其使用性能和延长其使用寿命十分重要。

（1）正确选择轮胎规格。更换新轮胎时，一定要与原配型号相同。

（2）换装新轮胎时，应尽可能同轴同换；安装或更换轮胎时，注意驱动轮不要装反，正确的装配应当是：从后向前看，应当是"人"朝上。如果看压在地上的印痕，人站在前进方向，向后看应为倒"人"字。

（3）每天作业开始前，要按规定检查轮胎的气压，轮胎气压与规定不符时应补充至标准，否则禁止投入作业（允许左侧驱动轮比右侧高 0.02 MPa）以克服工作中左侧偏重，测试轮胎气压应在冷状态下进行，用专用气压表测定。

（4）轮胎不准沾染油污和油漆，收割机每天作业结束后，应注意清理轮胎内侧面黏积泥土（以免撞挤变速箱输入带轮和半轴固定轴承密封圈），检查轮胎有无夹杂物，如铁钉、玻璃，石块等。一旦发现应及时清除。

（5）夏季作业因外胎受高温影响，气压易升高，此时禁止降低发热轮胎气压。

（6）当左右轮胎磨损不均匀时，可将左、右轮对调使用。

（7）安装轮胎时，应在干净平坦地面进行。安装前应注意检查清理外胎内面和内胎外面的污物，最好撒上一些滑石粉，然后将稍充气的内胎装入轮胎内，注意避免折叠。将气门嘴放入压条孔内后，再把压条放在外胎与内胎之间，装入轮辋内。为使胎边配合严密，可先将轮胎气压超注 20%，然后再降到规定的气压值。

（7）机器长期停放时，必须将轮胎架离地面并将轮胎遮盖好，避免阳光照射和适当放气降低轮胎气压。

（8）严禁在充气状态下拆卸轮胎、驱动轮毂与轮辋的连接螺栓，以免飞出伤人。

## （四）谷物联合收割机的用后维护和入库保管

联合收割机作业季节结束后，机组成员应认真做好机器在收割作业中的技术总结，对所有工作部件逐一做出技术鉴定，对所出现的故障认真分析，在此基础上制订全面的技术保养和修理计划。通过保养、维修恢复机器技术状态，以备下一个收割季节使用。

彻底清理联合收割机各部的杂草、尘土、油污，使整台机器干净无尘。悬挂式联合收割机应从拖拉机上拆卸下来，各大部件归类集中停放，以备进行彻底的技术维护和修理。全面检查各工作部件的技术状态。对拆卸后的各部件进行认真鉴定，该修的修，该换的换，对技术状态良好的零部件进行彻底的清洗保养，使各部件完全恢复到良好的技术状态。

检查部位如下：

（1）检查分禾器。分禾器是薄钢板件，除非碰撞变形，一般不损坏。它是随坏随修的器件。

（2）检查拨禾轮。重点检查偏心滑轮机构的磨损、变形，拨禾轮中心管轴两端木轴承的磨损情况和弹齿管轴是否变形，弹齿有无缺损等，必要时修复或更换新品。

（3）检查切割器。切割器是收割机上易磨损件，尤其应对护刃器梁，刀杆，刀头，动、定刀片，护刃器，压刃器，摩擦片等零件逐个检查。若动力片齿纹缺损在 5 mm 以上，齿高小于 0.4 mm，并伴有裂纹者应报废更换新品，松动的应铆紧；定刀片刃口厚度大于 0.3 mm，宽度小于护刃器者应更换新品，松动的应重新铆紧，压刃器、摩擦片磨损超限者更换新品；护刃器不应有裂纹弯曲，两护刃器尖中心距为 76.2 mm，其偏差不大于 ±3 mm，所有固定刀片应在同一水平面内，偏差不超过 0.5 mm。必要时应进行彻底调整。对于无校正价值的护刃器，应更换新品。护刃器梁是整个切割装置的基础件，一般由角钢制成，不允许有任何弯曲、扭曲、裂纹等缺陷，否则应换新品。在购置新护刃器梁时，一定要严格检查其是否有弯曲、扭曲和裂纹。刀头、刀杆也是易损件，应重点检查，一旦出现裂纹，应更换新品。刀杆的弯曲度全长不大于 0.5 mm。切割器修复后，应认真进行总装调整，直至标准待用。

（4）检查割台搅龙。由滚筒体、叶片焊合而成，叶片如有变形，应开焊进行焊合修复。

伸缩扒指工作面磨损超过 4.5 mm 应换新品，扒指导套是易损件，当其与拨指间隙超过 3 mm 时，应更换新导套。

（5）注意检查倾斜输送室链条、耙齿有无磨损损坏、变形、断裂，有其一者应修复或更换新品。被动轴（下轴）的调整机构应完好无损、调整准确可靠。否则应修复或更换。

（6）认真全面检查脱粒滚筒的技术状态。滚筒轴有无弯曲变形、两端轴承台阶处有否裂纹等缺陷。有条件的修理厂应进行探伤检查；滚筒幅板有无裂纹、变形，滚筒纹杆有弯曲、扭曲，纹齿工作面棱角磨损半径 $r \geqslant 1$ mm 时，应更换新品；滚筒钉齿不应有弯曲、扭曲变形；刀形钉齿顶端部棱角磨损半径 $r \geqslant 4$ mm 时，应换新件。

（7）栅格式脱粒凹板不应有任何变形，横格板上表面要有一定的棱角，以确保脱粒质量，若棱角磨损半径 $r \geqslant 1.5$ mm 时，有条件的地方应进行镗磨修理，恢复棱角，镗磨加工量应保证横格板上表面至穿在横格板孔中弹丝距离不小于 3 mm，否则，应更换新凹板。横格板上表面至穿在其中弹丝的距离设计标准应为 3～5 mm，小于 3 mm 或大于 5 mm 将严重影响脱粒质量；凡保证不了这一质量标准者，不应装机使用。凹板筛钢丝工作面，磨损不应超过 2 mm，否则应更换。

（8）所有搅龙叶片高度磨损量不应超过 2.5 mm，否则应更换；安全离合器弹簧压力不够时应调整或更换；钢球脱落的应补齐。

（9）检查机架和所有罩壳是否变形、开焊、断裂，根据实际情况进行相应修复。

（10）检查清洗所有轴承、偏心套及轴承座是否完好，磨损是否超限，必要时修复或换新。

（11）检查、清理所有传动带、传动链条，观察其技术状态是否完好，该修的修，该换的换。对完好者按要求妥善保管。

磨损脱漆部位应除锈后重新刷漆。对所有的黄油加注点加注黄油。切割器、偏心轴伸缩扒齿、链条、钢丝绳等零部件在清洗后涂油防锈。需要拆下存放的零部件，按要求归类存放，以防丢失。严禁在收割机及部件上堆放任何物品。

联合收割机应入库停放，机库应能遮雪挡雨、干燥、通风。露天存放时，应进行必要的遮盖，发动机排气管应加罩，以防雨雪进入。

## 【任务拓展】

### 一、农业技术对谷物联合收割机的要求

（1）收获总损失不超过 2%。收获总损失是指收割、脱粒、分离和清粮等各项损失之和。

（2）籽粒破碎率，收小麦时不超过 1.5%，收水稻时不超过 1%。

（3）籽粒清洁率，收小麦时在 98%以上，收水稻时在 93%以上。

（4）割茬高度，通常要求在 15 cm 以下，对某些需要茎秆还田地区，或因客观条件所限降低收割台高度有困难的，允许留茬高一些。

（5）机器适应性广，能收多种作物，能适应多种情况。

（6）机器结构比较简单，可靠性、耐用性好，调整保养方便，操纵性能好。

### 二、谷物联合收割机的使用

#### （一）安全操作规程

为确保安全生产：联合收割机驾乘人员必须遵守机器的安全操作规程。

联合收割机是一部大型的、结构复杂的、现代化的生产工具。作业环境，作业条件千变万化。作业时，驾驶员只能看到收割台的工作情况，其他部位的工作状态只能靠辅助人员的协助和机器运转的声音，气味判断，所以熟知和自觉遵守安全操作规程尤为重要。

安全操作规程的每款条例都是从教训中总结出来的，都付出过血的代价，一定要严格遵守。

驾驶人员在对机器的使用中必须遵守以下规则。

（1）驾驶人员必须接受安全教育，学习安全防护知识。作业时必须穿紧身衣裤、戴工作帽。

（2）非联合收割机驾驶人员不得驾驶联合收割机。

（3）联合收割机必须配备性能良好的灭火器，发动机排气管应加安全防火罩（火星收集器）。

（4）道路行驶。要遵守交通规则，不准酒后驾驶收割机。

（5）任何人不准在行进中上下收割机，非机组人员不准上收割机，收割机不准运载货物。

（6）驾驶员在启动发动机前，必须认真检查变速杆，主离合器操纵杆、卸粮离合器操纵杆是否在空挡或分离位置。

（7）驾驶员在启动发动机前，必须发出信号，必须看清机器周围无人靠近时，才能启动机器。

（8）联合收割机作业时，绝对禁止用手触摸机器的工作部件（尤其是转动部件）。各种调整保养只能在机器停止运转时才能进行。

（9）联合收割机作业时出现故障（或堵塞），必须停车熄火处理，变速杆放空挡位置和分离脱谷离合器。故障排除后，所有驾乘人员归位后，才能重新启动机器作业。

（10）收割台出现故障排除、在发动机熄火的情况下，还需要用方木块将割台垫起一定的高度，在确保安全的情况下，才能进行工作。

（11）卸粮时禁止用铁制工具协助卸粮，更不允许人进入粮仓用手、脚协助卸粮，确需辅助卸粮时，可配备木制工具。

（12）联合收割机工作或运输时，允许坡度不能超过 15°；上、下坡时不许换挡，不许急刹车。在斜坡上停车时，要刹车，并用定位器卡住刹车踏板，有手刹车的要用手刹车固定，四个轮子应堰上随车专用木块或可靠石块。

（13）经常检查刹车、转向和信号系统的可靠性。

（14）作业时，不允许带着满仓的粮食转移地块，要坚持就地卸粮，随满随卸。

（15）不要在高压线下停车，作业时不与高压线平行行驶，以免发生意外。

（16）机组远距离转移时，必须将割台油缸安全卡卡在支承位置。

（17）严禁在蓄电池和其他电线接头部位放置金属物品，以防短路，要注意清理检查蓄电池通气孔以防堵塞。

## 三、收获前的准备

收获机械在一年中使用时间很短，而长期是存放在机库里的，一旦使用起来就应保证它在整个收获季节中始终要保持良好的技术状态，才能充分发挥它的效益。因此在收获作业之前，必须认真做好机器的准备工作。

谷物联合收割机的具体准备工作主要是做好各零部件的检查、清洗，参照具体机型的使用说明书进行安装、润滑和调整，然后进行试车（试运转）。试车的规程包括发动机空转试车、收割台和脱粒部分的空载以及行走部分的空驶试运转。在空载试运转中经常进行检查，发现有不正常现象要立即予以排除。空载试车正常之后，再进行负荷试运转（试割）。

在进行试割时，应从低挡开始逐渐加快速度和增加负荷。在负荷试车中，要经常注意倾听响声，观察运转情况，并进行必要的检查和调整。经一定时间（约一个工作班次）后，需进行一次全面的技术保养，并按试车过程中暴露出的问题进行调整；同时更换机油、清洗机油滤清器。确认机器技术状态完全良好，方可投入大面积的收获作业。

## 四、收获作业的质量检查

为了提高作业质量，减少损失，在作业中应经常进行质量检查，并根据检查结果进行调整，直到符合质量要求为止。具体质量检查项目有以下几项：

（1）留茬高度。在田间取有代表性的点，测量留茬高度，取其平均值。如不符合农艺要求（通常留茬高度在 15 cm 以下），可调整收割台仿形托板的位置，在操作上应尽可能降低收割台高度，以达到质量要求。

（2）收割台落粒掉穗损失。在收割后的地块上取 1 m² 见方点若干处，找出每一平方米中的落粒掉穗数（或质量），根据估产算出每 1 m² 中的总粒数（或质量），二者的百分比即为收割台的损失率，一般应不大于 1%。如过大，可调整拨禾轮转速和位置，或者换上锋利的割刀，尽量降低损失率。

（3）脱粒不净损失、分离不彻底损失和清选损失。分别按取联合收割机通过测定区内的籽粒、茎秆、清选排出物，从中拣出来脱净的穗头，搓出各粒称其质量，即为脱不净损失（kg）；从茎秆中找出夹带的谷粒，称其质量为分离不清的损失（kg）；从清选排出物中拣出裹带的籽粒，称其质量为清选的损失（kg），它们与测定区内籽粒总质量之比即为其损失率。

脱粒不净损失和分离不清损失的减少，首先在于检修时就必须保证脱粒滚筒、凹板和分离装置的良好技术状态。在收割过程中根据作物干湿程度的变化、生长情况等因素正确调整滚筒的转速和滚筒与凹板的脱粒间隙。

收割过程中若风量调得太大，风向太偏后或筛孔开度偏小等都会造成清选损失；有时因作物潮湿，脱粒后碎茎秆过多，造成筛面负荷过大，也会造成清选损失。这种情况只调整筛子、风量和风向则效果不大，应在保证脱净的基础上适当调大滚筒与凹板的间隙，使茎秆不致被脱得太碎，减轻筛面负担后，再作其他调整。

联合收割机的总损失率即为收割台损失率、脱不净损失率、分离不清损失率和清选损失率这四项之和。

（4）清洁率和破碎率。在出粮口取一定质量的样品，从中选出籽粒，去除各种夹杂物，称其质量，按下式计算

$$清洁率 = \frac{籽粒质量}{样品总质量} \times 100\%$$

在出粮口接取一定质量的样品，从中选出破碎籽粒，称其质量，按下式计算

$$破碎率 = \frac{破碎籽粒质量}{样品总质量} \times 100\%$$

检查调整时，应注意不能为了提高清洁率而过多地调大风量或调小筛孔等以致造成清选损失的增加；也不能为了减少破碎率而过分地调大滚筒与凹板间的脱粒间隙或降低滚筒转速等，以致造成增加脱粒不净的损失。

## 【项目自测与训练】

1. 偏心拨禾轮工作时主要有哪些调整?
2. 往复式切割器由哪些部件组成?使用时有哪些调整?
3. 纹杆式脱粒装置的结构及工作原理是什么?
4. 综合清选装置的结构、影响工作性能的因素有哪些?
5. 以北京 4LZ-2.5 型自走式联合收割机为例说明其结构及工作过程。

# 项目七　清选与干燥机械结构与维修

## 【项目描述】

　　谷物收获后，对其进行清选和干燥是不可缺少的环节。通过本项目的学习，学生应了解清选与干燥机械的类型，掌握清选与干燥机械结构，学会调整清选与干燥机械，并能排除清选与干燥机械的常见故障，以提升解决农机机械维修作业中实际问题的能力。

## 【项目目标】

◆　了解清选与干燥机械的类型；
◆　掌握清选与干燥机械的结构；
◆　能正确调整清选与干燥机械；
◆　会排除清选与干燥机械的常见故障。

## 【项目任务】

●　认识清选与干燥机械的结构；
●　安装调整清选与干燥机械；
●　排除清选与干燥机械的故障。

## 【项目实施】

## 任务一　精选机械的结构与维修

### 【任务分析】

　　谷物收获后，谷粒中不仅包含饱满和成熟的籽粒，而且有机械损伤、破碎和不成熟的谷粒。此外还包含有许多杂质，如草籽、泥沙、断穗、颖壳等。因此，无论留作种子或其他用途，均需将收获后的谷粒进行清选才能满足要求。清选在谷物收获机械中有过详细的介绍，本节主要介绍几种常用的精选机械。在熟悉精选机械结构的基础上，学会精选机械的正确使用，并能对精选机械进行故障诊断与排除。

## 【相关知识】

下面主要讲述精选机械的构造与工作过程

## 一、螺旋面式摩擦分离器

如图 7.1 所示。在立轴上焊有多头螺旋叶片，有三层外径相同而较窄的螺旋内抛道和一层较宽螺旋外抛道，在外抛道外缘设有挡板，内抛道下有小麦出口，外抛道下有荞子出口和混合物出口，工作时，物料从进料斗喂入，经放料闸门落入内抛道上，物料在螺旋形斜面上下滑，表面粗糙而扁平的籽粒（麦类），由于摩擦阻力大，下滑速度低，产生的离心力小，与立轴保持恒定距离，沿内螺旋而下滑，从小麦出口排出。表面光滑而圆的籽粒，摩擦因数小，随着滚动速度增加，产生的离心力大，以致从内螺旋面抛到外螺旋面而从排出口排出，从而使三者分离。

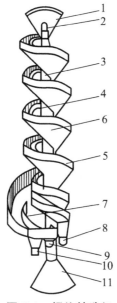

**图 7.1　螺旋精选机**

1—进料斗；2—放料闸门；3—立轴；4—内抛道；5—外抛道；6—挡板；7—拨板；
8—小麦出口；9—混合物出口；10—荞子出口；11—底座

螺旋面式分离器的一般尺寸是节距 250~350 mm，内径 270 mm，外径 450 mm，螺旋面与水平面的夹角为 41°~45°，一般生产率为 100~500 kg/h。

## 二、窝眼筒精选机

如图 7.2 所示，窝眼筒精选机主要由进料装置、窝眼筒、接种槽、接种槽调整装置、铺种板、搅龙和机架等组成。其中窝眼筒为主要工作部件。它是一个在内壁上冲有许多圆形窝跟的圆筒，窝眼直径大小应按所要分离的混合物长短尺寸来定，筒内装有接种槽及搅龙，用来收集和输送从窝眼中落下的籽粒。

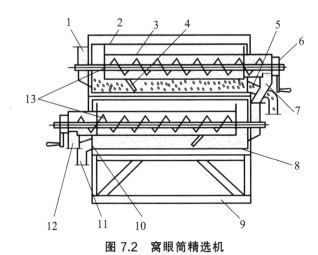

**图 7.2　窝眼筒精选机**

1—进料口；2—除杂窝眼筒；3—接种槽；4—铺种板；5—短杂出口；6—接种槽调整装置；7—过渡接管；
8—除长杂窝眼筒；9—机架；10—机架挡种板；11—出种口；12—长杂出口；13—搅龙

工作时，种子由进料口进入正分选（除短杂）窝眼筒内，随着窝眼滚筒的转动，小粒种子和杂质由窝眼筒带入接种槽中，并由搅龙送入短杂出口排出。滚筒内的种子经过渡接管进入除长杂窝眼筒内，随着窝眼的转动，小于窝眼的种子被带入接种槽内，由搅龙输送到出种口排出，大于窝眼尺寸的长杂（燕麦，长粒杂草籽）随窝眼筒的旋转从长杂出口排出，铺种板使进入窝眼筒的种子均匀的铺在窝眼区内，从而获得更好的分选效果。

使用过程中，如短杂出口有较多的合格种子出现，应通过接种槽调整装置，将接种槽向上调；当长杂出口有较多的合格种子出现时，应通过接种槽调整装置将接种槽向下调，而当出种口有较多长杂时则应将接种槽向上调，如图 7.3 所示。出种口的流速要控制，为使筒内窝眼有更多的机会与种子接触，由挡种板调节出种口与窝眼筒的间隙以获得更好的分选效果。在清种时，将挡种板抬至极限位置，使间隙最大。清除干净后调至合适位置。

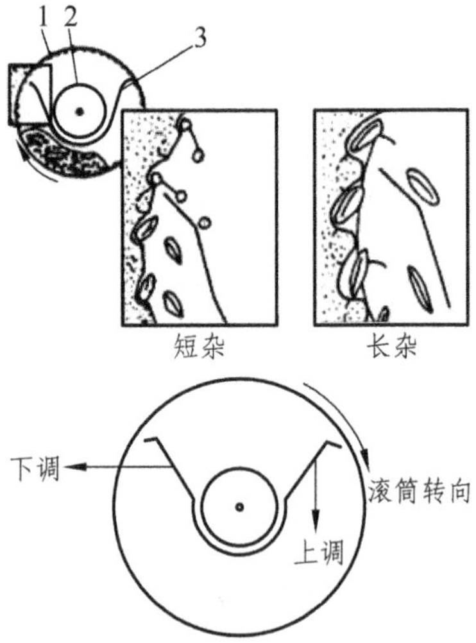

**图 7.3　接种槽的上调和下调**
1—窝眼滚筒；2—搅龙；3—接种槽

## 三、重力式选种机

重力选种机是用来对初选后的各类作物（麦类、水稻、高粱、玉米等）进行精选的设备。经此机精选后的种子，千粒重、发芽率以及清洁度等方面都有明显提高。当然该机也可用作粮食分级之用。

重力精选机由上料系统、风选系统、振动筛（分级台）及机架等组成，如图 7.4 所示。

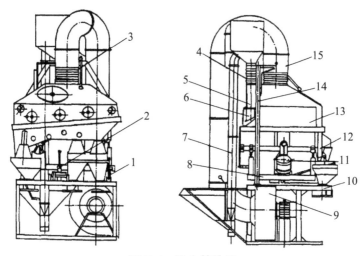

**图 7.4　重力精选机**

1—横向调节机构；2—纵向调节机构；3—人造革套；4—橡胶管；5—进料装置；6—进料分料槽；
7—上料系统；8—纵向调整梁；9—风机；10—机架；11—振动电动机；
12—下料分料槽；13—振动筛；14—支架；15—吸风门

上料系统包括料斗、上料管、降料筒、进料及分料装置等部件，如图 7.5 所示。上料系统与吸风管道相通，借助风机气流的吸力把物料提起进入降料筒。在降料筒与吸风管道的连接处装有吸风门，用来调节上料管内气流吸力的大小。进料装置的上口用橡胶管与降料筒相连，下端装在振动筛上部的玻璃钢罩上。进料装置内的活门是密闭的，如图 7.6 所示，当活门上堆积的物料重力超过活门弹簧的拉力，活门自动打开。进料分料槽内有三个分配活门，可以调节，使物料均匀地流向振动筛。

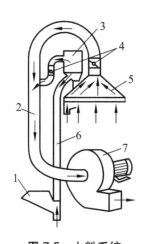

**图 7.5　上料系统**

1—料斗；2—吸气管道；3—降料筒；4—暖风门；
5—玻璃钢罩；6—上料管；7—风机

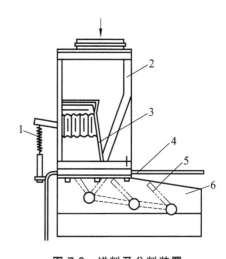

**图 7.6　进料及分料装置**

1—活门弹簧；2—进料装置；3—活门；4—玻璃钢罩；
5—分配活门；6—进料分料槽

　　风选系统由风机、吸风管道、吸风门、玻璃钢罩等组成。风机为高速中压吸风式，风机的吸风口通过吸风道与振动筛上面的密封玻璃钢罩相连接。在玻璃钢罩的上方装有吸风门，用来调节吸风管道的工作压力。工作压力（负压）的大小，由U形水柱压力计显示。

　　振动筛由装有两个偏心块的电动机带动而产生振动，其中一块偏心块可以改变角度，以调节振幅。振动筛与玻璃钢罩是密封固定的。振动筛的下端装有出料分级槽，如图7.7所示，槽内设有四块分级挡板，调节分级挡板的位置，可以改变流向各排出口物料的比例。A，B，D三个出料橡胶套是常闭的（防止空气从橡胶套口进入玻璃钢罩内，使气流混乱），物料靠自重打开橡胶套口流入麻袋。

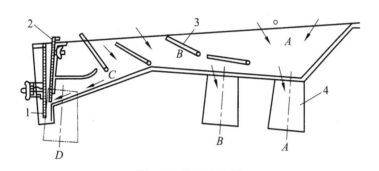

**图 7.7　出料分级槽**

1—回料风门；2—回料闸门；3—分配活门；4—出料胶套

　　振动筛设有专门的纵横向调节机构，以调节筛面的倾斜度。运输时，要用固定板把振动筛固定住，防止颠簸时损坏机件。

　　重力选种机的工作过程如下：

　　机器工作时，物料经料斗闸门在上料管气流负压作用下，被提升到降料筒内，此时由于降料筒面积增大，风速降低，物料通过橡胶管进入进料装置。当物料堆集到一定数量时，压开进料活门进入分料槽，三个分配活门将物料均匀分配到振动筛面上。由于玻璃钢罩内形成一股均匀于整个筛面的向上气流（因玻璃钢罩内产生负压，空气从筛网下面进入罩内），因而使筛面上的物料产生沸腾状态。在气流和振动的作用下，轻质物料悬浮在上面，重质物料沿筛网逐渐分流如图7.7所示，重质物料流向A区，从A口排出，混合物料流向B区，由B口排出，轻质混合物流向C区，通过回料槽，回流到筛面进行重选，轻质物料流向D区，由D口排出。

## 四、复式清选机

　　在种子清选过程中，由于含杂物的情况比较复杂，采用单一清选部件，往往达不到清选分级的要求，因此，复式清选机能将多种清选部件组合在一起进行清选工作，以提高清选效果。

　　复式清选机（精选机）一般由喂入、风选、筛选和选粮筒等部分组成，如图7.8所示。

　　喂入部分由盛料斗、闸门、喂入胶辊组成。闸门及胶辊用来控制物料的喂入量，并将物料连续均匀地喂入吸风道。

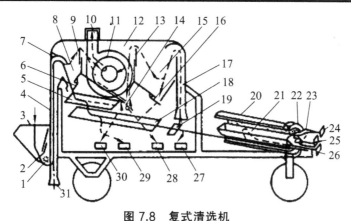

**图 7.8　复式清选机**

1—喂入胶辊；2—料门；3—料斗；4—前吸风道；5—上筛；6—闭风门；7—反射板；8—籽粒沉降室；
9—风量调节板；10—风机出风口；11—风机；12—中沉降室；13—风量调节板；14—机械闭风门；
15—后沉降室；16—闭风门；17—后吸风道；18—下筛；19—尾筛；20—窝眼筒；21—接料槽；
22—出料叶轮；23—排料斗；24，25，27—合格籽粒出口；26—短籽粒及杂物出口；
28，29，30—杂物出口；31—重杂物出口

风选部分由风机，前、后吸风道及前、中、后沉降室等组成。风机为吸气式，风机转速可以调整。前吸风槽与料斗相通，下端敞开，重杂物直接落地，物料被气流提升。后吸风道的入口在后筛的正上方。前、后沉降室上部设有风量调节板，各沉降室下部装有活门，活门在负压作用下自动关闭。当活门内的物料或杂物聚积到一定数量后，才压开活门排出。中沉降室下方有两个活门，它随筛子刷架的摆动而交替开闭。

筛选部分由筛箱，上、下、尾筛片，筛刷及敲击锤等组成。筛箱由薄铁板制成，它由偏心机构带动在与机架相连的木滑轨上运动。上、下筛片的筛孔有长孔和圆孔两种，筛孔尺寸有许多种，可根据精选作物种子尺寸的不同选用。为了使筛子正常工作不产生堵塞，在上筛筛面上装有两个敲击锤，在下筛下面装有七排固定在刷架上的毛刷。尾筛位于下筛的后面，并连接排料槽，槽内设有挡板，用来控制去选粮筒的通道。筛箱侧面有三个杂物出口。

选粮筒由带窝眼的圆筒、接料槽、出料叶轮等组成，倾斜地安装在机架上，由带轮带动低速转动。接料槽用来接收由窝眼筒带上来的小粒种子，并使其沿槽的后端排出。为了增强槽内种子的移动，接料槽由偏心机构驱动作往复运动。接料槽的下面焊有刮板，在刮板的作用下，可使窝眼筒带上来的小粒种子均匀分布，以充分发挥窝眼筒的精选作用。接料槽还可沿窝眼筒轴心转动以调整工作高度，工作时，待选的物料由盛料斗经闸门和喂入胶辊进入前吸风道，在风机气流的吸引下被提升，重杂物由下部排出。被提升的物料碰到反射板后折入前沉降室中，压开活门落到上筛面上，轻质杂物则随气流进入中沉降室，其中一部分稍重的杂物落到底部，经中部活门落到收集槽，经出口排出；最轻杂质随气流经风机出口管道排出。

落到上筛的物料，其厚度小于筛孔尺寸的则通过上筛落到下筛上，大于上筛筛孔尺寸的大杂质则从筛面上滑下，经大杂质排杂口排出。落到下筛上的物料和杂质，其尺寸小于下筛筛孔尺寸的，通过下筛落到筛箱底部，经小杂物排出口排出。留在下筛上的物料经下筛面流到尾筛（网筛），再由后吸风道对物料进行风选，把病弱籽粒及杂质吸入后沉降室，其中较重的落到室底，堆积一定数量后压开活门，经收集槽由排出口排出，轻质杂物随气流经风机出口排出。

从尾筛面流过的清洁物料若不需要按长度精选，即可由筛选出口排出；如需按长度精选，则可将其送入选粮筒。物料进入选粮筒后，短小种子和杂物落入窝眼中，被带到一定高度掉入接料槽内，由接料槽出口排出，获选物料则沿筒面移到筒的末端，经出料叶轮带到出料口排出机外装袋。

## 【任务实施】

### 一、安装检查

清选机应选择地面平坦、坚实的地点进行作业。由于作业时灰尘较多，故机器的停放位置应考虑排尘方便。如在室内作业，排风管道要便于引向室外。室外作业时，应找避风处停放，注意将机器顺风向放置，减少风力对精选效果的影响。此外还应合理规划物料的运卸路线，留有足够的操作、保养、维修位置。

装有运输轮的清选机还应将轮子固定。有些清选机安装是胶轮，固定时，可将机上的支脚放下，用螺旋将机架升起使胎轮卸载。升起的机架应调平。

清选机安装好以后应进行以下检查：

（1）清选机多由电动机驱动进行作业，因此，应首先检查电源接线是否符合电气安全规程。

（2）检查各传动部分有无卡阻现象。复式清选机传动路线较复杂，应按说明书规定逐级挂传动带，每挂一级试运转一下，直到全部挂完后再运转 10 min，确认各传动部分工作正常，方可投入正式作业。

（3）检查机器各连接件的紧固情况，对松动部分应及时紧固。

（4）检查各润滑点是否已加注过润滑油脂。

### 二、使用调整

不同的清选机械调整内容不完全相同，现以复式清选机为例介绍其主要调整。

复式清选机的主要调整有以下几方面：

（1）根据精选要求确定是否需要使用选粮筒，若不需要，应将盖板盖在选粮筒进口处，并停止选粮筒的转动。

（2）应根据加工物料的种类正确选择筛孔尺寸，选择的原则：上筛筛孔尺寸应保证所选物料全部通过，筛除大杂物，下筛筛孔尺寸应保证合格物料全部留在筛面上，筛除瘦粒、小粒、破粒及小杂质。清选机备有多种规格筛孔尺寸的筛片，供作业时选择。

筛片选好后应将其固定在筛箱内。更换下筛时，应完全松开滚轮导轨，使刷子离开筛片后再更换。筛片换好后应重新固定刷架，使筛刷全部均匀地与下筛底面接触。刷毛超出筛面 1 mm 为宜。

上筛片面上敲击锤打击筛面的程度，应保证籽粒不在上筛面上作垂直跳动，不堵塞筛孔。

（3）风机风量的调整，应使前吸风道的风量不将合格的物料（种子）带入中部沉降室为准；后吸风道的风量应使尾筛上的物料呈沸腾状态，但不允许将合格物料带入后沉降室。调整方法是先将前吸风道调节手柄放在 2～4 标志处，后吸风道手柄放在 1 标志处，然后启动电动机，待运转正常后，打开喂料斗控制手柄，逐渐加大喂入量到额定生产率，再操纵前吸风道手柄，慢慢改变风量达到上述要求，最后调节后吸风道手柄，使风量符合要求为止。

（4）在使用选粮筒时，应对接种槽（V 形槽）与刮板的位置进行调节。选粮筒的工作质量决定于接种槽工作边缘的位置，工作边缘位置过高精选效果较低；边缘位置过低，则好的种子损失大。因而接种槽具体应处于什么位置，要根据精选物料的要求确定。刮板位置过高，选种效果不好，过低则易损伤种子，应根据使用情况调节刮板高度位置。

（5）清选机更换所清选的种子时，必须对机器进行全面清理，扫除残留的种子，以免造成种子混杂，影响种子质量。清除时，应先打开料斗闸门，翻转窝眼筒内的分离槽，风量调节手柄放到零的位置，然后使机器空运转。

当机器中无残留的种子出来时，停车取出上、下筛和尾筛，打开各个出口，卸下窝眼筒种子出口端的挡板，然后用扫帚或刷子仔细清扫机器各部分，清除各筛孔卡住的种子等，再空转机器，直到全部残留的种子出来为止。停车后再清扫一次，并清扫停放清选机的场地。清扫完毕后，重新将卸下的部件装好，这时可对更换的种子进行清选。

## 三、精选机的维护

（1）要经常清除筛面污物，定期清除风机及输送管道内部的灰尘、污物。

（2）每次作业前，应检查各部分的紧固情况以及传动 V 带的张紧情况。

（3）按说明书规定向各润滑点加注油脂。

（4）停机存放，应进行彻底清扫，排除残存在机内的籽粒及杂物，并对机器进行检修，恢复其技术状态，再将机器停放在室内干燥处。

（5）注意安全用电，每次停机后要切断电源。长期停机，应拆除外部电线。

## 四、精选机常见故障及排障方法

以常用的复式种子精选机和重力种子精选机为例，说明常见的故障及排除方法。

### （一）复式种子精选机的主要故障及排除

#### 1. 种子不能提升

故障原因：① 风机未达到规定转速；② 排风阻力过大。

排除方法：① 选定正确转速，张紧带轮；② 减小排风管阻力。

### 2. 上筛筛孔堵塞

故障原因：上筛振动不足，丧失自清能力。

排除方法：加大筛锤敲击力。

### 3. 种子集中于上筛一侧

故障原因：① 机器横向不平；② 前风量调节板歪斜；③ 室外作业风力过大。

排除方法：① 将机器调平；② 检查风量调节板状态；③ 增设挡风屏障。

### 4. 种子在下筛面流动缓慢

故障原因：① 筛箱振动频率不足，行程过小。

排除方法：① 调整传动带紧度达到规定振动频率 420 次/min；② 检查木拉杆、筛箱技术状态。

### 5. 下筛面堵塞

故障原因：① 下筛面变形；② 筛刷过低或刷毛压倒。

排除方法：① 修复筛底，使之平整；② 调整筛刷高度或更换筛刷。

### 6. 后吸风道病弱粒分离效果不好

故障原因：① 后筛筛面堵塞；② 后风量调节板歪斜。

排除方法：① 清除堵塞；② 校正风量调节板。

### 7. 排料口含有小粒、碎粒

故障原因：接料槽口位置过高。

排除方法：降低槽口位置。

### 8. 接料槽出口流出过多的好物料

故障原因：接料槽口过低。

排除方法：升高槽口位置。

### 9. 选粮筒窝眼堵塞

故障原因：选粮筒光洁度不够。

排除方法：用木棒轻击筒面，工作一段时间后筒内表面会逐渐光滑。


（二）重力种子精选机的主要故障及排除

### 1. 回料槽不回料

故障原因：① 回料槽堵塞；② 回料闸门关闭；③ 回风门开度过小。

排除方法：① 清除堵塞；② 打开加料闸门；③ 开大回风门。

### 2. 筛面物料堆积不下料

故障原因：① 纵横机构调节不当；② 振动混乱。

排除方法：① 重新调整纵横机构；② 参见振动混乱调整方法。

### 3. 振动混乱

故障原因：① 减振套失效；② 振动电动机未调好。

排除方法：① 更换减振套；② 重新调整振动电动机。

### 4. 风机运转振动

故障原因：① 风机叶片上有污垢；② 电动机轴承损坏。

排除方法：① 清除风机叶片上的污垢；② 更换轴承。

### 5. 物料从风机出口吹出

故障原因：① 上料系统吸风门开度过大；② 出料分级槽回料门开度过大；③ 风压太高；④ 降料筒中的风帽橡胶损坏。

排除方法：① 调小吸风门；② 关小回料门；③ 降低风压；④ 换修风帽橡胶。

### 6. 出料分级槽下料处往上喷料，筛面边沿处无粮

故障原因：① 出料橡胶套密封不严；② 玻璃钢罩与筛框接合处漏气。

排除方法：重新进行密封。

## 【任务拓展】

### 一、清选机的农业技术要求

用精选机械清选谷物应满足的农业技术要求是：

（1）谷物或其他物料通过清选机一次清选，即应达到所规定的标准。

（2）在清选过程中不损伤谷粒。

（3）清选机的适应性广，能进行多种物料的清选和分级。

（4）清选机的各种工作部件性能稳定可靠，调整方便，生产率高。

（5）清选机的技术维护简单，转移方便。

### 二、谷粒与清选有关的机械物理特性与清选方法

收获后的谷粒常混有各种夹杂物，这些夹杂物和谷粒之间，在某些方面一定有不同的特性，只要找到谷粒和夹杂物有明显差异的特性，就可以利用它进行分选。机械清选最常用的几种物理特性如下：

（1）利用籽粒的空气动力学特性。各种作物的籽粒和夹杂物由于质量和形状不同，其悬

浮速度也不相同。表 7.1 是小麦的不同脱出物的悬浮速度。

表 7.1　小麦脱出物的悬浮速度

| 名　称 | 悬浮速度/m·s$^{-1}$ |
|---|---|
| 饱满小麦 | 8.9 ~ 11.2 |
| 瘦弱小麦 | 5.5 ~ 7.6 |
| 小麦碎粒 | 5.7 ~ 9.8 |
| 空　穗 | 2.0 ~ 6.5 |
| 小麦颖壳 | 0.75 ~ 5.0 |
| 碎杆（长度小于 50 mm） | 2.0 ~ 6.0 |
| 碎杆（长度为 50 ~ 100 mm） | 2.0 ~ 8.0 |
| 碎杂草 | 4.5 ~ 5.2 |

利用这一特性可以将籽粒混杂物送入风扇产生的气流中，使籽粒与杂物分离；也可利用抛掷方法，将籽粒混杂物高速抛入空中，使籽粒与杂物分离。

（2）利用籽粒的尺寸特性。谷粒大小和形状是由长、宽、厚三个尺寸决定的。长度（$L$）最大，宽度（$b$）次之，厚度（$d$）最小。根据种子三个尺寸的大小可以分成以下几种情况：

① $L>b>a$ 为扁长形谷粒，如玉米、小麦等。

② $L>b = a$ 为圆柱形谷粒，如小豆。

③ $L = b>a$ 为扁圆形谷粒，如野豌豆。

④ $L = b = a$ 为球形谷粒，如豌豆。

一般籽粒都具有长、宽、厚三种尺寸，如麦类作物和水稻等；但有些籽粒接近圆柱形，则只有长、宽两个尺寸，如绿豆等；也有一些籽粒为球形，则只有一个尺寸，如豌豆等。在机械清选中，可利用籽粒与杂物的尺寸不同，将籽粒与杂物分开。

利用上述特性所采用的主要工作部件有筛子和选粮筒（窝眼筒）。

清选机上所用的筛子多由薄铁板制成的冲孔筛，主要有长方形孔和圆孔两种。长方形筛孔（简称长孔筛）用来分离不同厚度的籽粒。在选择长孔筛片时，应使长孔的宽度大于所选籽粒的厚度，而小于所选籽粒的宽度，筛孔的长度大于所选籽粒的长度，这样所选籽粒能通过筛孔，凡大于所选籽粒厚度的其他籽粒及杂物不能通过筛孔，而沿筛面排出机外。

圆孔筛用来分离不同宽度的籽粒。因圆孔只有直径一个量度，只要所选籽粒宽度小于圆孔直径，即使其长度大于孔径，可以通过筛子的振动使籽粒竖起来通过筛孔，宽度大于孔径的籽粒不能通过筛孔，沿筛面排出机外。

（3）利用籽粒相对质量密度不同的特性。不同种类的籽粒其相对质量密度是不相同的，即使同一品种的籽粒，由于饱满程度的不同或受到病虫害的侵蚀，其相对质量密度也不相同。利用这一特性，即可将不同相对质量密度的籽粒进行分离。按相对质量密度分离的方法有湿法和干法两种。农村常用的盐水选种法就是湿法。由于选种后还要对种子洗去盐分和烘干，费时费力。故目前多采用干式重力分级法代替它。

（4）利用籽粒的表面特性。不同类型作物其谷粒表面特性是不一样的，有光滑的、粗糙的、带有薄膜或带有毛的等。由于表面特性不同，因此使这些谷粒相互间的摩擦，即其休止角不相同，以及对其他物体如木板、铁板、不同筛面以及各种纺织物的表面摩擦角也各不相同。因此，常常采用各种类型的摩擦式分离器进行分离。

# 任务二　谷物干燥机械的结构与维修

## 【任务分析】

谷物干燥作业是收获后一项必需的工序。通过熟悉谷物干燥机械的结构，学会谷物干燥机械的正确使用，并能对谷物干燥机械进行故障诊断与排除。

## 【相关知识】

### 一、谷物干燥机械的类型

谷物干燥方法和干燥机的类型是多种多样的，但基本原理都是利用干燥介质的热能，使粮食中的水分蒸发，从而达到干燥降水的目的。由于干燥设备结构的不同，干燥效率和适用范围也不相同。根据目前国内外的发展情况，谷物干燥机械有以下几种分类方法：

#### 1. 按干燥介质温度的高低分

高温快速干燥机和低温慢速干燥机。高低温一般以 45 ℃ 为界限，我国目前使用的干燥介质温度一般偏高，低温干燥一般用于种子粮烘干，高温干燥用于商品粮烘干。

#### 2. 按热空气与粮食的相对运动分

（1）顺流式干燥机。气流方向与粮食的流动方向相同。

（2）逆流式干燥机。气流方向与粮食的流动方向相反。

（3）横流式干燥机。气流方向与粮食流动方向垂直，如 5HZ-3.2 型干燥机。

（4）混流式干燥机。逆流和顺流兼有的粮食干燥机械。

#### 3. 按干燥介质的性质是加热空气还是炉气与空气混合分

（1）直接加热干燥机。即将烟道气与空气混合后，直接送入干燥机使粮食进行干燥。

（2）间接加热干燥机。采用热交换器将新鲜空气加热，然后送入烘干机使粮食干燥，优点是不污染粮食，但热效率较低。

#### 4. 按结构形式分

（1）滚筒式干燥机。属于高温快速干燥设备。

（2）塔式干燥机。处理量大，降水较多，适用于玉米和小麦的干燥。

（3）流化床干燥机。结构简单，属于高温快速干燥。

（4）柱式干燥机。

### 5．按热量传给谷物的方式分

（1）接触传导干燥。谷物与加热的金属板或其他物料接触，从中吸收热量，升高温度，促使其内部水分向表面转移并汽化，达到干燥目的，例如，利用钢球和砂子干燥粮食的固体介质干燥机。

（2）对流干燥。利用加热气体以对流方式将热量传给谷物，以达到干燥的目的。大多数干燥机属于此类。

（3）辐射干燥。利用辐射线照射谷物，使谷粒内部分子的运动加剧，迅速发热升温，使水分散发而干燥的方法，如远红外干燥机。

上述各种干燥机械都离不开能源。干燥机的能源可以是煤、煤气、液化石油气、蒸汽、电能、太阳能、柴油等。


## 二、谷物干燥机械的一般构造及其特点

随着粮食机械干燥的发展和普及，机械干燥粮食的技术和设备也日益增加，日趋完善。现仅就目前应用较多的粮食干燥设备及其结构点作简介。

### 1．干燥储存仓

干燥储存仓是较简单的干燥设备，粮食的干燥、降温、通风、储存都在同一个谷仓内进行。其结构如图7.10所示。风机将干燥空气鼓入带孔底板下面的空气室，并迫使空气以一定

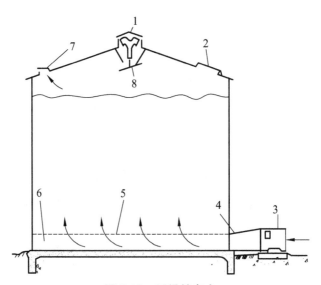

**图7.10 干燥储存仓**

1—顶盘；2—天窗；3—风机；4—风道；5—孔板；6—空气室；7—透气孔；8—撒布器

的速度穿过底板和粮食，废气从仓顶选出，使粮食干燥，干燥后的粮食即就仓储存。在气候干燥时，可使用自然空气；在气候潮湿时，可使用燃烧炉使空气适当升温，将空气相对湿度降低。但升温过多使空气相对湿度降低过度是不适宜的，因为这样当上层粮食达到安全水分时下层粮食会过度干燥。

### 2. 平床干燥机

这是一种最简单的干燥设备，如图 7.11 所示。利用炉灶将空气升温至 35 ~ 45 ℃ 后，由风机鼓入孔板下面的热风室，并迫使空气向上穿过孔板和粮层使粮食干燥。该机有以下特点：采用间接加热、干燥后的谷物不会污染；整机以砖木结构为主，取材与制造方便；结构简单，操作容易，可以综合利用，除干燥稻谷、小麦、玉米外还可以干燥其他农副产品。

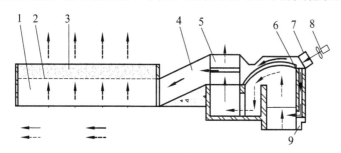

**图 7.11   平床干燥机**

1—热风室；2—孔板；3—谷物；4—风道；5—加热器；6—散热板；7—进风筒；8—风机；9—炉灶

平床干燥机的粮层厚度，一般为 300 ~ 450 mm，每批粮食干燥需时 12 ~ 18 h，干燥粮食的批量视干燥机的大小而异，一般为 500 ~ 1 500 kg。

这种干燥机的主要缺点是干燥不均匀，干燥完毕后，上下层粮食的水分差异达 4% ~ 5%，下层往往因过度干燥而损害粮食品质。但因设备价格低廉，且能干燥多种农副产品，故很受个体农户的欢迎。

### 3. 循环干燥机

循环干燥机是使被干燥的粮食反复地进行干燥与缓苏的设备。所有的谷物大体上都能获得同样的干燥条件，故干燥均匀，干燥质量好。循环干燥机有多种多样，不过大体上可以如下两种典型结构作为代表。

（1）横流干燥与缓苏结合的循环干燥机。5HZ-3.2 型循环式谷物干燥机，如图 7.12 所示。干燥机由加热炉、烘干箱、定时排粮机构、上搅龙、斗式升运器、下搅龙、吸风扇和传动机构等组成。

循环式干燥机工作时，谷物是在主机内循环的。待干燥的谷物由喂料斗经斗式升运器、上搅龙进入主机的干燥箱（干燥箱的上部为缓苏段，下部为干燥段），干燥箱装到一定数量后，可关闭喂料斗闸门，停止上粮，进行干燥作业。主机工作过程如下：

打开吸气风机，将加热后的热空气引入干燥段的热风室，使热空气与干燥段内的谷物接触，实现热交换，带走气化的水分，经废气室排出机外。受热干燥后的谷物，被排粮轮定时下排到下搅龙处，再经升运器、上搅龙，均匀地撒布到缓苏段。缓苏段内的谷物在自重作用下，又缓慢地移到干燥段，完成一个循环。每个循环中，种子在干燥段的时间较短，只有几分钟，缓苏段的时间却较长，这样能更好地保证烘干质量，提高谷物的品质。经多次循环干燥，直到谷物含水量达到入仓标准，即可打开下搅龙处的排粮门将谷物排出机外。

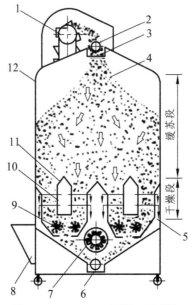

**图 7.12  5HZ-3.2 型循环干燥机**

1—斗式升运器；2—上搅龙；3—均分器；4—粮食；5—废气室；6—下搅龙；7—吸风扇；
8—喂入斗；9—排粮辊；10—透气孔板；11—热风室；12—烘干箱

循环式干燥机的热风温度控制在 60 ℃ 以下，一次循环的降水率约为 1%。这种循环干燥机的容量一般为 3~10 t，并能在 8~10 h 内完成干燥的全过程，生产能力较平床干燥机大，但价格较高，故适用于中小农场或种子公司。

（2）逆流干燥与缓苏相结合的循环干燥仓。循环干燥仓由金属圆仓、斗式升运器、公转搅龙、上搅龙、下搅龙、燃烧炉及风机等组成，如图 7.13 所示。

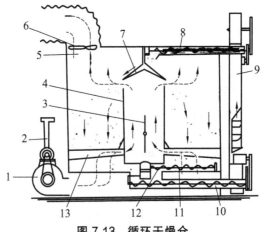

**图 7.13  循环干燥仓**

1—风机；2—燃烧炉；3—排气阀门；4—排气筒；5—排气口；6—排湿风扇；7—均分器；8—上搅龙；
9—斗式升运器；10—下搅龙；11—公转搅龙；12—排粮口；13—角壮排气道

　　湿粮由斗式升运器提升到上输送搅龙，再送到均分器然后落到仓内，热空气由风机送到孔板下的热风室，通过气孔进入粮层，打开中央排气筒阀门，热空气即可沿角状排气道进入排气筒，再从仓顶排气口排出。公转搅龙在孔板上作圆周运动，经过初步加热而降低一些水分的底层粮食，被公转搅龙送到圆仓中心的排粮口，再由下搅龙送至斗式升运器，经均分器被均匀地分布到粮堆表层进行缓苏。这样干燥与缓苏交替进行，直至粮食被干燥到规定水分为止。如将中央排气筒阀门关闭，则热空气将通过整层粮食而使全仓粮食进行干燥。

### 4. 远红外式干燥机

　　这种干燥机是以电为能源，并利用远红外辐射器，产生远红外线来辐照谷粒。由于远红外线具有一定的穿透能力，可使谷粒的里外同时被加热，升高温度蒸发水分，从而达到干燥的目的。这种烘干机的特点是加热快、质量好、能耗低，但它在维修方面难度较大，需进一步改进完善。

　　图 7.14 为远红外干燥机的结构示意图，它由传动装置、保温筒、滚筒、远红外辐射器、电器控制箱及通风排气除杂装置等组成。传动装置用来把电动机的高转速转变成传动滚筒的工作转速。保温筒由两层圆筒组成，筒间装有玻璃纤维，用来绝热保温。排杂装置是一个离心式吸引风扇，既能帮助谷粒传送，又可把烘道中的水汽和谷粒中的杂物排出。

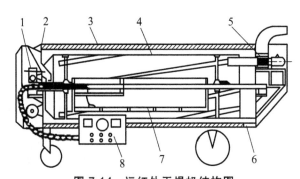

**图 7.14　远红外干燥机结构图**

1—传动装置；2—谷物进口；3—保温筒；4—滚筒；5—风扇；6—谷物出口；
7—远红外辐射器；8—电器控制箱

　　工作时，谷物由进粮口进入滚筒，在滚筒内壁螺旋导板（与滚筒轴线成 15° 倾斜角）作用下，不断地沿轴向移动并不停地翻转。与此同时，固定在不动轴上的辐射器发出远红外线，照射移动中的谷粒，使其得到干燥。干燥后的谷物从出口处排出。蒸发出来的水汽和谷物中轻混杂物均由风机抽出机外。

### 5. 流化床干燥机

　　流化床干燥机是一种对流传热快速连续干燥设备。流化床干燥机工作原理如图 7.15 所示。风机将燃烧炉的高温炉气压入流化床干燥机倾斜孔板的下方，高温空气以较高速度穿过倾斜孔板，使粮食达到流化状态，由于孔板具有 3°~5° 的倾斜，粮食在沸腾状态下借重力作用向出口流动，因此一般称它为流化干燥。

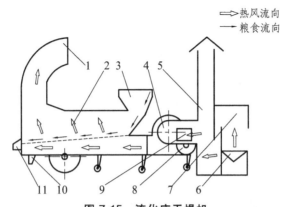

**图 7.15　流化床干燥机**

1—排气口；2—烘干室；3—喂料斗；4—风机；5—烟囱；6—炉条；7—炉膛；8—电机；
9—冷风门；10—集尘器；11—排粮口

　　流化干燥其有风速高、对流传热快的特点，是一种快速连续干燥设备，但由于谷物通过流化斜槽的时间只有 40~50 s，经过一次干燥粮食的降水率只有 1%~1.5%，出口粮温达到 50~60 ℃，因此，必须配备专门的通风冷却仓或缓苏设备进行缓苏降温，在缓苏降温过程中粮食的水分还可减少 1%~1.5%。流化干燥机所用热空气的温度，一般不超过 80 ℃，粮层厚度 120~150 mm。

### 6. 塔式干燥机

　　塔式干燥机广泛用于烘干小麦、玉米、稻谷、豆类等多种粮食。其整体结构如图 7.16 所示。

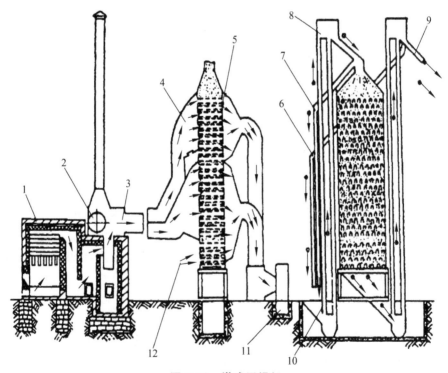

**图 7.16　塔式干燥机**

1—加热炉；2—进气口；3—混合室；4—进气管道；5—排气管道；6—重复干燥导管；7—溢流管；8—提升器；
9—干燥谷粒出口；10—盛料斗；12—排气管；13—冷空气进口

它的塔体部分由储粮柜、干燥室、冷却室和排粮机构组成。储粮柜位于干燥塔的最上部。其下是干燥室，干燥室下面是冷却室。最下部为排粮装置。为防止冷热风泄漏，各塔段连接面厘塔段和储粮柜、排粮装置连接部位均垫有 3 mm 厚橡胶板。

（1）贮粮柜。贮粮柜的作用是储存一定数量的粮食，保证干燥设备能连续生产并能使整个塔体均匀地充满粮食，所有的角状通气盒都被粮层覆盖住，以防止干燥介质由顶部粮层逸出。由于粮食在堆放时会自然形成一定的堆放角因此储粮柜呈锥形。

（2）干燥室。干燥室由若干个尺寸相同的塔段构成。塔段内部有许多水平配置的角状盘。角状盒分进气角状盒和排气角状盒，进、排气角状盒上、下交错排列，且相邻塔段之间进气角状盒错位半个节距。粮食自上而下填满角状盒空间。干燥介质由热风室进入进气角状盘的进气端，由进气角状盒下面的开口出来，穿过粮层再由上列或下列排气角状盘的下部开口进入排气角状，由排气角状盒排气端排入废气室，之后由清理门排出。这样粮食在干燥室中便会受到干燥介质的加热而蒸发水分。进、排气角状盒的配置如图 7.17 所示。

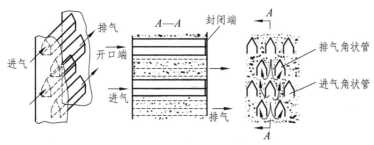

**图 7.17　塔式干燥机进、排气角状盒的配置**

（3）冷却室。干燥室的下部是冷却室，也由标准塔段组成，角状盘的排列布置与干燥室相同，进入冷却室的是外界空气。粮食经过在干燥室加热干燥后流入冷却室，在这里得到通风降温，使干燥后的粮食可直接入库储藏。在冷却室中粮食含水率也有所下降。

（4）排粮装置。塔式干燥设备的排粮装置可用来控制和调节排粮速度，从而根据受烘粮食初始和目标水分来控制粮食受烘时间，直接影响塔体排出的粮食流量。它的结构合理程度和工作好坏，对干燥后粮食的品质及产量都有很大影响。

塔式干燥设备排粮装置结构原理如图 7.18 所示。它的主要部件是卸粮斗、卸粮板和曲柄连杆机构。卸粮斗位于塔体内最下层排气角状盒的下部。卸粮板安装在卸粮斗下面，卸粮板下装有出粮斗。在曲柄连杆机构的作用下卸粮板作往复运动。塔体内粮食靠自重流入卸粮斗，

**图 7.18　排粮装置结构原理图**
1—卸粮斗；2—曲柄连杆机构；3—卸粮板

之后由卸粮口流到卸粮板上，卸粮板作往复运动时粮食便由其两侧边落入出粮斗。

工作原理：湿粮由传送带或人工喂入初清筛，首先将粮食中的大型杂质筛选出去，然后经高位提升机将初清后的谷物提升至干燥塔顶部的储粮柜。物料靠自重缓缓向下流动。经热风炉加热的热空气由风机进入干燥塔中的热风室，再进入干燥区，与自上而下的谷物进行湿热交换，并带走粮食中蒸出的水分，加热后的谷物从干燥区进入冷却区，由风机吹入冷风降温，然后由排粮机构排出，进入低位提升机的喂料斗，并被低位提升机输送到旋轮式清选机进行清理，将粮食中杂质进一步清除干净。最后，符合储藏水分标准的净粮从排粮管排出。

塔式干燥机采用的热空气温度宜为 45～70 ℃，通过一次的降水率一般不超过 5%～6%，干燥高水分粮食时最好使粮食通过干燥室 2～3 遍。

## 【任务实施】

以 5HG-4.5 型塔式热风干燥成套设备为例介绍干燥机的使用、调节及故障诊断与排除。

## 一、干燥机的使用

### 1. 使用方法

（1）启动主风机，待运转平稳后再开动高位提升机、初清筛和排粮机构。将提升机喂料斗闸门开启至适当位置（不允许全部打开），开始向初清筛内缓缓送入湿粮，当干燥塔回流管开始回粮时，说明干燥塔已加满湿粮，关闭高位提升机和初清筛，让主风机继续运行。

（2）点燃热风炉，开动引风机助燃，这期间不进粮也不排粮，使谷物预热升温。

（3）观察控温仪表，当达到谷物烘干温度（见表 7.2）时，再按顺序启动高位提升机、初清筛、冷风机、排粮机构、低位提升机和旋轮式清选机。由于开始加入到干燥塔下部的湿粮还未得到充分干燥，所以必须把旋轮式清选机排粮口转动到初清筛上方，重新喂入高位提升机中，由它再次提升到干燥塔内进行干燥。机器工作 2 h 后，检测所排出粮食的含水率。当达到所要求的含水率时，把旋轮式清选机排粮口转离初清筛上方，启动排粮机构，并向初清筛缓缓加入湿粮，于是就开始了边加湿粮边排干粮的正常作业，加湿粮的速度应以干燥塔回粮管经常保持少量回粮为宜。

表 7.2　商品粮烘干热风温度

| 谷物品种 | 水　稻 | 小　麦 | 玉　米 |
| --- | --- | --- | --- |
| 热风温度/℃ | 45～60 | 90～110 | 100～130 |

（4）当一批谷物烘干结束或停止烘干作业时，在干燥塔充满粮食的情况下，停止加料，待回粮管已无回粮时，关闭高位提升机和初清筛，1 h 后停止向热风炉加煤，待炉膛里的煤燃尽后，关闭引风机。等粮食排净后，顺序关闭冷风机、排粮机构、低位提升机、旋轮式清选机。最后将热风炉内余火清除干净，关闭风机。

### 2. 使用注意事项

（1）进入干燥塔的原粮应当干净，尽量少含壳屑、石块、秸秆等杂物。否则既浪费能量，又容易引起堵塞之类的事故。

（2）测量待烘干谷物的初始水分，应把初始水分相近的粮食合为一批进行烘干，根据每批粮食初始水分的情况，来合理安排烘干工艺，以保证烘干后的粮食含水量基本一致。

（3）在烘干作业前，应对运转部件及密封、紧固件进行一次全面的检查，并经过空载运转正常之后方可点火。

（4）在烘干过程中，必须保证烘干温度在工艺要求的范围内，如果温度低于规定温度范围，烘干效果差，生产率低；高于规定温度时，谷物会产生焦粒。如果温度高于规定温度时，应开启冷风调节器，若温度短时间降不下来，应关闭引风机，待温度正常后，再开动引风机。

（5）作业过程中应经常检测排粮的含水率，开始烘干时，应每 5 min 检测一次，待烘干过程稳定后，可半个小时取样检测一次，并做好记录，如果含水率不符合要求，应及时调整排粮速度。

（6）注意检测粮食温度，若粮温过高，应加大冷却风量。

（7）给热风炉加煤时，应少加勤加，使煤燃烧完全，加煤要均匀，以保证煤层燃烧一致。炉排下面的灰渣必须及时清理出去，否则会造成燃烧炉供风不足，甚至烧坏炉排和炉壁。

（8）全部物料烘干完毕或者要较长时间停工，应将炉火熄灭。如果机器突然停电时，也应将炉火迅速熄灭，否则会缩短热风炉的寿命。

（9）切记不允许炉子干烧，即只开引风机，不开主风机，以免烧坏热风炉。热风温度不允许超过 130 ℃，否则会缩短热风炉的使用寿命。

（10）为了避免机械故障，每隔 5～7 d 应停机检修一次，首先将粮食排空，仔细检查设备各个部分，排除机内异物。并保证热风炉炉膛耐火砖和耐火泥砌成的炉衬密实无缝。

（11）所用燃煤每千克的燃料热值应达到 20 934 kJ 以上，否则影响热风炉的正常工作。

（12）热风炉燃料燃烧时必须关闭加煤口，加煤口下方的清灰口又是引风机的进风口，此口不能封闭，否则由于热风炉引风机供风不足，会降低燃煤的热效率。更不允许封闭清灰口，加装鼓风机助燃，否则极易烧坏热风炉。

## 二、干燥机主要调节

### 1. 旋轮式清选机的调节

旋轮式清选机上方引风机出风口装有风量调节器，手杆向里推，引风机风量减小；向外拉，风量增大。通过调节手杆位置，可以实现既保证清选质量，又没有谷物损失的作业要求。

### 2. 流量调节

通过调节排粮机构无级变速器的转速、曲柄的偏心距和卸粮板与卸粮口的间隙来调节谷物流量，即生产率的大小。

### 3. 热风温度的调节

根据谷物干燥的工艺要求把温度控制仪设定指针调到所需热风温度的位置上，在操作人员的监视下，保证实际热风温度保持在给定的范围之内，若实际温度超过给定温度，电铃会报警通知操作人员，以便适时降低热风温度。

## 三、干燥机的维护保养

（1）对于设备的运转部位，应经常注意观察，定期加注润滑油、脂。轴承部位每 1 个月加注一次，滑动轴承部位每班加注 2 次，减速器每 3 个月换油一次。

（2）热风炉及排烟管应定时清理，以保证燃烧性能和燃料热效率。

（3）在装卸物料时，应尽量轻装轻卸，以免损坏零部件。

（4）发现密封处不严时，应及时更换密封材料。

（5）经常检查各紧固件是否有松动现象，并适时检查和调整传动带的松紧度。

（6）经常检查轴承温度是否正常，发现异常应及时检修或更换。

（7）每次烘干完毕后，应清除机器内外的尘土和杂物。

（8）热风炉膛的炉衬，应经常注意修补以保证结合面密实整齐。

## 四、干燥机常见故障及排除方法

### 1. 干燥不均匀

故障原因：① 原粮含水率相差太大；② 排粮机械调节不当，各口排粮不一致；③ 原粮含杂率太高。

故障排除：① 高水分粮和低水分粮分别进行干燥；② 调整各排粮口使排粮一致；③ 加强原粮的清理。

### 2. 漏　风

故障原因：风道连接处变形，密封不严。

故障排除：校正连接处或加密封衬垫密封。

### 3. 未达到所要求的含水率

故障原因：① 风温太低；② 干燥塔内集杂，废气排出不畅。

故障排除：① 利用自控系统提高风温，缩小冷风出口；② 清理干燥机内部的杂物。

### 4. 粮粒破碎

故障原因：① 干燥过度；② 提升机调整不当。

故障排除：① 降低热风温度或加大排粮量；② 调整与检修提升机。

### 5. 热风温度低

故障原因：① 热风炉内集灰过多；② 引风机转速低。

故障排除：① 停机清理热风炉内集灰；② 检查调整引风机传动带的松紧度。

## 【任务拓展】

### 一、谷物干燥的农业技术要求及对干燥机械的要求

谷物干燥的农业技术要求是在品质上应满足不同的用途，如发芽率、含水率、破碎率、色泽、气味和污染等。

对谷物干燥机的主要要求是：

（1）干燥温度容易控制，干燥过程的检测方便，操作安全，易于清理。

（2）干燥均匀，干燥时间短，以节约燃料，提高生产率。

（3）燃料来源广泛，成本低，能尽量充分利用当地的燃料资源。

## 二、谷物干燥过程

干燥速率、谷物水分、温度和时间的关系曲线称为干燥特性曲线。谷物干燥过程可分为预热、等速干燥、降速干燥等阶段，如图 7.19 所示。

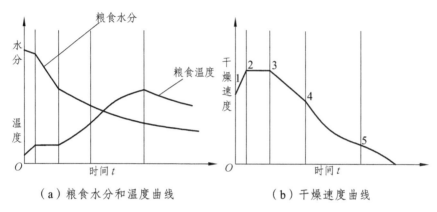

（a）粮食水分和温度曲线　　　　　（b）干燥速度曲线

**图 7.19　谷物干燥特性曲线**

图 7.19（a）为粮食水分和温度随时间的变化曲线。现就干燥特性曲线分析一下各阶段的特点和参数变化规律。图 7.19（b）中，1~2 为预热阶段，2~3 为等速干燥阶段，3~5 为降速干燥阶段。

（1）预热阶段。在预热阶段谷物因受热而温度升高，谷物含水率稍有下降，谷物干燥速率呈线性升高。

（2）等速干燥阶段。一些高水分的谷物在干燥初期呈等速干燥，如图 7.9（b）中的 2~3 段所示。在此阶段，干燥速率在任何干燥介质条件下均与物料的类型无关，其值保持不变并等于自由表面水的干燥速率。在等速干燥阶段，从外界供给的热量全部用于蒸发水分，粮食温度不变，其值接近干燥介质的湿球温度（湿球温度指普通温度计上覆以湿纱布后所指示的读数，用 $T_{wb}$ 表示），粮食水分呈直线下降。

等速干燥阶段的干燥速率取决于粮食表面水分蒸发的速度，因此，提高干燥介质的温度、流速，加大干燥面积，可使干燥速度加快。低水分粮食不存在等速干燥阶段。

（3）降速干燥阶段。通常谷物的干燥完全在降速阶段进行。当谷粒表面水分被蒸发以后，谷物内部的水分向表面转移，通过毛细管水分的移动和胶体内水分的扩散向外部流动。随着干燥过程的发展，水分移动的距离变长，由于毛细管水的流动速度低于表面水分的蒸发速度，谷物的干燥速度减慢，故此阶段称为降速干燥阶段，由于蒸发速度降低，单位时间所需的汽化热也减少，所以粮食的温度升高。由等速干燥转到降速干燥的粮食水分称为临界含水率。

降速干燥阶段的干燥速率首先呈直线下降，后期呈曲线下降；前者称为降速干燥第一阶段，后者称为降速干燥第二阶段。降速干燥第二阶段，由于粮食干燥部分增加、粮食收缩、表面硬化等原因，对水分扩散阻力增大，故干燥速率呈曲线下降，一部分结合水被蒸发。

（4）冷却阶段。粮食干燥以后，经常需要进行通风冷却，使粮食温度降到常温或较低的温度，此阶段称为冷却阶段。

## 【项目自测与训练】

1. 谷物清选机械是利用哪些原理工作的?
2. 窝眼式精选机由哪些主要部件组成?是如何工作的?
3. 重力式选种机由哪几部分组成?重力选种机是如何工作的?
4. 为什么要进行复式精选?复式精选机由哪几部分组成?它是如何工作的?
5. 以复式精选机为例说明工作中有哪些主要调整? 各调整是如何进行的?
6. 复式精选机工作时，种子集中在上筛的一侧，是什么原因造成的?如何排除这些故障?
7. 以 5HZ-3.2 型循环式谷物干燥机为例说明其工作过程。

# 项目八　灌溉机械结构与维修

## 【项目描述】

灌溉机械是根据作物生长需水的农艺要求把水从水源输送到田间的机械。通过本项目的学习，学生应了解灌溉机械类型，掌握灌溉系统的结构，学会配置、安装、调试和使用灌溉机械，并能排除常见故障。

## 【项目目标】

- 了解灌溉机械的类型；
- 掌握各种类灌溉机械的结构；
- 能正确配置、安装、调试各类灌溉机械；
- 会排除灌溉机械的常见故障。

## 【项目任务】

- 认识灌溉机械的结构；
- 配置、安装、调试和使用灌溉机械；
- 排除灌溉机械的故障。

## 【项目实施】

# 任务一　水泵的结构与维修

## 【任务分析】

水泵是各类灌溉机械系统的重要部件。在熟悉滴水泵结构的基础上，学会水泵的安装、调试和正确使用，并能对水泵进行维修。

## 【相关知识】

用于农业灌溉的水泵种类较多，原理不同，其结构上有较大差异，但主要作用是将机械能转换成水的能量。

## 一、离心泵

### （一）离心泵工作原理

#### 1. 离心泵分类

① 按叶轮数目不同分为单级泵和多级泵。单级泵只有一个叶轮，因此，结构较简单，但扬程较低。两个或两个以上叶轮的泵称为多级泵，常以叶轮级数命名。多级泵结构较为复杂，但扬程较高。

② 按叶轮进水方式不同分为单吸泵和双吸泵。单吸泵指水从泵叶轮的一面吸入，双吸泵指水从叶轮的两面吸入。

③ 按能否自动吸水分为普通离心泵和自吸离心泵。普通离心泵使用时需装低阀或配置抽真空系统，才能正常工作。自吸式离心泵只要泵体内有少量水就能工作。

④ 按输送液体情况分为清水离心泵、污水泵等。

#### 2. 离心泵工作原理

离心泵输水系统如图 8.1 所示，离心泵工作时，叶轮高速旋转，流道中的水在离心力的作用下，从叶轮中部高速甩离叶轮，射向四周。水流经过断面逐渐扩大的泵壳流道，流速逐渐变慢而水压增加，压向出水管。此时叶轮的中心部分形成真空，而水源水面在大气压力的作用下，通过进水管进入泵内，称为吸水。如果叶轮连续转动，水就源源不断地由低处抽送到高处。离心泵是利用离心原理实现吸水、增压输送的目的。

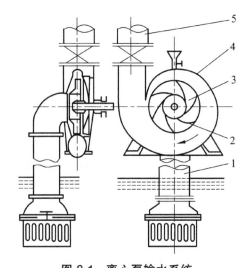

**图 8.1 离心泵输水系统**

1—进水管；2—叶片；3—叶轮；4—泵壳；5—出水管

## （二）离心泵的结构

农业上应用的清水离心泵，一般由泵体、泵盖、叶轮、泵轴、密封装置、托架、皮带轮或联轴器等构成。单级单吸离心泵的结构如图 8.2 所示，双吸泵结构如图 8.3 所示。

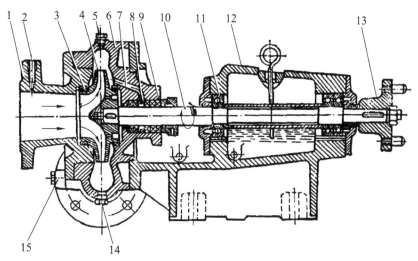

**图 8.2　单级单吸离心泵的结构**

1—泵盖；2—真空表螺孔；3—减漏环；4—叶轮；5—冲水放气螺孔；6—泵体；7—水封管；8—水封环；
9—填料；10—泵轴；11—轴承；12—托架；13—联轴器；14—防水螺塞；15—压力表螺孔

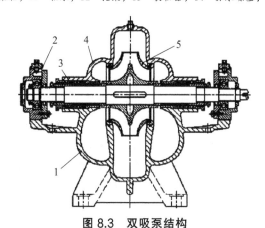

**图 8.3　双吸泵结构**

1—泵体；2—密封部分；3—轴承部分；4—泵盖；5—叶轮

### 1. 叶　轮

叶轮是水泵的主要工作部件，水泵就是靠叶轮旋转时把动力机的机械能传递给水，从而获得能量，完成水的输送。水泵叶轮的形状、尺寸不同，其特性也不同。离心泵的叶轮有封闭式、半封闭式和开式三种，如图 8.4 所示。封闭式叶轮两侧都有盖板，两盖板之间有 6～8个叶片，盖板与叶片结合形成弯曲水流通，配封闭式叶轮的离心泵适用于输送清水。半密封式叶轮仅一面具有盖板，适用于输送具有杂质的水。开式叶轮只有 3～4 个叶片，两侧都没有盖板，适用于输送含有杂质和泥沙的污水。双吸式叶轮两边进水，其形状好像两个单吸式叶轮背靠背地组合而成，如图 8.5 所示。

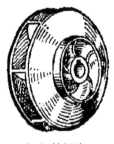　　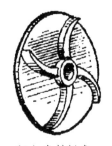　　

（a）封闭式　　　　　　（b）半封闭式　　　　　　（c）开式

图 8.4　离心泵叶轮

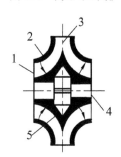

图 8.5　双吸泵叶轮

1—吸入口；2—盖板；3—叶片；4—轮毂；5—轴孔

## 2. 泵体和泵盖

泵体由吸水室和压水室两大部分组成。在吸水室的进口和压水室的出口分别是水泵进口法兰和出口法兰，用以连接进水管和出水管。在进口法兰和出口法兰上，常设计制作有安装真空表和压力表的小孔。吸水室一般是一段逐渐收缩的锥形短管或等径直管，其作用是将水流引入叶轮，并向叶轮提供所需要的流态。锥管内常有一隔板，用以避免水流在进入叶轮前产生预旋。压水室的作用是收集叶轮流出的液体，并将液流引向出口。压水室的外形很像蜗牛壳，俗称蜗壳，叶轮就包在蜗壳里。泵体的顶部设有排气孔（灌水孔），用以抽真空或灌水。在壳体的底部设有一放水孔，平时用方头螺栓塞住，停机后用来放空泵体内积水，防止泵内零件锈蚀和冬季结冰冻坏泵体。泵体由铸铁或铸钢等材料制造，其内表面要求光滑，以减小水力损失。泵盖用螺栓和泵体相连。

## 3. 密封装置

密封装置有叶轮进水口密封与泵轴密封，目的是防止漏水漏气。

叶轮进水口密封是保证叶轮外缘与泵体之间有合理的间隙。若间隙过大，叶轮中流出的高压水就会通过该间隙漏回到叶轮的进口，致使泵的效率降低。若间隙过小，虽能减少漏水量，但会引起机械摩擦。叶轮进水口密封一般在泵体、泵盖和叶轮上分别镶嵌一金属圆环，称之为密封环，又称减漏环、承磨环或口环。密封环的型式有单环式、双环式和迷宫式，如图 8.6 所示。其中，迷宫式效果好，但较复杂。常用单环式密封如图 8.7 所示。

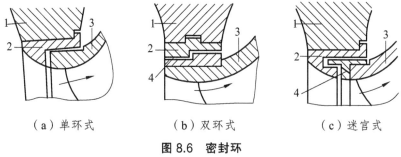

**图 8.6 密封环**

1—泵体；2—镶嵌在泵体上的密封环；3—叶轮；4—镶嵌在叶轮上的密封环

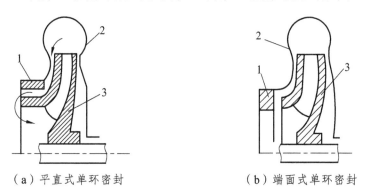

**图 8.7 单环式密封环**

1—密封环；2—泵体；3—叶轮

泵轴密封简称轴封，又称轴封装置，用于保障转动的泵轴和静止的泵壳之间的合理间隙。如间隙密封不良，泵壳内高压水可以通过此间隙大量流出，当间隙处为真空时空气会从该处进入泵内，影响泵的正常工作。目前应用较多的是填料密封和机械密封两种。填料密封如图8.8 所示，它由底衬环、填料、水封环、水封管和填料压盖等组成，填料的压紧程度，通过压盖上的螺母来调节。调正常后，泵一旦工作，轴封装置处应每分钟有 30～60 滴水漏出。机

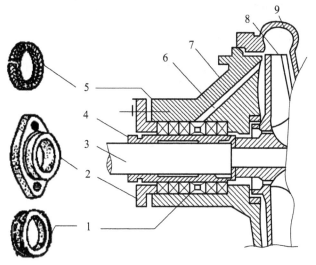

**图 8.8 填料密封**

1—水封环；2—压盖；3—泵轴；4—轴套；5—填料；6—水封管；7—泵盖；8—叶轮；9—泵体

械密封又称端面密封，如图 8.9 所示，主要由动环（随泵轴一起旋转）、静环（固定在泵体上）、压紧弹簧和密封胶圈等组成。动环光洁的端面靠弹簧和水的压力紧密贴合在静环光洁端面上而形成径向密封，密封胶圈完成轴向密封，特点是结构紧凑、机械摩擦小、密封性能可靠，广泛用于输送污水、腐蚀性的液体、潜水电泵等水泵的密封。

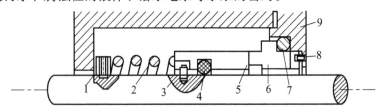

**图 8.9　填料密封**

1—水封环；2—压盖；3—泵轴；4—轴套；5—填料；6—水封管；7—泵盖；8—叶轮；9—泵体

### 4. 泵　轴

泵轴是动力传递件，用来支承并带动叶轮旋转。泵轴的一端固定叶轮，另一端装联轴器或皮带轮。泵轴一般由碳素钢或不锈钢制作，为保护泵轴免遭磨损，在对应于填料密封的轴段装轴套，轴套磨损后可以更换。为防止水进入轴承，轴上有挡水圈或防水盘等挡水设施。

## 二、轴流泵

### （一）轴流泵的分类及工作原理

#### 1. 轴流泵分类

按泵轴的安放方式分为立式、卧式和斜式三种，其中，立式泵应用广泛。按叶片在轮毂体上的固定方式分为固定式、半调式和全调式三类，其中全调式可根据水位和流量变化情况，通过专门的调节机构动态地改变叶片的安放角度，常用于大型轴流泵。

#### 2. 轴流泵的工作原理

轴流泵的工作是以空气的动力学中机翼的升力理论为基础，其叶片与机翼具有相似形状的截面，如图 8.10 所示。流体绕过翼截面形状时，在轴流泵叶片工作面和轴流泵叶片背面形

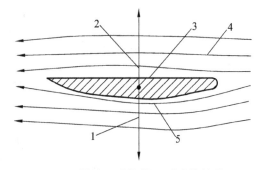

**图 8.10　轴流泵叶片截面对液体的作用**

1—液体对叶片的作用力；2—叶片对液体的作用力；3—叶片工作面；4—流体流线；5—叶片背面

成压差,液体对叶片的作用力由工作面指向背面,叶片对液体的反作用力由背面指向工作面,从而使液体产生增能输送。

## (二)轴流泵的结构

轴流泵一般由吸水室、叶轮、导叶体、出水流道、轴、轴承和轴封装置等组成。小型轴流泵结构如图 8.11 所示。

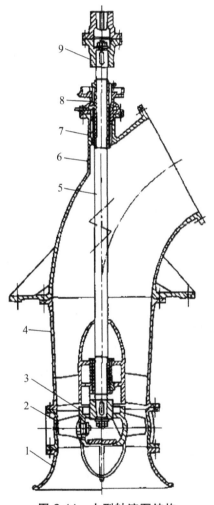

**图 8.11　小型轴流泵结构**

1—吸入喇叭;2—叶轮室;3—叶轮;4—导叶体;5—泵轴;6—出水弯管;7—橡胶轴承;
8—填料密封;9—联轴器

### 1. 吸水室

中小型轴流泵常用的吸水室是吸入喇叭管和直锥形吸水室,大型轴流泵常用的是肘形进水流道和钟形进水流通。吸入室的作用是把水流平顺地引入叶轮,降低水力损失,提高效率。

### 2. 叶 轮

轴流泵叶轮由叶片、轮毂体、导水锥、叶轮室等组成。叶片的数目一般为 3～7，叶片安装在轮毂体上，包围叶片的外部圆筒称为叶轮室，轮毂体下面的部件是导水锥。根据叶片是否可以改变安放角度，叶轮分为固定式、半调式和全调式三种。半调式和全调式叶轮的叶轮室内表面是球面，而固定式叶轮的叶轮室内表面是柱面。固定式和半可调式叶轮的形状如图 8.12 所示。

（a）固定式叶轮            （b）半可调式叶轮

**图 8.12 轴流泵叶轮**

### 3. 导叶体

导叶体为轴流泵的压水室，由导叶、导叶毂和外壳组成。导叶固定在导叶毂和外壳之间，导叶毂一般为柱状结构，外壳呈倒圆锥形，出口呈扩散状。导叶体的主要作用是消除水流的旋转，即将水流沿圆周方向的运动变为轴向运动，并将动能变为压力能。导叶叶片数目要与叶轮叶片数互为质数。

### 4. 出水流道

中小型轴流泵的出水流道常采用出水弯管。水流从导叶体流出后，通过一段扩散管进入出水弯管，出水弯管的作用是把水流平顺地引出泵体。弯管通常为 60° 弯头形式，弯管后接压力管道。大型轴流泵的出水流道不采用出水弯管，一般采用虹吸式出水流道或直管式出水流道。

### 5. 轴和轴承

泵轴的下端用螺母与轮毂体相连，上端用螺母与联轴器相连，中间两个部位处采用水润滑的橡胶轴承支撑。大型全调式轴流泵，泵轴作成空心，以便于在里面安装通过油压调节叶片角度的油管。

轴流泵的轴承有两类，一类是导轴承，另一类是推力轴承。导轴承用于承受径向力，起径向支承作用，它又可以分为水润滑的橡胶导轴承和油润滑的金属导轴承两种。中小型立式泵多采用橡胶导轴承，并有上下导轴承之分，上导轴承设于泵轴穿出出水弯管处，下导轴承设于导叶体内。在上导轴承处设有引水管，用于在水泵启动前向轴承体内加水润滑，以免干转烧坏橡胶轴承。推力轴承设于电机座上，主要用于承受水流作用到叶片上轴向力和机组转子的重量，并将轴向推力传到电机座上。中小型轴流泵采用推力滚珠轴承，大型轴流泵的推力轴承结构较为复杂。

#### 6. 轴封装置

轴流泵的出水弯管的轴孔处需要设置密封装置，防止压力水泄漏，常用的轴封装置是填料密封，其构造与离心泵的填料密封相似，但无水封管和水封环，由所输送的压力水直接润滑。

## 【任务实施】

### 一、离心水泵的安装、调整与运行

#### （一）离心水泵的安装

##### 1. 基础施工

基础施工包括基础放样、基础开挖与展础浇筑三个过程。基础的浇筑方法有两种：一次浇筑和二次浇筑。小型机组基础一般采用一次浇筑，地脚螺栓与基础连接比较牢固，但易造成安装困难，机组位置不易摆正。大中型水泵多采用二次浇筑，在前期混凝土基础上预留空洞，把地脚螺栓先连于机座螺母，位置摆正好再浇二期混凝土固定地脚螺栓。

##### 2. 水泵安装

水泵安装前，应检查机组基础面是否水平，安装面高程是否符合要求。再按下面步骤进行滴水成冰安装。

（1）吊水泵。用起吊设备将水泵吊到基础上方，穿入地脚螺栓，使水泵初步就位。

（2）中心线找正。找正水泵的纵横中心位置，使水泵安装到位。

（3）水平找正。校正水泵纵、横向的水平，使水泵轴线在一水平内。

（5）水泵固定。水泵的中心线、水平与标高都满足要求后，便可以固定或紧固地脚螺栓，从而固定水泵。

（6）水泵密封安装与调整。初步安装调整后，运行时再进行调整。

#### （二）水泵机组的运行

##### 1. 水泵机组运行前的检查

水泵启动前应进行必要的检查，确保水泵能安全、高效运行。检查的主要内容如下：

（1）机组固定是否牢固，联轴器联结是否可靠。

（2）机组的转动部分转动是否灵活，有无碰撞、摩擦声。

（3）填料压紧是否合适，水封管是否畅通。

（4）轴承润滑是否符合要求。

（5）离心泵的进水管和泵壳内是否已充满水。

（6）机组周围是否存有影响机组运行的物件，安全防护工作是否达要求。

### 2. 水泵的运行

（1）水泵开机。离心泵充水后应将抽气孔或灌水装置的阀门关闭，然后启动动力机，待达到额定转速后，打开真空表和压力表阀门，观察其读数有无异常，确认正常方可慢慢打开出水管上的闸阀，水泵机组投入运行。

（2）水系的运行。水泵投入运行后应做好监视维护工作，通过经常性的检查，发现水泵机组可能产生的故障，并及时加以排除，避免造成事故。

### 3. 水泵运行应重点注意的问题

（1）注意监视水泵运行是否平稳，声音是否正常，有问题应及时处理。

（2）检查水泵填料函滴水情况是否符合规定，应动态监控调整压盖紧度。

（3）注意轴承的温度不能过高。

（4）监视真空表与压力表的读数，注意读数有无异常。

（5）监视进水池水位、水流情况，注意吸水管口的淹没深度，进水池中有无漩涡、泥沙淤积和杂物。

（6）寒冷地区冬季运行时，应注意防冻，避免水泵、管道及管件冻坏。

（7）运行管理人员应按时记录设备运行情况，把出水量、压力表、真空表、电流表、电压表等技术参数准确记录下来。对机组的异常情况，应增加记录内容，以便于分析原因，及时排除。

### 4. 水泵的停机

（1）离心泵在停机时，内先将真空表、压力表关闭．再慢慢关闭出水闸阀，关到接近死点位置时，切断电源，使电动机轻载停机。

（2）水泵停机后，管理人员应对水泵等设备进行保养，冬季停机后应及时放空水泵和管道中的积水，对运行中存在的问题安排维修处理。长时间不运行的机组，应采用保护措施。

## 二、水泵的故障与检修

### （一）启动后水泵出水少或不出水

#### 1. 可能的原因

① 启动前没充水或充水不满；② 滤网堵塞；③ 进水口未淹没或淹没深度不够；④ 叶轮流道堵塞；⑤ 泵轴转向不正确或动力机转速不符合要求；⑥ 填料密封处漏气；⑦ 进水管安装不正常，排气不尽；⑧ 水面有漩涡，导致进气；⑨ 水位下降或水泵安装过高；⑩ 水泵扬程不够。

#### 2. 排除方法

① 停车重新充水；② 停机清理堵塞杂物；③ 降低进水管口，增加淹没深度水；④ 停机清理叶轮流道；⑤ 调整转向或排除动力机速度不符合要求的故障；⑥ 恢复填料密封，排除漏气；

⑦ 重新按要求安装进水管；⑧ 采取措施防漩；⑨ 降低水泵安装高度；⑩ 重新配置水泵。

## （二）水泵不转或功率过大

### 1. 可能的原因

① 填料过紧或泵轴弯曲或磨损；② 联轴器间隙过小；③ 电压过低；④ 转速过高；⑤ 泵内有杂物；⑥ 进水管吸入泥沙堵死水泵；⑦ 流量过大。

### 2. 排除方法

① 调整压盖紧度，修理泵轴；② 调整联轴器；③ 检查电路，恢复正常供电；④ 降低转速；⑤ 停机清理泵内杂物；⑥ 停机清理泵内泥沙；⑦ 适当关闭出水闸阀。

## （三）机组有异常振动

### 1. 可能的原因

① 机组紧固松动；② 联轴器不同心；③ 转动部分松动或损坏；④ 轴承磨损或润滑不良；⑤ 进气管漏气；⑥ 叶轮偏堵；⑦ 汽蚀。

### 2. 排除方法

① 机组安装紧固；② 调整联轴器；③ 恢复转动部分联结或修理；④ 加强润滑或更换轴承；⑤ 加强进气管密封，排除漏气故障；⑥ 停机清理叶轮内堵塞物；⑦ 采取措施消除汽蚀。

## （四）填料密封过热

### 1. 可能的原因

① 填料压得太紧；② 填料环位置不准；③ 填料密封内冷却水不通。

### 2. 排除方法

① 调节压盖紧度；② 调正填料环位置；③ 检查并恢复水封管畅通。

## （五）运行中扬程降低

### 1. 可能的原因

① 转速降低；② 出水管损坏；③ 叶轮损坏；④ 管路进入了空气。

### 2. 排除方法

① 检查电源与动力机恢复转速；② 检修出水管；③ 更换叶轮；④ 检查并排除管路漏气故障。

# 任务二　水泵运行工况点的确定

## 【任务分析】

在熟悉输水系统的组成的基础上，学会管路水力损失的计算，并能对确定的输水系统确定其水泵的运行工况点，且能评价其合理性。

## 【相关知识】

### 一、水泵的性能

#### （一）水泵的性能参数

##### 1. 水泵流量

水泵在单位时间内所输送的液体体积或质量称之为流量，用 $Q$ 表示，单位为 m³/s。每台水泵工作的流量范围，称之为工作区，若超出这个范围，水泵的效率将明显下降。因此，常称工作区为高效工作区。水泵额定流量是指生产厂家希望用户经常运行的流量，一般与设计流量相符。

##### 2. 水泵扬程

水泵扬程是指所输送的单位重量的液体从泵进口，经过叶轮作用后，到出口能量的增值，即水泵对单位重量的液体所做的功，用 $H$ 表示，常用所输送液体的液柱高度表示，单位为 m。水泵的扬程并不等于扬水高度，它是一个能量概念，既包括了吸水高度的因素，也包括了出口压水高度，还包括了管道中的水力损失。

##### 3. 水泵的功率

水泵的输入功率称之为水泵功率，即动力机传到泵轴上的功率，又称为泵的轴功率，用 $P$ 表示。此外，水泵单位时间内输送出去的液体在水泵中获得的有效能量称为有效功率，单位一般为 kW。

##### 4. 水泵的效率

水泵输出有效功率与水泵功率之比。水泵功率不可能全部用于对液体做有效功，其中一部分功率要在水泵内部消耗。水泵功率与有效功率之差为水泵内的损失功率。水泵效率用 $\eta$ 表示。

##### 5. 汽蚀性能

水泵汽蚀会造成叶轮损坏，水泵振动，导致水泵无法工作。汽蚀是由于水泵进水口处产生了气体而引起。水泵的汽蚀性能是描述水泵产生汽蚀临界条件的指标，也是确定水泵合理安装高度的依据。常用汽蚀余量或允许吸上真空度来表示。

（1）汽蚀余量。

汽蚀余量是指水泵进口处，单位重量液体所具有超过饱和蒸汽压力的富裕能量。它主要反映水泵抗汽蚀能力，单位为 m，用 $\Delta$ 表示。根据这一条件，可由下式确定水泵安装高度：

$$H_{安} = H_a - H_t - h_{吸} - [\Delta]$$

式中　$H_安$——水泵安装高度；

　　　　$H_a$——水泵安装地大气压；

　　　　$H_t$——水泵安装地温度下的输送液体的汽化压力；

　　　　$h_{吸}$——吸水管路的管路损失；

　　　　$[\Delta]$——水泵的允许汽蚀余量，常为$[\Delta] = \Delta + 0.3$。

由此可以得出结论：水泵汽蚀余量越大，其汽蚀性能越差。

（2）水泵允许吸上真空度。

水泵刚发生汽蚀时，入口处的真空度称为临界吸上度，考虑安全可靠余量后，可作为水泵安装高度的计算依据，称该值为允许吸上真空度，用$[H_s]$表示。以此为依据的水泵安装高度计算式如下：

$$H_{安} = [H_s] - \frac{V_{进}^2}{2g} - h_{吸}$$

式中　$V_{进}$——水泵进水口处流速。

### 6. 比转速

水泵叶轮结构不同，其性能曲线也就不同。工程上使用了综合参数比转速来对不同的水泵进行比较和分类，水泵的比转速用$n_s$表示。它是水泵叶轮形状及性能的相似判据。比转速越大，它的叶片形状越接近圆柱形叶片，扬程也就越高，流量较小；反之，叶片越接近扭曲叶片，扬程越低，流量越大。

## （二）水泵的性能曲线

### 1. 水泵性能曲线分类

根据水泵使用的要求，水泵的性能常用曲线来描述。水泵的性能曲线分为基本性能曲线、相对性能曲线、通用性能曲线、综合性能曲线和全能性能曲线五种。常用的是基本性能曲线和综合性能曲线。

### 2. 基本性能曲线

水泵在转速确定的情况下运行，用试验方法分别测出每一流量 $Q$ 下的扬程 $H$、轴功率 $P$、效率 $\eta$ 和汽蚀余量$\Delta$，绘出 $H\text{-}Q$、$P\text{-}Q$、$\eta\text{-}Q$ 和$\Delta\text{-}Q$ 四条曲线，则称为泵的基本性能曲线，简称为水泵的性能曲线。离心泵和轴流泵的基本性能曲线如图 8.13、8.14 所示。每台水泵均可通过水泵试验绘出这组曲线。在水泵的样本或说明书上，可查出该组曲线。为了用户方便地选择泵的有效工作范围，有些水泵厂家在 $H\text{-}Q$ 曲线上用波纹线标注出该水泵应用时的流量和扬程范围，该范围称为水泵运行高效区。

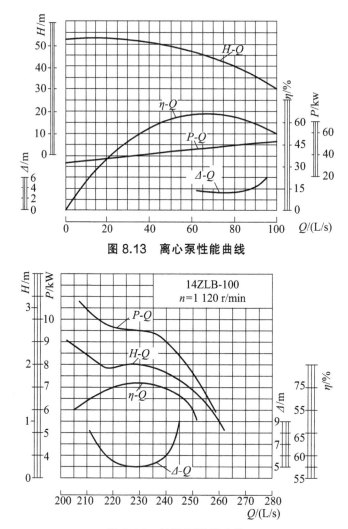

图 8.13　离心泵性能曲线

图 8.14　轴流泵性能曲线

　　离心泵的扬程随流量的增大而减小，是一条缓降曲线。轴功率随流量的增大而增大，随扬程降低而增大。当流量为零时，其功率最小。因此离心泵应关闸启动，以减轻动力机负荷，同时不可在过低的扬程下工作，以免动力机过载。离心泵的效率曲线为一条变化平坦的升、降曲线，最高效率点附近变化缓慢，利于水泵的选型配套。汽蚀余量是一条上升曲线，即随流量的增加汽蚀性能变差。

　　轴流泵的扬程随流量增加而急剧减小，而后又增大，然后又急剧减小，出现一个马鞍形的不稳定区域，是一条有曲折的陡降曲线。不能工作在不稳定区域，因此轴流泵的工作区较窄。轴流泵的轴功率曲线仍为一条陡降的马鞍形曲线，轴功率随流量的增大而减小。流量为零时，其轴功率最大，故轴流泵出口不装闸阀。在高于额定扬程下工作，会使动力机过载。轴流泵的效率曲线类似于离心泵，但变化较陡，高效范围较窄，常用叶片角度调节来满足较高效率的工作范围。汽蚀余量是一条下凹曲线，正常工作区随流量的增加，汽蚀性能变差。

混流泵的特性介于离心泵与轴流泵之间。低比转速混流泵的性能曲线接近于离心泵，而高比转速混流泵的性能曲线更接近于轴流泵。

### 3. 综合性能曲线

综合性能曲线又称型谱图，是为了扩展水泵的适用范围，在泵壳及其他外形尺寸不变的情况下，仅将水泵叶轮外径适量地切削减小，从而获得不同的水泵的性能。叶轮直径变小后，其高效率区范围也相应改变。大量的表明，如果叶轮直径减小不超过原设计的 15%～20%，不会导致水泵效率的显著下降。生产厂家在生产同类型、不同叶轮水泵时，可将全部配套叶轮的水泵性能曲线画在同一坐标中，则称为同类型泵的综合性能曲线，又称为水泵型谱图，如图 8.15 所示。型谱图全面地提供了该类型泵的性能，方便水泵使用。

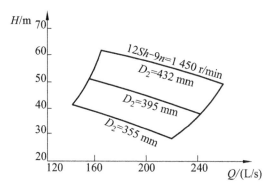

**图 8.15 双吸离心泵综合性能曲线**

## 二、农用输水系统及水泵运行工况点

### （一）农用输水系统的组成

一般的农用输水系统如图 8.16 所示，由水源、吸水管路、水泵、出水管路、出水池及管路附件、动力机等组成。

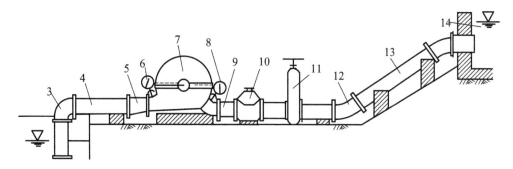

**图 8.16 农用输水系统的组成**

1—进水池；2—滤网与底阀；3—弯头；4—进水管；5—偏心渐缩管；6—真空表；7—水泵；8—压力表；
9—正心渐缩管；10—止逆阀；11—闸阀；12—任意弯头；13—出水管；14—出水池

## （二）水泵的运行工况点

### 1. 管路特性

根据液体力学理论，液体在管路流动会产生阻力，同时要消耗能量。液体流动有层流、紊流两种状态，其中层流态时，水力损失较小。为了输水系统运行的经济性通常流态按层流要求设计。进水管路的经济流速常用控制在 1.5 ~ 2.0 m/s。当净扬程在 50 m 以下时，出水管流速通常控制在 1.5 ~ 2.0 m/s；当净扬程在 50 ~ 100 m 时，出水管流速常用控制在 2.0 ~ 2.5 m/s。管路的损失包括沿程损失和局部损失两个部分。

（1）沿程损失计算。流体流动的边壁沿程不变（如均匀流）或者变化微小（缓变流）时，由沿程阻力引起的机械能损失称为沿程能量损失，简称沿程损失。由于沿程损失沿管段均布，即与管段的长度成正比，所以也称为长度损失。能量损失计算公式是长期工程实践的经验总结，用水头损失表达时的公式如下：

$$h_f = \lambda \cdot \frac{l}{d} \cdot \frac{v^2}{2g}$$

式中　$h_f$——沿程损失，m；

　　　$\lambda$——沿程阻力系数；

　　　$l$——管路长度，m；

　　　$D$——管径；

　　　$v$——断面平均流速，m/s。

（2）局部损失。当固体边界急剧变化时，使流体内部的速度分布发生急剧的变化，如流道的转弯、收缩、扩大，或流体流经闸阀等局部障碍之处，在很短的距离内流体为了克服由边界发生剧变而引起的克服局部阻力的能量损失称为局部损失。

$$h_m = \xi \cdot \frac{v^2}{2g}$$

式中　$h_m$——局部损失，m；

　　　$\xi$——局部阻力系数；

　　　$v$——断面平均流速，m/s。

（3）管路总损失。管路总损失是沿程损失与局部损失之和，计算如下：

$$h_1 = \sum h_f + \sum h_m$$

（4）管路特性。管路损失与流量间的关系，由称为管路特性。当管路一定时，流态确定，阻力系数、管长、管径是常数，则管路阻力与流量的平方成比例。

### 2. 水泵的运行工况点

确定管路特性的系统，配上水泵后稳定工作时，输水系统需要扬程恒等于此时水泵的扬程。此时的流量和扬程构成了水泵的一个工况，称此工况为水泵的运行工况点。水泵运行工况点常用图解法确定，其步骤如下：

（1）首先在流量扬程坐标图中画水泵的特性；

（2）根据 $H_需 = H_实 + h_1$ 在同一坐标中画出管路特性曲线；

（3）读取两曲线交点的流量与扬程值，即为水泵运行工况点。

## 【任务实施】

### 一、水泵的选型

#### （一）水泵的选型原则

（1）在设计扬程下，提水流量应满足灌溉设计流量的要求。

（2）水泵在长期运行中，多年平均的泵站效率高、运行费用低。

（3）多种泵可供选择时，优选高效区宽广且汽蚀性能较好的水泵。

（4）便于运行和管理。

#### （二）水泵的选型的步骤

（1）根据提灌规划平均扬程，在水泵产品样本或有关手册中，利用水泵性能表初步选出扬程符合要求而流量不等的几种水泵，并根据提灌设计流量及每种泵型的设计流量，算出每种泵型所需要的台数。

（2）根据初步选出的水泵，确定管径及管路的具体布置，做出管路系统特性曲线。由泵性能曲线和管路系统特性曲线求出在规划扬程范围内的水泵的工作点。

（3）校核所选水泵在设计扬程下水泵的流量是否满足要求。在平均扬程下水泵是否在高效区运行，在其他特殊扬程下能否保持水泵运行的稳定性。

（4）根据选型原则，对各种方案进行全面的技术经济比较，选出其中最优泵型和台数。中小型泵站以 3～9 台为宜。

（5）备用机组的确定。备用机组主要是满足设备检修、用电避峰，以及突然发生事故时的提水要求。对于灌溉泵站，装机 3～9 台时，其中应有 1 台备用；多于 9 台时，应有 2 台备用。

### 二、动力机配套

#### （一）配套原则

水泵动力机的选配，应根据实际条件确定。通常在有电源的地方，宜选用电动机；在无电源或电力不能保证供应的地区则宜选用柴油机。

## （二）配套功率及转速确定

（1）配套功率。可由下式确定：

$$P_{配套} = K \frac{P_{轴}}{\eta_{传}}$$

式中　$P_{配套}$——配套动力机功率；

　　　$P_{轴}$——水泵轴功率；

　　　$\eta_{传}$——传动效率；

　　　$K$——配套系数，根据手册结合实际情况选择。

（2）转速确定。

根据水泵确定的额定转速，选择动力机转速，当没有匹配的转速时，可采用变速措施来达到要求。

## 三、管路及附件选配

（1）管路布置。应根据规划地形，水源位置，输送目的地位置综合确定，避免过多使用弯头，力争管路最短。

（2）管径的确定。进水管建议按流速为 1.5 ~ 2 m/s 控制管径。

（3）进水管路在设计与施工时应注意的问题。① 尽量减少进水管的长度及其附件，管线布置应利于减少水力损失；② 管路应严密不漏气，以保证良好的吸水条件；③ 应避免在进水管道安装闸阀（若进水池水位高于泵轴线，进水管需设闸阀，以便机组检修）。

## 【任务拓展】

### 一、自吸泵

#### （一）自吸泵分类

自吸泵主要用于农业喷灌系统，常用的自吸泵是气液混合式。根据水和空气混合的部位不同，气液混合式自吸泵分为内混式和外混式两类。气液分离室中的液体回流到叶轮进口处，空气和水在叶轮进口处混合的自吸泵，称为内混式自吸泵。气液分离室中的液体回流到叶轮出口处，空气和水在叶轮外缘处混合的自吸泵，称为外混式自吸泵。

#### （二）自吸泵工作原理

##### 1. 自吸泵结构特点

自吸泵与一般离心泵在泵体构造上有所不同，其特点为：泵的进口高于泵轴；在泵的出口设有较大的气液分离室；一般都具有双层泵壳。自吸泵由于泵体过流部分形状较复杂，水力阻力大，其效率比一般离心泵低 5%～7%。但由于省去阻力较大的底阀，所以其装置效率和一般小型离心泵相差不多。

### 2. 自吸泵工作过程

向泵内加入一定量的水，泵启动后由于叶轮的旋转作用，进水管路中的空气和水充分混合，气水混合液在离心力作用下被甩到叶轮外缘，进入气液分离室。气液分离室上部的气体逸出，下部的水返回叶轮，重新和进水管路的剩余气体混合，直到把泵及进水管路内的气体全部排尽，完成自吸，并正常抽水。

### 3. 内混式自吸泵的结构与工作原理

内混式自吸泵如图 8.17 所示，由双层（带有气液分离室）的泵体、S 形进水弯管、回流喷嘴、回流阀、进口逆止阀等组成。泵启动后，泵体内的水因具有一定压力而通过回水流道，射向叶轮进口，同时水流在经过叶轮内部时过程中，与吸水区内的气体混合，而后经过压水室扩散管出口排到分离室进行气体分离。这样往复循环，直到把泵内和进水管路内的气体排尽，泵正常工作。这时，排气阀在水压作用下关闭，回流阀也在泵进口低压和气液分离室高压的压差作用下自动或手动关闭。

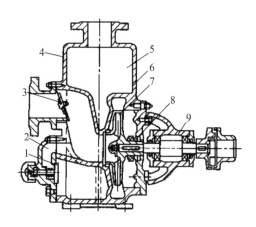

**图 8.17　内混式自吸泵结构**

1—回流阀；2—回流孔；3—吸入阀；4—泵体；5—气液分离室；6—涡室；
7—叶轮；8—机械密封；9—轴承部件

### 4. 外混式自吸泵的结构与工作原理

外混式自吸泵结构示意如图 8.18 所示。当叶轮开始旋转后，里面的水被甩到叶轮边缘，叶轮入口处形成一定的真空，进水管中的空气被吸入叶轮。并在叶轮外缘形成气水混合体沿蜗壳流道上升，当流至气液分离室时，由于面积增大，气液混合体流速减小，压力增加，空气由分离室出口溢出，水由于自重的原因经外蜗壳流道下部回流，沿叶轮外缘切线方向进入内泵壳流道和泵内空气进行再次混合，这样反复多次，进水管中空气逐渐被排出，从而达到正常工作状态。

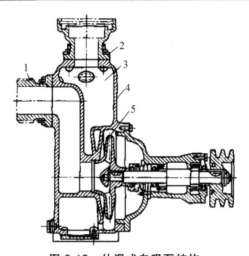

**图 8.18　外混式自吸泵结构**

1—叶轮；2—内蜗壳流道；3—气液分离室；4—分离室出口；5—外蜗壳流道

**5. 自吸泵的使用**

在正常情况下，一般 3～5 min 即可正常抽水。自吸泵的性能和泵内储水量有关，一般储水水位应在叶轮轴以上。泵的转速对自吸效果影响很大，转速越高性能越好，所以对农用自吸泵最好配有柴油机或汽油机以便调速。回流孔对性能有重要影响，回流孔越大，自吸性能越好，但泵的效率越低。自吸泵在启动前应检查泵体内是否有足够的存水，否则不仅影响自吸性能，而且，易烧坏轴的密封部件。也正是这个原因，自吸泵的轴封装置一般都采用机械密封。

# 二、多级离心泵

## （一）多级离心泵分类

可按叶轮数量或泵壳形式分类。按泵壳形式分为节段式和中开式两种。

## （二）节段式多级离心泵

节段式多级泵结构如图 8.19 所示，它分为进水段、中段（中段数为叶轮个数减 1）和出水段，各段用长螺栓连成整体。泵的叶轮都是单吸式，吸入口朝同一方向排列，水流从前一级叶轮流出后经导流器的导叶进入下一级叶轮进口，使能量逐级增加，最后经出水段流出。

导流器是一个铸有导叶的圆环，固定安装在叶轮之间的泵体上，水流通过导流器时，能及时把动能转化为压能，为下一级叶轮增能准备条件。

在进水段和出水段的端部装有密封装置，每个叶轮前后均装有密封环。由于扬程高，产生的轴向推力大，这种类型的泵都装有平衡盘或其他轴向力平衡装置。

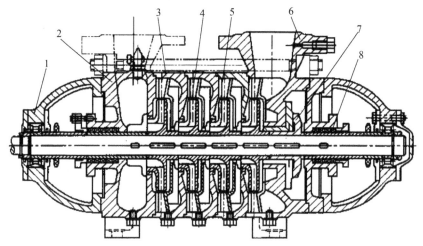

**图 8.19　节段式多级泵**

1—轴承部分；2—进水段；3—中段；4—叶轮；5—导叶；6—出水段；7—平衡盘；8—密封

## 【项目自测与训练】

1. 农用水泵有哪些类型？

2. 离心泵由哪些零部件组成？

3. 为何离心泵启动前需灌引水？

4. 水泵性能指标有哪些？何为水泵的性能曲线？

5. 为何离心泵要关阀启动？为何轴流泵出口不宜安装闸阀？

6. 什么是汽蚀现象？怎样避免汽蚀产生？

7. 如何配套离心水泵？

8. 输水系统设计时，需要哪些原始资料？

9. 输水系统不能正常输水，请分析原因。

10. 输水系统工作时，有较大振动且出水量随之减少，分析其原因。

# 参考文献

[ 1 ] 北京农业工程大学. 农业机械学[M]. 北京：中国农业出版社，2003.

[ 2 ] 南京农业机械化学校. 农业机械（南方本）[M]. 北京：中国农业出版社，2000.

[ 3 ] 夏俊芳. 现代农业机械化新技术[M]. 武汉：湖北科学技术出版社，2011.

[ 4 ] 官元娟，田素博. 常用农业机械使用与维修[M]. 北京：金盾出版社，2005.

[ 5 ] 李岩，乔金友. 农业机械维护保养[M]. 哈尔滨：黑龙江科学技术出版社，2008.

[ 6 ] 胡霞. 农业机械应用技术[M]. 北京：机械工业出版社，2012.

[ 7 ] 宋建农. 农业机械与设备[M]. 北京：中国农业出版社，2006.

[ 8 ] 董克俭. 谷物联合收割机使用与维护[M]. 北京：金盾出版社，2007.

[ 9 ] 肖兴宇. 作业机械使用与维护[M]. 北京：中国农业大学出版社，2011.

[10] 余泳昌. 谷物收获机械维修[M]. 郑州：中原农民出版社，2010.